# 超高压交流输变电工程启动调试技术

国网宁夏电力有限公司电力科学研究院　编

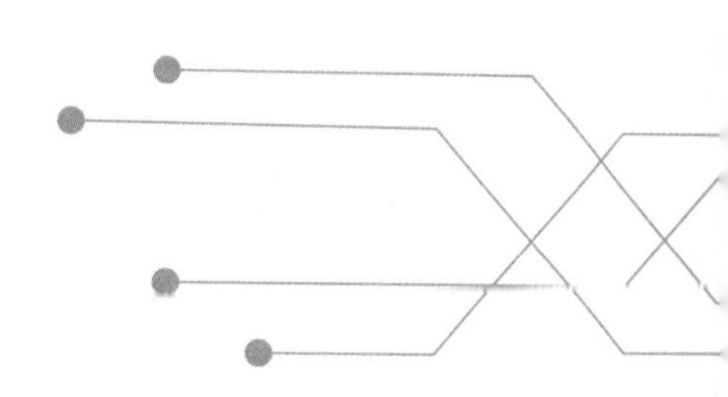

中国电力出版社
CHINA ELECTRIC POWER PRESS

## 内 容 提 要

为了满足我国高压交流输变电工程建设和运行的需要，考虑到高压交流输变电技术的新发展并吸取我国在超、特高压交流输变电领域科研、设计以及工程建设和运行中的经验，国网宁夏电力有限公司电力科学研究院组织多年从事超、特高压交流输变电工程规划、建设、运行、科研的专业技术人员编写本书。

本书分为六章，主要内容包括超高压交流输变电工程启动调试项目、潮流稳定和电磁暂态仿真计算研究、测试项目和工程调试案例分析等，重点介绍了高压交流输变电工程启动调试的前期仿真研究与现场测试技术。本书理论结合工程应用、全面系统、注重实用性，系统地介绍输变电工程启动调试技术及工程典型经验，以利于促进该技术的推广应用，满足输变电工程快速建设发展的需要。

本书可供从事电网规划、设计、建设、调试、运行维护的技术人员及管理人员使用，也可作为电气工程专业技术人员和电力专业师生的参考用书。

**图书在版编目（CIP）数据**

超高压交流输变电工程启动调试技术 / 国网宁夏电力有限公司电力科学研究院编. —北京：中国电力出版社，2018.12

ISBN 978-7-5198-2848-6

Ⅰ. ①超… Ⅱ. ①国… Ⅲ. ①超高压－交流输电－变电所－电力工程 Ⅳ. ①TM63

中国版本图书馆 CIP 数据核字（2018）第 299256 号

---

出版发行：中国电力出版社
地　　址：北京市东城区北京站西街 19 号（邮政编码 100005）
网　　址：http://www.cepp.sgcc.com.cn
责任编辑：陈　丽（010-63412348）　陈　倩（010-63412512）
责任校对：黄　蓓　朱丽芳
装帧设计：左　铭
责任印制：石　雷

---

印　　刷：北京时捷印刷有限公司
版　　次：2018 年 12 月第一版
印　　次：2018 年 12 月北京第一次印刷
开　　本：710 毫米×980 毫米　16 开本
印　　张：14.25
字　　数：222 千字
印　　数：0001—1000 册
定　　价：68.00 元

---

# 编 委 会

随着特高压输电等先进技术的全面推广应用，电网不仅是传统意义上的电能输送载体，还是功能强大的能源转换、高效配置和互动服务平台。建设具有跨国和跨州电力配置能力、灵活适应新能源发展和多样化需求的现代电网体系，成为世界电网发展的方向和战略选择。

我国能源资源与需求逆向分布的特点，加快了跨区域、大规模、远距离超/特高压交直流输变电技术的发展。与此同时，要坚定不移推进特高压创新发展，使其在保增长、惠民生、调结构等方面发挥更大作用。随着"一带一路"战略的启动及"十三五"规划的全面实施，超/特高压交直流输变电工程建设迎来高峰时期。

为了满足我国高压交流输变电工程建设和运行的需要，考虑到高压交流输变电技术的新发展，并吸取我国在超/特高压交流输变电领域科研、设计以及工程建设和运行中的经验，编写一本将理论结合工程应用、全面系统、注重实用性的著作，系统地介绍输变电工程启动调试技术及工程典型经验，促进该技术的推广应用，满足输变电工程快速建设发展的需要。

本书重点介绍高压交流输变电工程启动调试的前期仿真研究与现场测试技术，主要内容包括超高压交流输变电工程启动调试项目、潮流稳定和电磁暂态仿真计算研究、测试项目和工程调试案例分析等。全书分为6章，第1章分析回顾了高压输电技术的发展趋势及当前面临的主要问题，并对交直流输电工程在西电东送中的作用与定位以及交流与直流、新能源耦合特性进行了简要介绍。第 2 章分析了超高压交流输变电工程启动调试的目的、调试项目与要求，便于读者全面了解交流输变电工程启动调试工作。第 3 章围绕启动调试前的潮流和稳定仿真计算研究展开，重点对工程调试应具备的系统条件、预想方式计算及安全稳定措施配置进行介绍，为制定启动调试方案提供理论依据。第 4 章讨论了电磁暂态仿真计算研究的模型以及实际工程中投切线路、变压器及电容器、电抗器操作过电压，输电线路潜供电流及恢复电压、工频过电压、感应电压电流、非全相运行过电压等电磁暂态计算过程。第 5 章结合现场测试工作，介绍了启动调试的测试项目、测试流程、测试数据分析等内容。第 6 章针对实际工程调试案例进行详细分析。

本书可供从事电网规划、设计、建设、调试、运行维护的技术人员及管理人员使用，也可作为电气工程专业技术人员和电力专业师生的参考用书。

本书的编写人员大都为多年从事超/特高压交流输变电工程规划、建设、运行、科研的专业技术人员，本书初稿完成后，承蒙中国电力科学研究院有限公司教授级高级工程师宋云亭仔细审阅，并提出不少宝贵意见和建议，特在此深表感谢。由于编者水平和经验有限，时间仓促，书中难免有缺点或错误，恳请读者批评指正。

编 者

2018 年 10 月

前言

**1 绪论** ························ 1

1.1 高压输电技术概述 ························ 2
1.2 能源发展趋势及面临的问题 ························ 12
1.3 交直流输电在西电东送中的作用与定位 ························ 19
1.4 交流与直流、新能源耦合特性 ························ 21

**2 工程启动调试准备及要求** ························ 24

2.1 启动调试的目的 ························ 24
2.2 调试前的准备工作 ························ 25
2.3 调试项目及要求 ························ 30

**3 潮流和稳定仿真计算** ························ 38

3.1 潮流和稳定计算概述 ························ 38
3.2 主要计算模型与工具 ························ 39
3.3 投、切空载变压器和空载线路的仿真分析 ························ 43
3.4 系统合环与解环的仿真分析 ························ 45
3.5 投切低压电容器与低压电抗器的仿真分析 ························ 49
3.6 人工单相短路接地试验的仿真分析 ························ 51
3.7 工程调试期间的稳定计算分析 ························ 51

3.8 系统动态扰动试验的仿真分析……51
3.9 大负荷试验的仿真分析……52

4 电磁暂态仿真计算研究……53

4.1 电磁暂态计算研究概述……53
4.2 主要计算模型……54
4.3 母线电压控制及操作过电压……64
4.4 分合空载变压器及低抗操作过电压……72
4.5 潜供电流及恢复电压……75
4.6 工频过电压……79
4.7 感应电压和感应电流……84
4.8 非全相运行过电压……87

5 启动调试测试项目……90

5.1 系统调试测试项目……90
5.2 变电站、线路工频电场和工频磁场测试……91
5.3 变电站和线路可听噪声测试……94
5.4 变电站和线路无线电干扰测试……97
5.5 交流电气量测试……99
5.6 谐波测试……101
5.7 暂态过电压和暂态电流测试……107
5.8 变压器和电抗器声级及振动测试……108
5.9 架空地线感应电压测试……116
5.10 油样测试……119
5.11 紫外红外测试……137
5.12 继电保护校核……148
5.13 变压器空载特性测试……155
5.14 并联电抗器伏安特性测试……164

5.15 空载变压器励磁涌流测试 ······ 166
5.16 短路电流测试 ······ 168
5.17 电容式电压互感器暂态响应特性测试 ······ 169
6 工程调试案例 ······ 174
6.1 超高压输变电工程启动调试案例 ······ 174
6.2 特高压直流换流站交流场启动调试案例 ······ 201

1

# 绪　　论

19世纪末期，电能作为一种新的能源出现，在各个行业得到广泛的应用，并且产生了大量的资本密集型、技术密集型的工业部门，对第二次技术革命的发生有直接的促进作用。不仅如此，在第三次技术革命中，电能作为各个行业的能源基础，在生产生活中仍占有着重要的地位。

中国作为能源消耗大国，经济的高速发展离不开能源产业的支持，能源产业政策直接影响着国家的未来，“十一五”“十二五”期间，中国电力工业取得了快速发展，装机容量迅速提升。根据《电力发展“十三五”规划》，到2020年，非化石能源发电装机达到770GW左右，比2015年增加250GW左右；风电新增投产79GW以上，太阳能发电新增投产68GW以上；到2020年，全国煤电装机规模力争控制在1100GW以内。中国风电和太阳能资源主要集中在西北部地区，但当地经济欠发达，消纳能力不足。而中东部地区国民经济持续快速发展，能源产地与能源消费地区之间距离越来越大，使得中国能源配置的距离、特点和方式都发生了变化，决定了能源和电力跨区域大规模流动的必然性。

我国能源基地集中大规模可再生能源发展需要借助跨区输电通道。特高压直流定位于大型能源基地（西南水电基地、“三北”煤电及风电基地等）的远距离（大于1100km）、大容量外送，成为缓解中国能源资源与经济布局矛盾的重要途径。

从我国未来大规模西电东送、北电南送的电力流格局来看，西北、东北区域电网处于电力流送端，远离“三华”（华北—华中—华东）负荷中心1000km以上，特高压直流输电工程要求送受端交流电网有坚强的支撑能力，建设西北、东北坚强的送端电网是满足大规模电力外送的必要条件。具体是，在未来10年内配合特高压直流工程的建设，进一步发展完善连接西北各负荷中心和各大能源基地的750kV主网架，实施330kV电网分区运行；进一步完善东北500kV主网架，实施220kV电网分区运行，并根据发展需要适时规划建设1000kV交流主网架；华北、华东、华中同处电力流受端，具有水火互补、水风互补、风火互补、丰枯互济的联网效益，且彼此为邻、网间距离短、联网投资省、安全性好。

## 1.1 高压输电技术概述

### 1.1.1 高压输电发展概况

为了满足大容量长距离的送电要求，我国电力系统的运行电压等级也在不断提高。1972年建成第一回330kV的交流线路，1981年建成第一回500kV交流线路，1989年建成第一回±500kV直流线路，2005年在西北电网建成第一回750kV交流线路。随着电网电压等级的提高，网络规模也在不断扩大，我国已经形成了六个跨省的大型区域电网，即东北电网、华北电网、华中电网、华东电网、西北电网和南方电网。

为了实现能源资源优化配置，在六大区域电网的基础上展开了全国联网工作。1989年投运的±500kV葛沪直流输电工程，实现了华中—华东电网的互联，拉开了跨大区联网的序幕；2001年5月，华北与东北电网通过500kV线路实现了第一个跨大区交流联网；2002年5月，川电东送工程实现了川渝与华中联网；2003年9月，华中—华北联网工程的投入，形成了东北、华北、华中（包括川渝）区域电网构成的交流同步电网；2004年华中电网通过三峡至广东直流工程与南方电网相联；2005年3月山东电网联入华北；2005年6月华中—西北通过灵宝直流背靠背相联。目前全国除新疆、西藏、海南和台湾以外，将全部运行在全国交、直流联合电网中，形成全国联网的基本框架。但现阶段，各区域电网的网架结构以及区域之间的联系还较为薄弱，区域交换容量有限，目前主要联络线的输送能力为1296万kW。根据规划的预测，西电东送、南北互供的输电容量在未来的15年将超过100～200GW。

### 1.1.2 我国高压输电技术的发展概况

随着电力负荷的日益快速增长和远距离、大容量输电需求的增加，大规模容量电厂的建设，以及高压、超高压输电线路和变电站的数目日益增多，环境问题变得日益突出。为实现规模经济、减小网损、避免输电设备的重复建设，确保电力系统可靠性，使输电线路对环境的影响降至最小，美国、苏联、日本、意大利和加拿大等国的电力公司或科研机构，于20世纪60年代末或70年代初根据电力发展需要开始进行了特高压输电的可行性研究，并在广泛、深入地调查和研究基础上，先后提出了特高压输电的发展规划目标或建设了特高压输变电工程。中国特高压输电技术的发展和进步不能完全依靠国外既成的技术和装备，必须依靠自己的力量，充分利用国内、国际两种智力资源和制造经验，立足于创新，以此来解决国家特高压电网发展道路上的一系列技术难题。

#### 1.1.2.1 我国特高压输电关键技术研究现状

我国1986年起就开展了“特高压输电前期研究”项目，开始了对特高压交流输变电项目的研究；1990～1995年，国务院重大技术装备领导小组办公室开展了“远距离输电方式和电压等级论证”；1990～1999年国家科学技术委员会就“特高压输电前期论证”和“采用交流百万伏级特高压输电的可行性”等专题进行了研究，对特高压输电有了一定的认识。

2004年底，国家电网公司启动了特高压输电工程可行性研究，组织了几乎所有的国内有实力的科研单位、大专院校、设计院、咨询单位和设备厂家，各取所长、各尽所能地进行了相关关键技术的研究，并进一步明确了“我国交流特高压的电压为1000kV，设备最高运行电压为1100kV，直流特高压额定电压为±800kV直流特高压。同时，国家电网公司高度重视同国外单位的技术交流，多次组织国际技术交流会，包括美国电科院、日本电力中央研究所、东京电力、俄罗斯直流研究院等在内的国外著名研究机构和ABB、西门子、阿海珐、东芝、三菱、AE帕瓦、NGK等在内的国外知名设备制造厂家参加了技术交流和研讨。

经过了两年多的艰苦努力和富有成效的工作，取得了大量的第一手资料，对发展特高压输电中所面临的主要技术问题，如过电压与绝缘配合、电磁环境影响、外绝缘特性研究及其设计、特高压输电工程主设备规范的研究等问题及解决方法已基本掌握，奠定了理论基础。

（1）1000kV级特高压交流输电系统过电压及绝缘配合研究。过电压及绝缘配合课题由中国电力科学研究院和武汉高压研究院分别开展，主要内容是结合1000kV晋东南—南阳—荆门及1000kV淮南—南京—上海两个特高压交流工程，开展了以下研究内容：①研究了工程过电压（工频过电压、操作过电压、线路和变电站雷电过电压），包括限制过电压措施、确定过电压水平；②研究了特高压输电系统限制潜供电流、恢复电压措施和无功平衡方案；③研究了特高压金属氧化物避雷器（metal oxide surge arrester，MOA）参数选择和布置方式；④特高压输电系统绝缘配合的研究，包括提出了特高压输电系统绝缘配合的基本原则，确定了特高压输电线路和变电站的绝缘水平。

（2）1000kV级特高压交流输电系统电磁环境的研究。特高压交流输电工程电磁环境课题由武汉高压研究院执行，主要开展了以下研究内容：①开展了交流系统对通信系统、电视等的电磁环境影响研究；②开展了1000kV级交流输电工程变电站对周边环境的电磁和可听噪声的影响研究，提出了满足变电站内外电磁和噪声环境要求应该采取的技术措施；③研究了1000kV级交流输电工程线路电磁场分布以及不同线路结构、相序排列对导线周围电磁环境影响，开展了导线截面、分裂型式和杆塔尺寸的优化配置；④提出工程建设环境评估报告，给出了环境控制参数指标。

（3）1000kV级特高压交流输变电设备外绝缘特性研究及其设计。外绝缘特性研究课题由武汉高压研究院开展，通过总结国内外经验，配合可研工作，针对特高压工程实施方案，完成了如下研究内容：①开展了交流输电设备空气间隙的工频、操作和雷电特性研究，根据工程需要，进行放电特性的海拔校正；②开展了典型分裂耐热扩径导（母）线及分裂导线、管型母线基于不同间隙的工频、操作及雷电过电压特性研究，求取了50%放电电压曲线（标准气象条件）；③特高压交流绝缘子串耐压特性研究，研究了系统工频电压对绝缘子串污闪电压、污秽度对绝缘子污闪电压的影响，不均匀污秽和灰密对污闪电压的影响，给出了设备外绝缘工程设计的计算和选择方法；④根据工程需要，开展了放电特性的海拔校正和高海拔地区交流污秽校正系数的研究。

特高压绝缘子选型设计由中国电力科学研究院执行，主要开展了以下研究内容：①开展了电瓷绝缘子、玻璃绝缘子、复合绝缘子比例单元试验研究，重点研究了在不同气压下不同污秽度对绝缘子电气性能的影响规律；②研究了不同紫外线波长和强度对复合绝缘子使用性能的影响规律；③研究了1000kV级交流输变电工程采用复合绝缘子的可行性，提出了特殊地区特高压交流设备外绝缘防污闪及防雨闪的技术措施；④对特殊地区瓷绝缘子、玻璃绝缘子、复合绝缘子的可靠性进行了评价，包括各种绝缘子的使用寿命周期、失效率、事故率；⑤比较分析了国内外三种绝缘子的材料、结构及制造水平，为绝缘子选型提供依据，根据输电线路实际环境地理条件，提出线路绝缘子选用方案；⑥根据工程需要，开展了几种线路绝缘子在特殊环境条件下的污闪特性研究，提出了不同类型、不同形状绝缘子在不同污秽条件下污闪电压与海拔高度的关系。

（4）1000kV级交流工程各种空气间隙的设计是由中国电力顾问集团公司执行，主要开展了以下研究内容：①确定了1000kV变电站相—地以及相间最小空气间隙距离；②确定了线路杆塔对导线的最小空气间隙距离，并根据系统工频最高运行电压确定了悬式绝缘串的片数和长度；③对比分析了不同放电电压海拔修正方法的优缺点，结合750kV输变电工程的经验，确定了科学的海拔修正方法。

（5）1000kV级特高压输变电工程主设备规范的研究。国内外的工程经验表明，新的电压等级的设备在工程投运初期的故障率都远高于原有电压等级的设备，因此，在编制1000kV交流工程主设备规范时，对于关键设备或部件，必须留有足够的安全裕度，合理地选择特高压输变电设备技术参数，以避免出现重大设备损毁，影响整个系统可靠性的重大事故的发生，达到技术先进、设备安全可靠运行的目的。此项课题由中国电力顾问集团公司牵头执行，主要开展了如下研究内容：①调研和搜集了国际上现有的1000kV级交流工程主要电力设备的关键技术参数；②编制了变压器、电抗器、断路器、串补装置、隔离开关、套管、绝缘子、避雷器、电压和电流互感器、快速接地开关、控制及保护装置、输电线路、杆塔等设备的技术规范。

#### 1.1.2.2 我国特高压输电技术的工程应用

（1）特高压交流输电试验示范工程。特高压交流输电线路具有充电功率大、潜供电流大、绝缘配合要求高、线路长度和两端电网特性对特高压设备的工作条件影响大等特点，需要采取装设大容量高压电抗器（或可控电抗器）及中性点小电抗、高性能避雷器、带合闸电阻的断路器等措施。仅通过实验室试验或建设短距离线段已无法对特高压输电技术和设备进行全面验证和考核。只有建设试验示范工程，通过全电压和大功率的工程运行，才能充分反映特高压输电的技术性能，使特高压设备的技术参数和技术特性得到全面试验验证。苏联在20世纪80年代初期决定投运1150kV输变电工程时，首先建设了全长900km包括3个变电站和2条线路的1150kV特高压试验工程，为我国确定交流特高压试验示范工程提供了很好的借鉴和参考。

通过对不同方案的技术经济比较和优选，确定将晋东南—南阳—荆门输变电工程作为特高压试验示范工程。该工程包括晋东南、荆门2座1000kV变电站，变电容量各3000MVA；南阳1000kV开关站；晋东南—南阳—荆门1000kV输电线路，长度约654km。

晋东南—南阳—荆门输变电工程符合我国能源流向，经过一段时间的系统运行和设备考核，完全有条件转入商业化运行，成为我国能源输送的一条重要通道，并可强化南北联网，有利于华北和华中的水火调剂、优势互补，具有良好的前景。下一步可以继续向北延伸到“三西”煤电基地，向南延伸至武汉，充分发挥交流特高压在1000～2000km合理的输电距离内大容量、低损耗输电的基本功能，推进资源在更大范围的优化配置。

晋东南—南阳—荆门试验示范工程线路长度可充分检验过电压和无功补偿等关键技术。工程方案中既有变电站，又有开关站，有利于充分积累建设与运行经验。通过该工程可对未来特高压工程所需采用的特高压设备，如线路、变压器、高压电抗器、断路器、GIS设备、避雷器、电压互感器、电流互感器、绝缘子等设备在工频过电压、操作过电压、谐振过电压、甩负荷过电压、短路电流、投切低压电容器、投切低压电抗器和投切空载线路等条件下进行全面的考核。

（2）特高压直流送出工程。金沙江是长江上游青海玉树巴塘河口至四川宜宾河段的通称，水能资源十分丰富，可开发装机容量约90GW，年发电量约5000亿kWh。开发金沙江是实现资源优化配置和能源可持续发展战略，加快“西电东送”步伐，减轻北煤南运和东部地区环保压力，优化华中、华东地区能源结构的重大举措。金沙江一期工程溪洛渡、向家坝水电站总装机容量18.6GW，电站容量大，输电距离远，其电能的合理消纳及输电系统的形成，对我国能源资源优化配置、大容量远距离输电技术发展和全国联网格局具有重大而深远的影响。

通过对金沙江一期工程采用不同回路数直流输电方案进行了深入的技术经济分析比较，并与国内外直流设备制造企业进行了多次技术交流和咨询。研究结果表明，金沙江一期工程溪洛渡、向家坝水电站输电系统采用 3 回±800kV（电流 4kA），每回输电容量 6.4GW 的特高压直流输电充分发挥了规模效应，走廊资源占用少，具有显著的社会经济效益，对远景发展的适应性强。与采用±特高压直流（电流 3kA），每回输电容量 4.8GW 相比节约投资约 200 亿元，而且节省 1 回输电走廊，是合理的方案。

金沙江一期采用 3 回±800kV（电流 4kA）直流输电方案技术可行，分别包括了向家坝—上海的直流输电工程，起点复龙换流站，落点南汇换流站，长度约 2071km；溪洛渡左—湖南的直流输电工程，起点凤仪换流站，落点株洲换流站，长度约 970km；溪洛渡右—浙江的输电工程，起点罗场换流站，落点浙西换流站，长度约 1728km。通过稳定分析，当发生直流单极闭锁时，系统能够保持稳定，线路和变压器无过载现象，事故后电压能够满足要求。直流双极闭锁故障时，只需切除送端部分机组，系统即可恢复稳定，线路和变压器均无过载现象。

±800kV、6.4GW 直流输电设备供应是有保障的，不存在难以逾越的技术难题，已有的技术只需要在几个关键领域，如对 6 英寸可控硅阀片、换流变压器、直流穿墙套管等进行相应的研发，便可满足设备设计与制造的要求。在特高压直流工程发展初期，大部分设计和设备制造完全可以直接实现国产化，其余部分设计和设备制造可以通过合作研制或国际采购来满足工程应用需要。

### 1.1.3 国外高压输电技术的研究现状

#### 1.1.3.1 美国特高压输电技术研究

美国在特高压输电技术方面进行了深入的研究，并做了大量的试验。尽管美国迄今为止尚未在工程中采用特高压输电技术，但其研究和试验是非常完善的。美国电力公司（American Electric Power Company，AEP）和瑞典通用电气公司的特高压研究试验站位于匹茨费尔德附近。它是单相试验设施，由 345kV 电网供电。特高压试验场的基本设施包括每个档距长 305m 的三个档距组成的单相试验线段，站内有瑞典通用电气公司制造的特高压变压器（额定电压 420/835/1785kV，三相等值容量为 333MVA）。两个试验笼有独立电源以短时间试验短导线，每个笼为 30.5m 长的正方形截面，它们的尺寸可以在 6.1m×6.1m 至 9.1m×9.1m 之间变化。试验研究始于 1974 年，进行了可听噪声、无线电干扰、电晕损失以及其他环境效应的实测，进行了各种导线结构的试验。

美国邦纳维尔电力公司（Bonneville Power Administration，BPA）从 1976 年开始在莱昂斯试验场和莫洛机械试验线段上进行特高压线路的广泛研究和开发。莱昂斯特高压试验场由 21km 三相 1200kV 线路组成，它由 BPA 的 230kV 系统经 230/1200kV、50MVA 变压器供电，用于电气性能研究。在莫洛试验线段上，进行机械结构研究，考验不同结构的机械性能。在莱昂斯试验线段还进行了电晕和电场研究、生态和环境研究等。为了得到 1100kV 线路绝缘强度全尺度试验室数据，还进行操作和雷电冲击绝缘研究。在 BPA 的卡莱试验室和莱昂斯 1200kV 试验线段上，进行导线、绝缘子和金具电晕特性的研究。对 41mm 直径子导线，7 分裂和 8 分裂导线的长期可听噪声、无线电噪声、电视干扰、电晕损失和臭氧的发生进行观测。在 BPA 曼根机械—电气试验室和莫洛机械试验站进行的机械和结构试验，包括线路荷载（风和冰载荷）、导线运行（风吹振动、子导线振动和舞动）对杆塔、导线、金具和绝缘等影响。研究还包括 1000kV 线路铁塔和线路检修技术；1200kV 线路电场对庄稼、天然生长蔬菜、蜜蜂、野生动物、家禽影响的生态研究；对变电站设备进行试验，噪声和工频电场的研究；变压器、避雷器和 $SF_6$ 气体设备的性能评价等。

美国通用电气公司雷诺特高压试验场从 1967 年开始进行 1000～1500kV 架空线路的研究计划。1974 年，美国电力研究院（EPRI）开始建设 1000～1500kV 三相试验线路并投入运行，三相特高压试验线路长 523m，试验电压相对相间达 1500kV，此项研究工作持续了三年。在特高压研究工作中，针对许多不同类型的线路和变电站设备，进行了深入的操作冲击试验。在特高压电压下进行了污秽绝缘子工频电压试验。对 33～56mm 子导线直径的 6～16 分裂导线，测量了可听噪声、电晕损失、电视干扰、地面场强和臭氧发生量。同时，还进行了特高压线路电场效应的研究，以及铁塔的安装试验、特大型变压器的设计和考核的试验研究。

#### 1.1.3.2 苏联的特高压输电技术研究

苏联是最早开展特高压输电技术研究的国家之一，也是迄今为止世界上唯一有特高压输电工程运行经验的国家。从1960年起，苏联组织了动力电气化部技术总局、全苏电气研究院、列宁格勒直流研究院、全苏线路设计院等单位进行了特高压输电的基础研究。从1973年开始，苏联在白利帕斯特变电站建设特高压三相试验线段（长度1.17km），开展特高压试验研究。1150kV设备由白利帕斯特变电站的500kV开关站通过一组1150/500/10kV，3×417MVA自耦变压器供电。苏联进行了设备的绝缘、操作过电压、可听噪声、无线电干扰、变电站内电场、设备安装、运输和检修等方面的广泛试验。1978年，苏联开始着手建设从伊塔特到新库茨涅克长270km的工业性试验线路，后来作为埃基巴斯图兹到西伯利亚的1150kV输电线路的一部分。在工业性试验线路，进行了各种特高压设备的现场考核试验，并建设了拥有3×1200kV，10～12A串级试验变压器和10000kV冲击发生器的试验基地，拟进行1800～2000kV电压等级的输电技术试验研究。

在前期研究的基础上，苏联从1981年开始动工建设了5段1150kV特高压输电线路，总长2344km，分别是：埃基巴斯图兹—科克契塔夫494km，科克契塔夫—库斯塔奈396km，库斯塔奈—车里亚宾斯克321km，埃基巴斯图兹—巴尔瑙尔693km，巴尔瑙尔—依塔特440km。1990年，苏联开始建设用于将哈萨克斯坦境内的埃基巴斯图兹中部产煤区的煤电向欧洲部分负荷中心输送的特高压直流输电工程，该直流工程采用±750kV、60MW的输电方案，线路从埃基巴斯图兹到坦波夫，工程中所采用的直流设备均为苏联自行研制，并通过了型式试验。

#### 1.1.3.3 日本特高压输电技术研究

日本从1972年启动了特高压输电技术的研究开发计划。中央电力研究所（Central Research Institute of Electric Power Industry，CRIEPI）、东京电力公司（Tokyo Electric Power Company，TEPCO）等多家公司开展了特高压输电技术研究。CRIEPI于1980年在赤诚建立了长600m，双回路、两档距的1000kV试验线段。试验设备包括污秽绝缘子试验用的特高压雾室、连续对绝缘子加压的试验设备、用于可听噪声试验的电晕笼。在特高压试验线段上，进行了8分裂、10分裂和12分裂导线和杆塔在强风和地震条件下的特性试验，进行了特高压施工和维修技术，可听噪声、无线电及电视干扰，以及电磁场对蔬菜、家禽的生态影响等方面研究。

在东京电力公司的高山石试验线段上，进行了分裂导线和绝缘子串的机械性能，如舞动和覆冰等性能的研究和技术开发。试验线路由两个档距、10分裂ACSR导线构成。采用NGK公司的电晕试验设备和1000kV污秽试验设备进行了污秽条件下的绝缘子串的无线电干扰电压和可听噪声试验。试验还包括了线路的操作、雷电、工频过电压和相对相空气间隙，以及在污染条件下的原型套管和绝缘子串闪络特性试验。另外，还在武山、盐原、横须贺等地建有户外污秽试验场，进行污秽绝缘试验。

在完成上述工作的基础上，1988年秋，日本动工建设特高压输电线路。1992年4月建成从西群马开关站到东山梨变电站138km线路，1993年10月建成南新泻干线中49km的特高压线路部分，两段特高压线路全长187km。1999年完成东西走廊的南岩木干线194km，东群马干线44km，两段特高压线路全长238km。1995年特高压成套设备在新棒名变电所特高压试验场安装完毕，随即进行带电考核。截至2004年6月底，累计带电时间已达到1683天，约5年。

#### 1.1.3.4 意大利的特高压输电技术研究

在欧洲，意大利电力公司确定了它的1000kV研究计划后，在不同的试验站和试验室进行特高压的研究和技术开发。在萨瓦雷托试验场有研究计划的1000kV主要试验设施，包括1km长的试验线段和40m的试验笼组成的电晕、电磁环境试验设备。在米兰的意大利电力中心试验室、普拉达纳帕斯机械试验场和布鲁亥利欧机构试验室也对操作和雷电过电压进行了试验，包括空气间隙的操作冲击特性、特高压系统的污秽大气下表面绝缘特性、$SF_6$气体绝缘特性、非常规绝缘子的开发试验。在萨瓦雷托试验线段上进行了可听噪声、无线电杂音、电晕损失测量；对特高压绝缘子和金具的干扰水平也进行了试验；对线路的振动阻尼器、间隔器、悬挂金具和连接件的机械结构方面也展开了试验研究。关于电场的生态效应，在萨瓦雷托的特高压试验线段下以及在试验笼中对老鼠、野鼠、兔子、狗等在电磁场条件下的反应进行试验研究。另外，萨瓦雷托试验站和意大利中心电气试验室还进行特高压电气原型设备的试验。

在 20 世纪 90 年代中期，意大利完成了所有设备的研发和试验，以及 1000kV 示范工程的建设和现场试验。其示范工程由 400/1000kV 变压器、1000kVGIS 开关站、1000kV 电缆和 1000kV 架空输电线路构成，并在 1995 年运行 2135h，在 1996 年运行了 7614h，除用于特高压电缆冷却的辅助系统出现过轻微故障外，没有发生过大的问题。

#### 1.1.3.5 加拿大的特高压输电技术研究

加拿大魁北克水电局高压试验室进行了电压达 1500kV 额定电压的输电设备试验。魁北克水电局为线路导线电晕研究使用的户外试验场，由试验线段和两个电晕笼组成。试验线路和电晕笼均用于高至 1500kV 的交流系统和 1800kV 的直流系统的分裂导线电晕校验。试验线段单档距长 300m。试验笼由截面为 5.5m×5.5m 的正方形相邻的两个铁丝网组成。在魁北克高压试验室进行了高达 1500kV 的线路和变电站空气绝缘试验。在魁北克水电局户外试验场对四种分裂导线结构进行研究，另外，在试验笼中进行了一般的研究，用以评价 1～16 根子导线的分裂结构，导线尺寸在 23.5～772m 范围内的特性变化。魁北克水电局还对±600～±1200kV 直流输电线路的电晕、电场和离子流特性进行了研究，进行了 4、6、8 分裂导线上的空气动力（例如拖曳、抬高、偏移）的风洞测量。在不同风速的条件下，6 分裂导线的动力特性的研究和 12 分裂导线的空气动力研究在马德兰岛试验线段上进行。

### 1.1.4 特高压交流输电基本特性及技术特点

特高压交流输电中间可以落点；具有网络功能；可以根据电源分布、负荷布点、输送能力、电力交换等实际需要构成国家特高压骨干网架。特高压交流电网的突出优点是：输送能力大、覆盖面广、网损小、输电走廊明显减少；能灵活适合电力市场运营的要求。适应“西电东送、南北互供”电力流的变化。

每提高一个电压等级；在满足短路电流不超标的前提下；电网输送功率的分区控制规模可以提高 2 倍以上；输电线路输送能力与相邻两个变电站之间的输电距离及其短路容量比密切相关。从输电能力方面考虑；要求输电网有足够的短路容量；从设备安全方面考虑；要求主力机组分层接入系统；短路水平有一定限制。

随着电力系统互联电压等级的提高和装机容量增加，等值转动惯量加大，电网同步功率系数将逐步加强。同步功率系数为功角特性曲线 $P=P_m\sin\delta_0$ 对运行点 $\delta_0$ 的微分，即 $P_s=P_m\sin\delta_0$；（$\delta_0$ 为正常运行的功角，$P_s$ 为运行点的同步功率系数）。从该式可以看出，$\delta_0$ 越小，$P_s$ 越大，同步能力越强。初步计算结果表明：采用特高压实现联网；坚强的特高压交流同步电网中线路两端的功角差一般可以控制在 20°及以下。因此；交流同步电网越坚强；同步能力越大、电网的功角稳定性越好。同步电网结构越坚强、送受端电网的概念越模糊；电网将构成普遍密集型电网结构；功角稳定问题不突出；而电压稳定问题可能上升为主要稳定问题。

特高压交流线路产生的充电功率为 500kV 的 5 倍，为了抑制工频过电压，线路必须装设并联电抗器。当线路输送功率变化时，送、受端无功将发生大的变化。如果受端电网的无功功率分层分区平衡不合适，特别是动态无功备用容量不足，在严重工况和严重故障条件下，电压稳定可能成为主要的稳定问题。

适时引入 1000kV 特高压，可为直流多馈入的受端电网提供坚强的电压和无功支撑，有利于从根本上解决 500kV 短路电流超标和输电能力低的问题。

## 1.2　能源发展趋势及面临的问题

目前，中国非化石能源占一次能源消费总量比重仅为 9.8%，实现 2020 年非化石能源占比 15%、2030 年非化石能源占比 20%的目标，还需要大力发展清洁能源。按照国家规划，2020 年全国常规水电装机达到 3.5 亿 kW、风电 2 亿 kW、太阳能发电 1 亿 kW。新能源布局集中、增长速度快，当地电网规模小、难以就地消纳，电网跨区通道建设滞后，需要进一步加快大容量跨区输电通道建设。

积极落实国家能源战略和节能减排部署，服务清洁能源发展，截至 2013 年年底，国家电网公司建成专用风电送出汇集站容量 2477 万 kV·A、并网线路 3.4 万 km，建成太阳能汇集站容量 887 万 kV·A、并网线路 2154km。目前，国家电网风电和光伏发电并网装机分别达到 8115 万 kW 和 2006 万 kW，发电量分别达到 1132 亿 kWh 和 188 亿 kWh。中国取代美国成为世界第一风电大国，国家电网成为全球接入风电规模最大、风电和太阳能发电发展最快的电网。

### 1.2.1 新能源接入对区域电网的影响

能源作为社会经济发展的主要来源，对社会发展起着重要作用，由于各种能源的不断消耗，加之温室气体，导致全球的变暖已经成为社会重点关注的问题，能源产业要逐渐取代化石产业，未来的电网中不仅有水能、光伏、风能的加入，还将会有更多的新能源发电装备在社会中应用，国家加大力度发展新能源政策，建立一个可以进行协调、调度、高效稳定发展的电网系统，在进行电能的多样性发展的同时，电网本身也要不断进行技术上的革新。

21 世纪以来，随着能源，环境和气候变化问题日益突出，能源安全和环保是全球关注的焦点。大力发展新能源，促进能源战略转型，成为世界能源发展的新趋势。当下来说，对于可再生能源的开发利用有以下几类：风能、太阳能、生物质能、潮汐能等，可再生能源的开发和利用对于社会发展和人类生存有着非常重要的作用。

#### 1.2.1.1 风力发电接入电网的解决办法及其影响

人类最早利用的能源是风能，造船业和航海业的发展离不开风帆的使用，如今，风力发电技术作为一种先进的技术为中国能源发展做出了巨大的贡献。中国在西北、东北、沿海地区有着丰富的风能资源，并且具备发电的各项条件，风能发电有着前期工作周期长、资金占用少、建设周期短、投入成本低并且投资收益也很稳定的特点。

人们长期以来忽略了风力发电为高新技术产业带来的产业前景、忽略了风力发电可以促进偏远地区的经济发展，随着经济的发展，风力已经成为目前新能源利用中技术最为成熟的一项技术，发展前景也广阔的一种发电方式，风力发电已经开始向着“战略替代能源”开始发展。

风电接入对电网的影响主要表现在以下几个方面：

（1）风况对并网风电机组引起的电压波动和闪变影响很大，尤其是平均风速和湍流强度的变化。

（2）随着风速的增大，风电机组产生的电压波动和闪变也不断增大。当风速达到额定风速并持续增大时，恒速风电机组产生的电压波动和闪变继续增大，而变速风电机组因为能够平滑输出功率的波动，产生的电压波动和闪变则减小。

（3）湍流强度对电压波动和闪变的影响较大，两者几乎成正比例增长关系。

（4）在塔影、风剪切和有限的桨距调节范围的联合作用下，恒速变桨距风电机组持续运行过程中的功率波动幅值非常大，从而产生较大的电压波动和闪变。恒速变桨距风电机组可以控制叶轮转矩，启动时产生的电压波动和闪变比较小。

（5）恒速定桨距风电机组，由于启动时无法控制叶轮转矩，而持续运行过程中的功率波动较小，所以在切换操作过程中产生的电压波动和闪变要比持续运行过程中产生的电压波动和闪变大。

（6）变速恒频风电机通过整流和逆变装置接入系统，变流器始终处于工作状态，其产生的谐波电流大小与输出功率基本呈线性关系，即与风速大小、变流器装置的设计结构及其配套安装的滤波装置、电网的短路容量等有关。

#### 1.2.1.2 光伏发电接入电网的解决办法及其影响

太阳能作为一种可再生能源，它的应用逐渐得到社会的普遍认可，对开展光伏发电也具有现实意义，光热转换和光电转换是太阳能的两种基本利用形式，光能转换技术利用半导体材料的光伏效应原理直接转化成太阳能的一种技术，并且发展较为迅速，近几年，光伏市场的重点是由偏远无电地区逐步向并网光伏发电、光伏建筑集成的方向不断的进行发展，光伏发电对现在能源短缺和环境污染可以起到抑制作用，还增加了就业机会。

并网逆变器是光伏并网控制的核心，包含电网信号的检测、输出电流的控制、最大功率电的跟踪，是一个集检测、控制保护一体的装置，并网光伏发电系统还可以根据容量大小对电压等级并网方式进行选择，比如，云南电网公司在云电科技建设的160kW光伏发电采用的是380V低压并入园区的配电系统。可以通过研究不同容量和不同接入点的光伏系统对电网影响，来探究光伏发电对电压的影响。通过合适的接入容量，来降低光伏发电的损耗、提高电压的稳定性，尽可能减少对系统电压波动的影响。

现有的并网逆变器的功能并不能够满足光伏大容量接入配电网的要求，所以，需要研究开发新的逆变器，新型逆变器需要具有功率控制、频率控制、电压控制的功能，还要可以进行调度自动化的通信功能。

太阳能发电站接入对电网的影响主要表现在以下几个方面：

（1）太阳辐射变化引起的发电功率的波动，引起接入点电压的变化。

（2）采用逆变器接入电网方式，其逆变器运行中会产生一定量的高次谐波。应关注谐波对补偿电容器和用电设备的影响。

（3）对于并网运行的太阳能电站，当发电容量超过负荷需要的功率时，会出现逆向潮流，此时应关注逆向潮流的影响，并采取相应的控制和保护措施。

（4）因各种故障，发生太阳能电站所在系统与接入电网解列时，形成孤岛运行，此时应评估系统的运行能力和相应的减载、控制及保护措施，以确保系统可靠和再接入时的稳定。

### 1.2.2 新能源接入对电网安全稳定的影响

在我国，根据各地区的风力情况，建立了风电基地。在我国的新疆建立了新疆哈密千万千瓦级风电基地、在甘肃建立了酒泉基地千万千瓦级风电基地、在蒙东地区建立了蒙东地区千万千瓦级风电基地、吉林千万千瓦级风电基地等。蒙东和蒙西地区有 50GW 级风电基地；排第二的是新疆哈密，为 20GW；甘肃酒泉为 12GW、河北坝上为 10GW、吉林为 23GW、江苏和山东为 10GW。风电接入有三大特点：①在地区大规模的开发，并且远距离输送到需求地区；②以高电压集中接入的等级为主；③分散的接入，就近地区来消纳为辅助。

#### 1.2.2.1 大规模新能源集中接入存在的主要问题

（1）调峰能力不足。在我国现有的电源结构中，调峰性能好的机组少之又少，况且现有水电机组在存量上也是偏低的，我国水电机组在运行过程中还受诸多因素制约。通过研究发现，大规模新能源集中接入后，电网的调峰能力更加不足。以我国北方地区为例，由于风电大发时期与水电枯水期、火电机组冬季供热时期的重合，这无疑让调峰的难度大大增高。

（2）新能源地区分布不均匀。水电、风电资源分布在西南、西北地区的占比较大，而电力需求较大的地区却分布在中部和东部沿海地区，这就造成了供给和需求的地区分布距离差距很大，会花费更多的距离成本运输费用。并且受到电网电气性能的影响，目前尚不能实现全国范围内大规模供电的需求。

#### 1.2.2.2 新能源接入后对系统安全性的影响

新能源大规模接入电网带来的一些新问题逐步凸显出来，成为行业关注的热点和研究关注的重点。

（1）新能源高占比下，系统频率和电压调节能力持续下降。随着新能源出力占比不断增加，常规电源被大量替代，系统转动惯量持续下降，系统抗扰动能力下降。在西北送端电网中，风电和光伏发电装机占比超过30%，到2020年将超过50%。由于风机转动惯量小、光伏发电没有转动惯量，且目前新能源机组尚未大规模参与调频和调压，因此西北电网的抗扰动能力等同于下降30%和50%以上。在华东受端电网中，目前馈入的直流输电功率已超过其发电功率的20%，到2020年这一比例将超过40%，相当于华东电网抗扰动能力分别下降20%和40%以上。

（2）系统调频调压能力降低，全网频率电压事件风险增大。在新能源机组尚未大规模参与系统调频、调压的情况下，当系统出现大功率缺失，极易诱发全网频率问题。同时，随着新能源并网容量快速增长，交流电网短路容量呈下降趋势，应对无功冲击能力下降。在西北送端电网，直流输电系统故障带来的工频过电压问题比较严重；在华中和华东受端电网，直流功率馈入替代了常规电厂，系统调压能力大幅下降，特别是直流换相失败过程给交流系统带来大量的无功功率冲击，电压崩溃风险增大。

（3）新能源机组电网适应性不足，大规模脱网风险增大。直流闭锁、换相失败、再启动及交流短路等故障引起系统频率、电压大幅波动，可能导致新能源机组因高频或过电压发生大规模脱网。随着多条连接风电基地和负荷中心的特高压直流线路投运，特高压直流送端风电高压脱网风险增大：部分特高压直流输电线路直流换相失败期间，送端电网暂态过电压达到1.2～1.3$U_n$（$U_n$为额定电压），大规模连锁脱网风险较大。在频率方面，特高压直流送端风电同样存在高频脱网风险。送端弱接入的特高压直流外送功率较大时，故障后送端电网频率短时甚至可能超过52Hz，远超目前风电机组的耐受能力，存在大规模脱网的风险，严重影响大电网安全稳定运行。

（4）多电力电子设备交互作用复杂，振荡问题凸显。大容量直流送端系统动态稳定问题严重，新能源机组通过电力电子装置并网，其多时间尺度控制特性与电网自身特征相互作用，可能引发次同步—超同步—高频范围内的动态稳定和复杂振荡问题。2015 年，哈密－郑州直流输电工程送端花园电厂 3 台机组因次同步振荡引起轴系扭振保护相继动作跳闸，机组跳闸前后，交流电网中持续存在 16～24Hz 的次同步谐波分量。机组轴系扭振频率（30.76Hz）与交流系统次同步谐波分量频率（20Hz）互补，满足振荡条件。虽然目前相关单位已经从不同层面开展了研究并提出了应对措施，但均未从本质上揭示问题产生的根本原因，后继发生类似问题的风险依然存在。

此外，大规模新能源并网后，对系统内同步机之间功角稳定的影响也需重点关注。

### 1.2.3 新能源接入可能引起的电能质量问题

相对于传统能源，新能源普遍具有污染少、储量大的特点，对于解决当今世界严重的环境污染和资源（特别是化石能源）枯竭问题具有重要意义。面对石油、煤矿等资源加速减少的趋势，核能、风能、太阳能等新能源将成为主要能源。

在所有新能源中，目前已进入工业应用并对电网产生冲击和影响电能质量的新能源发电形式主要为风力发电和太阳能发电。

#### 1.2.3.1 风力发电机组正常运行时对电网电能质量的影响

（1）谐波。风电给系统带来谐波的途径主要有两种：①风力发电机本身配备的电力电子装置，可能带来谐波问题，对于直接和电网相连的恒速风力发电机，软启动阶段要通过电力电子装置与电网相连，会产生一定的谐波；②由于补偿风力发电机功率因数的并联补偿电容器也可能和系统电抗发生谐振，而造成对谐波的放大。

（2）电压稳定性。大型风电场及其周围地区，常常会有电压波动大的情况。风力发电机组启动时，会产生较大的冲击电流。单台风力发电机组并网对电网电压的冲击相对较小，但并网过程至少持续一段时间后（约几十秒）才消失。多台风力发电机组同时直接并网会造成电网电压骤降，因此多台风力发电机组的并网需分组进行，且要有一定的间隔时间。当风速超过切出风速或发生故障时，风力发电机会从额定出力状态自动退出并网状态，风力发电机组的脱网会导致电网电压的突降，而机端电容补偿装置抬高了脱网前风电场的运行电压，脱网后可能导致电网电压急剧下降。

（3）频率稳定性。大型电网具有足够的备用容量和调节能力，风电接入一般不必考虑频率稳定性问题，但是对于孤立运行的小型电网以及风电装机容量达到或超过电网装机容量的20%时，风电带来的频率偏移和稳定性问题不容忽视。为保证电网安全稳定运行，电网正常应留有2%～3%的机组旋转备用容量。由于风电具有随机波动特性，其发电出力随风力大小变化，为保证正常供电，电网需根据并网的风电容量增加相应的旋转备用容量，风电上网越多，旋转备用容量也越多。

为了保证风电机组运行的安全稳定和提高整个电网的运行经济性，必须考虑适当的应对措施，如采用风电与水火电打捆外送、采用灵活交流输电技术进行动态潮流和动态无功电压控制、采用大功率储能装置进行波动功率的快速跟踪调节等。

#### 1.2.3.2 光伏发电并网对电网电能质量的影响

太阳能光伏发电系统主要由太阳能光伏电池组件、光伏系统控制器、蓄电池和交直流逆变器等主要部件组成。

从光伏发电系统的组成可以看出，光伏发电系统直接与电网连接的设备就是并网逆变器。逆变器是通过功率半导体器件的开通和关断作用，把直流电能转变成交流电能。在电能的转换过程中，逆变器会吸收无功功率、引起谐波和直流量注入问题。现代逆变器技术，可以达到较高的功率因数（一般0.95 以上），其无功功率可以通过采用无功补偿的方式予以解决。逆变器注入电网的谐波电流大小与输出功率、电网电压和运行工况等因素有关，其谐波电流的发生量和谐波的频谱都会发生变化。

#### 1.2.3.3 新能源接入电网引起的电能质量问题改善

为适应未来新能源快速发展的趋势，电网和新能源发电企业需要共同应对这一挑战，电网企业需要加强电网的建设，采用先进的技术积极构建坚强的“智能电网”，以接纳更多的新能源发电电源；新能源发电企业也需要采取更先进的发电技术，最大限度地消除自身对电网的扰动，同时采用动态无功补偿、谐波治理和大容量储能技术，将新能源发电所造成的影响限制在较小的范围内。

## 1.3 交直流输电在西电东送中的作用与定位

改革开放以来，中国电力工业快速发展，供应能力显著增强，有力地支撑了经济社会发展，取得了举世瞩目的发展成就。但能源发展方式不合理问题也日益突出，结构性矛盾长期积累，资源制约加剧，环境约束凸显，能源效率亟待提高。为实现能源可持续发展，必须大力推动能源生产和消费革命，实施清洁替代和电能替代，全面推动能源发展方式转变。中国一次能源基地与能源需求地区呈远距离逆向分布的特点，电力流向呈现大规模“西电东送、北电南送”格局，根据中国能源资源分布和生产力发展水平的实际情况，必须实施跨大区、跨流域、大规模、远距离输电，对电网进行重构和加强势在必行。

电网加快发展，保障了经济社会快速发展的用电需求。“十二五”以来，电网建设基本与需求增长和电源建设相适应，没有出现新的电网瓶颈，满足了经济社会快速发展的需要。电网建设与经济社会需求增长相适应，国家电网有限公司经营区域累计 110（66）kV 及以上输电线路 77 万 km、变电容量 30 亿 kV·A，有力支撑了经济社会快速发展，保障了新增 2.07 亿 kW 的电源接入，满足了新增负荷 1.34 亿 kW、新增电量 9100 亿 kW·h 的供电需求。电网公司逐步成为集电能传输、市场交易和资源优化配置功能于一体的现代综合服务平台，大范围优化配置能源资源的格局初步形成。

“十二五”期间，建成淮南—上海、浙北—福州特高压交流和锦屏—苏南、溪洛渡—浙江、哈密南—郑州特高压直流工程，增加输电能力超过 3000 万 kW，主网架不断优化，初步形成了交直流协调发展的特高压电网。为实现中国大规模、远距离、高效率电力输送，保障国家能源战略规划的顺利实施和经济社会可持续发展创造了必要条件。

### 1.3.1 电网发展面临的形势与任务

21 世纪以来，随着中国经济的高速发展，装机规模不断加大，每年新增电源装机近 1 亿 kW，且以煤电为主，导致中国能源电力发展方式不合理、结构性矛盾长期积累，能源利用不可持续性的问题日益突出。中国仍面临能源安全、环境污染、新能源发展等突出问题，特别是近年来东中部地区出现严重雾霾天气，解决能源科学发展问题已刻不容缓，对电网科学发展提出了更高的要求。面向终端能源消费市场，积极倡导“以电代煤、以电代油、电从远方来”的能源消费新模式，不断提高电能占终端能源消费比重，对于推动社会节能减排、缓解城市雾霾困扰、促进中国能源可持续发展既有现实意义，也是一种理念上的革新。

### 1.3.2 能源结构优化与配置

中国能源结构以煤为主，全国煤炭保有储量80%以上分布在西部、北部，东部煤炭资源仅占3.3%。受资源禀赋和发展条件限制，长期以来，中国电力发展以分省（区）自我平衡为主，中国东中部地区电源密集，煤电装机占全国煤电装机的66%，导致煤电油运力紧张局面反复出现，环境污染日益严重，频繁出现雾霾天气，已不具备发展煤电的空间。如果再继续东中部大量建设煤电、就地平衡的电力发展方式，将带来更加严重的煤电运输紧张和环境污染问题。在西部、北部煤炭富集地区建设电厂，变输煤为输电，可以统筹利用东西部环境容量，优化配置全国环境资源，实现电力工业科学发展。

### 1.3.3 “十三五”期间电网发展重点

“十三五”期间，着力解决能源供应、生态环境和电网安全问题，建设特高压骨干网架，尽快建成大气污染防治行动计划确定的特高压工程，加快推动后续特高压工程建设，建成以华北—华东—华中“三华”特高压电网为核心的骨干网架结构，构建西南特高压交流主网架，适时启动东北特高压电网建设，形成东北、西北、西南三送端和“三华”一受端的4个同步电网格局，大幅提高电网优化配置资源能力，满足国家规划的大煤电、大水电、大核电和大可再生能源基地电力输送和消纳。

在加快特高压骨干网架建设的同时，统筹推进各级电网建设，完善电网结构，合理分层分区，实现各电压等级电网有机衔接、交直流协调发展。

### 1.3.4 特高压骨干网架建设

“十三五”初期，加快建成列入大气污染防治计划的“四交四直”及酒泉—湖南特高压工程。“四交”即淮南—南京—上海、锡盟—山东、蒙西—天津南、榆横—潍坊特高压交流，“四直”即宁东—绍兴、锡盟—泰州、上海庙—山东、晋北—江苏特高压直流。上述工程建成后，华北电网新增受电能力 3200 万 kW，华东电网新增受电能力 3500 万 kW，东中部地区每年减少发电用煤 1.5 亿 t 左右，降低 PM2.5 浓度 4%～5%。截至 2018 年底，上述特高压交、直流工程已建成投运。

“十三五”中后期，加快推进“五交八直”及后续特高压工程。为保障电力可靠供应，满足国家规划的能源基地电力外送需要，保障电网安全，加快建设淮东—皖南等特高压工程。为满足华东区域大规模区外受电需要，保障多直流馈入系统安全稳定运行，适时实现华北—华东与华中同步互联，形成“三华”交流同步电网。西南电网加快建设覆盖西南水电基地和川渝负荷中心的特高压交流环网，适时建设覆盖东北黑、吉、辽三省和蒙东的特高压交流环网。

进一步完善西北 750kV 电网。西北是国家规划的重要煤电、风电、太阳能能源基地，西北电网是国家电网的主要送端之一。“十三五”期间，进一步加强西北省间 750kV 主干通道建设，750kV 电网延伸到陕北、海西、南疆地区，西北主要负荷中心均形成 750kV 环网结构，满足区内电力供应，实现水、火、风互济运行；形成坚强的西北送端电网，保证西北地区大型能源资源的可靠送出，为准东、哈密、伊犁等大型能源基地开发外送提供坚强支撑。

## 1.4　交流与直流、新能源耦合特性

多直流、高比例新能源、大规模整流负荷等电力电子设备的密集接入，使交流、直流、新能源耦合机理日益复杂，电网运行特性发生显著变化，带来了新的问题。

（1）对于交直流混联运行情况，由于交流输电能力不足，直流故障后的大规模潮流转移将给系统带来严重冲击。

（2）根据《国家能源局关于进一步调控煤电规划建设的通知》，准东、宁东、上海庙和榆横煤电基地输电外送通道配套火电项目的投产规模在 2020 年底前要控制在规划规模的一半以内，锡盟输电通道配套火电项目投产规模 2020 年底前要控制在 7300MW 以内。直流送端换流站电压支撑减弱、网络汇集外送电力和大规模新能源集中接入将导致直流故障后带来过电压问题和风机高电压脱网等问题。

（3）现有安全稳定导则与计算标准仅考虑了直流系统单、双极闭锁故障形态，而实际直流发生故障情况与相关仿真分析表明，随着直流输送容量的增大，直流连续换相失败、再启动、功率速降对电网稳定性影响加剧。

（4）交直流并列运行电力外送问题。随着特高压直流的陆续投运，电网故障易引发连锁反应，而特高压交流工程建设滞后，交流网架在承接直流功率转移、提供电压支撑和承受功率缺额方面与直流输送功率不相匹配，电网面临交直流并列运行导致的安全稳定问题。

特高压直流采用交直流并列运行时，由于特高压直流容量巨大，交流通道为应对直流单双极闭锁后潮流转移需要预留的通道空间将导致交流通道能力的巨大浪费。

网络汇集电力工频过电压问题。当直流输电系统故障时，换流阀不消耗无功功率，盈余无功将引起工频过电压，换流站的短路容量愈小，产生的过电压值将愈高。电力通过网络汇集的特高压直流，短路容量偏小，直流故障后可能导致过电压超标。

电力系统的电压稳定性与电网中无功补偿配置密切相关。当系统运行受到较大扰动而导致换流站等枢纽站母线电压大幅波动时，电容器、电抗器等传统静态无功补偿装置受其工作原理限制不能提供满足需要的动态无功补偿，在特殊方式下会发生电压失稳问题，危及系统稳定。

（5）直流近区风机高电压脱网问题。对于直流送端，发生直流闭锁后，由于滤波器延时切除，造成换流站近区电压升高；另外，由于直流有功回退，交流系统切除大量机组，近区交流系统潮流减少，暂态过电压进一步升高，特别是当直流汇集风电、光伏等新能源送出时，过电压可能超出风机、光伏发电设备高电压穿越能力，造成大面积脱网。

大规模电力跨区输送，规划电网将面临诸多问题与挑战，需进一步研究并落实相应对策。

（1）针对能源基地大规模外送模式，“强直弱交”是限制通道外送能力的主要问题，构建“强交强直”的电网格局，使交流电网的输电能力与大容量直流相匹配，以提高配套有大量电源的交直流并列系统安全稳定性。

（2）大规模电力通过网络汇集方式经特高压直流外送，将面临直流故障后工频过电压越限问题，采用配置调相机、动态无功补偿装置等措施，可改善直流送端换流站短路容量不足、抗电压波动能力差的问题。

（3）提高直流送端新能源发电机组高电压耐受能力，推动新能源场站接入电网高电压穿越技术的标准修订，以解决直流缺少电源支撑、故障后工频过电压导致新能源大范围脱网的问题。

（4）虚拟同步发电机技术可以作为潜在的技术措施，用以解决新能源大规模接入通过直流外送引起的安全稳定问题。

# 2

# 工程启动调试准备及要求

## 2.1 启动调试的目的

系统调试是新设备及线路在完成施工安装并通过分系统试验检验合格后，针对设备和系统进行的一系列试验和测试，目的是确保新的设备、线路满足投运条件，能够接入系统运行。在系统调试过程中，要对工程所有主回路设备，如变压器、线路、断路器和开关等的耐压水平、输送电量能力进行检验，并对整个系统的运行性能，包括变电站控制、二次系统以及保护设备的功能进行评价，以校核整个系统工程，特别是系统是否满足设计规范要求，是否达到工程验收标准。

在大型能源基地，电网输变电工程通常保持着非常快的建设速度，单个工程项目的建设周期往往被大幅度压缩，导致系统调试时间也大幅缩短。调试工作结束后系统也不再停运，而是直接进入试运行阶段，形成了边调试、边消缺，系统调试与系统启动一次性完成的“启动调试”工作模式。调试工作涉及工程的科研设计、设备制造、建设安装、调度、运行、试验和监理等各单位和部门，整个调试、试验工作任务繁重、时间紧，启动调试工作的节奏更加紧凑，这对调试各个环节提出了新的挑战。

随着超高压交流输变电工程技术的成熟，并不是所有的超高压工程都需要进行启动调试。对于采用成熟技术建成的超高压交流输变电工程，通常可以按新建设备启动的方式直接投入试运行。而对于具有以下情况的工程或设备，需要开展启动调试工作：①输电线路较长的（如 750kV 输电线路长度大于 250km）；②首次应用的一次设备或主要设备为首次中标厂家制造；

③在运行中经统计故障率较高的设备；④在设计、制造工程中曾经出现过质量问题的设备；⑤跨区、跨省联网工程；⑥负责投资建设的单位提出调试要求的。

## 2.2　调试前的准备工作

### 2.2.1　调试系统的仿真研究

骨干网架（1000、750、500kV 电压等级系统）由于其运行电压高、运行电流大，当电力系统中特高压侧发生投切空载变压器、空载线路等操作时，不仅会在骨干电网中，同时在与之通过变压器互联的低电压等级系统中也会产生较明显的暂态过程，可能影响系统的稳定运行。为保证系统调试过程中设备安全及系统安全稳定运行，应在调试前进行系统仿真研究。

调试系统的电磁暂态研究结果应预测各项试验正常操作及异常情况下的最大过电压和过电流，提出各项试验的试验条件和采用的安全措施。

调试系统的潮流和稳定研究结果应确定系统调试用的各种系统典型接线方式和运行方式，包括调试电源的安排等。

应根据仿真研究结果并结合系统条件和工程特点，编制系统调试方案和测试方案。调试方案的主要内容包括试验项目、试验目的、试验内容、系统运行方式、试验中相关设备的操作顺序、需要测量的数据、安全措施等。测试方案的主要内容包括测试目的、测试内容和条件、测试仪器、测试方法和接线、安全措施等。

调度部门应根据仿真研究结果和系统调试方案，编制调度实施方案。主要内容包括：启动调试应具备的条件，启动调试期间的安全措施、组织措施、事故处理原则，启动前工作汇报及设备状态汇报，调试启动操作程序等。

### 2.2.2　系统调试应具备的条件

#### 2.2.2.1　系统调试应具备的基本条件

（1）系统调试试验的组织机构已成立，工程调试方案和调度方案已通过启动调试委员会（简称启委会）审核批准。

（2）竣工验收工作已完成，工程已具备启动带电条件，已向调度部门提交新设备投运申请。

（3）质量监督机构已完成工程投运前的验收，并同意投运。

（4）各运行单位的生产准备工作已通过启委会生产准备组的检查并确认。

（5）线路参数测试工作已完成。

（6）由调试单位对运行、施工、监理等单位进行系统调试和测试方案交底，落实系统调试、测试方案和安全措施。

**2.2.2.2** 变电站（开关站）应具备的条件

（1）投入的设备已有调度命名和编号，并已准确标识。

（2）带电区域已设明显标志。

（3）所有一次设备的各项试验全部合格且调试记录齐全，影响系统带电的临时接地线应全部拆除。

（4）保护、通信、调度自动化、安全自动装置、微机监控装置等所有二次设备调试合格，保护定值已整定完毕，并经运行人员核对无误。

（5）站内分系统调试和保护对调工作完成并经运行人员验收，“五防”[1]和监控系统已通过验收，各级调度之间的通信畅通，具备系统调试条件”。

（6）系统调试和试运行期间负责测试的人员已到位，负责设备监视和应急抢修的人员已到位。

**2.2.2.3** 输电线路应具备的条件

（1）线路的杆塔号、相位标志和设计规定的有关防护设施等已验收合格。

（2）线路带电前的所有试验已完成。

（3）线路上的障碍物与临时接地线（包括两端变电站）已全部拆除。

（4）线路带电期间的巡视人员已上岗，负责应急抢修的人员、交通工具、设备、备品备件和工器具已到位。

**2.2.2.4** 测试设备应具备的条件

（1）测试所需仪器仪表齐全，测试人员预先做好测试系统的校准。

（2）测试仪器的采样速率、带宽和精度等满足测试要求。

（3）测试仪器仪表接线完毕，接线正确无误。

（4）测试数据保存方法可靠。

---

[1] 五防指防止误分、合断路器，防止带负荷分、合隔离开关，防止带电挂接地线（或合接地开关），防止带接地线（或接地开关）合断路器，防止误入带电间隔。

### 2.2.3 调试工作的组织

启动调试的组织管理工作通常由工程建设管理部门统一负责，委托有资质的调试单位，成立启动调试组织机构，由调度部门、业主单位、建设单位、生产单位、监理单位、调试单位等配合，开展相关工作。系统调试组织机构设立如下：在工程启动验收委员会下设立调试指挥部，负责启动过程中的调度和试验指挥工作，统一指挥和协调现场调度指挥组、调试技术组、系统二次组、测试组、操作组、设备维护抢修组、线路组、后勤组、人工接地试验组等完成各试验项目；负责指挥调试启动过程中的事故处理和抢修工作。调试组织机构主要构成见表 2-1。

**表 2-1　　启动调试的组织机构**

| | |
|---|---|
| 调度指挥组 | 国家/区域电力调控分中心、省级电力调控中心；<br>建设管理部门、属地公司运检部、安监部、运行单位、调试单位 |
| 调试技术组 | 国家/区域电力调控分中心、省级电力调控中心；<br>属地公司运检部、建设部、电科院、经研院、检修公司、送变电、信通公司等 |
| 设备维护抢修组 | 建设管理部门、属地公司运检部、检修公司、送变电公司、物资公司等 |

### 2.2.4 调试方案的编制

为考核工程的设备制造和安装质量，启动调试需要进行的试验和测试项目较多，要以大量的前期准备工作为基础，精心编制启动调试方案。通常情况下，工程建设主管部门作为责任牵头部门，委托中国电力科学研究院或工程属地电力科学研究院等具有相应资质的单位作为系统调试的技术负责和承担单位，负责启动调试方案的编制工作，并由工程建设主管部门组织审定。

由于工程系统调试不仅与输变电工程本身相关，而且还涉及两端变电站交流电网，所以，输变电工程启动调试是一个比较庞大而又复杂的系统工程。要编制出一套水平较高的、切实适用于系统调试的方案，使其既能够充分地考虑检验系统的性能，又能保障整个交流系统的安全运行，是一项很艰巨的任务。

充分而全面的仿真研究工作，能为调试方案的编制、调试项目的执行和安全措施的落实提供了技术依据，是开展方案编制工作的先决条件。启动调试的仿真分析工作能从计算的角度给出启动调试期间各项试验操作的过电压水平等电磁暂态特性、试验系统运行方式安排的合理性及应采取的安全稳定措施等重要决策依据。

在启动调试工作中，由于工期紧张，工程调试结束后通常直接进入试运行阶段。这要求在方案编制过程中，兼顾调试项目的完整性、调试流程的紧凑性、测试工作的便捷性等诸多因素，对方案编写人员的综合素质提出了较高的要求。一个优化合理的系统调试流程主要体现了在系统调试期间，在保证电网安全运行的前提下，既要减少系统倒闸操作次数和试验二次线反复拆接的工作量，也要加快系统调试进程，从而缩短主系统非正常方式运行时间。调试方案包括的主要内容有：

（1）启动调试工程概况；

（2）启动调试设备、启动条件、安全措施等；

（3）调试项目的试验目的、接线方式、试验要求、试验步骤、测量内容及位置等；

（4）其他配合试验项目；

（5）安全措施；

（6）试验分工与职责；

（7）启动试验流程安排及参加单位；

（8）试验测试接线清单。

除试验项目要求外，系统启动调试过程中还应遵循调控部门的新建设备调试、启动原则，一般包括：

（1）变电站扩建靠母线侧开关的启动工作，在具备条件的情况下应倒空一条母线并用一个已投产开关作为总后备对新建开关及线路充电。

（2）变电站扩建中开关的启动工作，在具备条件的情况下将接于新建中开关与边开关之间的已投产线路（或主变压器、滤波器等）对侧停电，并在边开关上配置后备保护，然后用新建中开关对接于相邻间隔的线路充电并进行测试。

调试方案编制完成后，调度部门需要根据调试部门编制的《启动调试方案》，编写《启动调试调度方案》，经审核批准后在启动调试组织机构内分发。调试机构各小组应熟悉、明确《启动调试调度方案》中每一试验项目的调试内容、调试系统一次接线方式、调试实施步骤、调试注意事项等。

启动调试方案中每一项试验项目均附有试验系统一次接线方式图，对图中断路器、隔离开关的位置应有明确的标示，如图 2-1 所示。

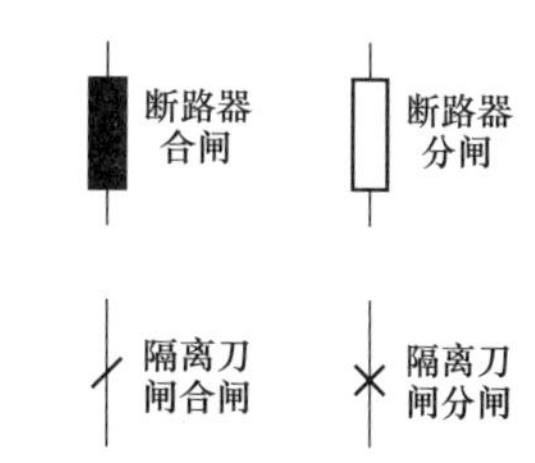

图 2-1　接线图开关的状态标示

以某 750kV 变电站接入系统工程为例，该变电站主接线如图 2-2 所示。A 站、C 站为电网中两座 750kV 变电站，新建 B 站通过新建 Ⅰ 线、Ⅱ线、Ⅲ线、Ⅳ线分别经 A 站、C 站接入系统。该输变电工程启动调试设备规模为：

主变压器：1 组 765/345/63kV 主变；

750kV 交流线路：接至 A 站 2 回（Ⅰ线、Ⅱ线），接至 C 站 2 回（Ⅲ线、Ⅳ线）；

750kV 高压电抗器：6 组线路高压并联电抗器，其中 Ⅰ 线、Ⅱ线线路两端各装设 1 组固定高抗及中性点小电抗，Ⅲ线 B 站侧装设 1 组固定高抗及中性点小电抗，Ⅳ线 C 站侧装设 1 组固定高抗及中性点小电抗；

低压无功补偿：主变压器低压侧装设 2 组低压电容器和 3 组低压电抗器。

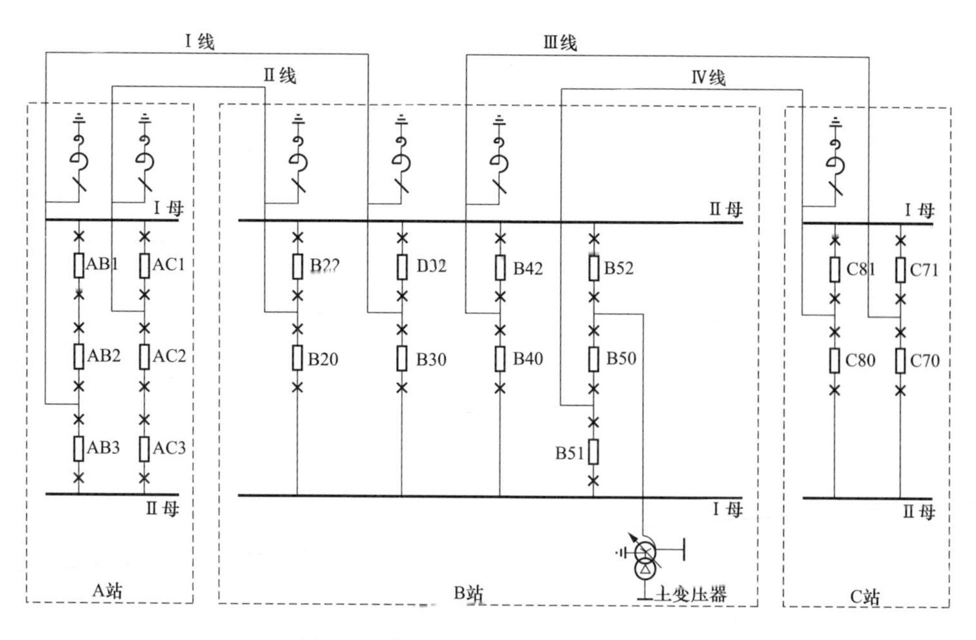

图 2-2　某 750kV 变电站主接线示例

## 2.3 调试项目及要求

### 2.3.1 调试项目简介

系统调试工作通常分为两个阶段：隔离系统调试和运行系统调试。隔离系统（或小系统）是由选定的发电机组、变电站及输电线路组成的试验系统，该系统与运行系统（大系统）在电气上完全隔离。对于运行成熟的电压等级，正常运行的电网不易具备构建隔离系统的条件，输变电工程启动调试通常都是在运行系统中进行。

调试试验项目可按表 2-2 确定，表中所列选做项目可依据实际情况选择试验。在进行系统调试的过程中，同时应进行相关的系统测试项目。

表 2-2　系统调试项目

| 编号 | 调试项目名称 | 调试系统 | 调试要求 |
| --- | --- | --- | --- |
| 1 | 变压器零起升流试验 | 隔离系统 | 选做项目 |
| 2 | 线路零起升流试验 | 隔离系统 | 选做项目 |
| 3 | 变压器零起升压试验 | 隔离系统 | 选做项目 |
| 4 | 线路零起升压试验 | 隔离系统 | 选做项目 |
| 5 | 投、切空载变压器试验 | 运行系统 | 必做项目 |
| 6 | 投、切空载线路试验 | 运行系统 | 必做项目 |
| 7 | 合环（并列）及解环（解列）试验 | 运行系统 | 必做项目 |
| 8 | 投、切低压电抗器试验 | 运行系统 | 必做项目 |
| 9 | 投、切低压电容器试验 | 运行系统 | 必做项目 |
| 10 | 人工单相短路接地试验 | 运行系统 | 选做项目 |
| 11 | 系统动态扰动试验 | 运行系统 | 选做项目 |
| 12 | 大负荷试验 | 运行系统 | 选做项目 |
| 13 | 同塔双回/多回线路的感应电压、感应电流试验 | 运行系统 | 选做项目 |

为确保试验系统发生异常时能与主系统可靠分开，在系统调试期间应确定总后备运行方式，总后备运行方式常用的有：从高压侧投切空载线路和空载联络变压器时，可利用线路、变压器两开关间的短引线保护（或短引线保护中的

充电保护）作后备，其定值须经计算重新整定；从中压侧投切空载联络变压器时，将联络变压器中压侧主开关（合闸状态）放在备用母线上，利用母联开关的充电保护或联络变压器中压侧零序电流保护作后备，其相应的保护定值须经计算重新整定。

### 2.3.2 投、切空载变压器试验

投、切空载变压器试验是超高压交流输变电工程调试必做项目，应包含利用高压侧或者中压侧断路器，进行不少于 5 次的空载变压器投、切操作（高压侧和中压侧各开关应至少使用一次）。该项试验的目的是考核变压器承受冲击合闸的能力，测量投切空变时的操作过电压和励磁涌流水平，并考核变压器差动保护躲开励磁涌流能力，为了系统安全运行操作和继电保护正确定值提供依据。

投、切空载变压器试验应满足以下条件：

（1）变电站主变压器中压侧分接头档位应按调试方案要求调整。

（2）线路高压电抗器及主变压器低压电抗器应根据计算结果安排投、退。

（3）试验线路单相重合闸退出，如果试验线路故障，应能够立即跳开线路。

（4）试验线路任一端线路断路器出现非全相跳闸或合闸，应能够立即跳开该断路器三相。

（5）试验相关保护投入运行，定值应按调度方案要求整定。

合闸空载变压器试验电气接线示意如图 2-3 所示。

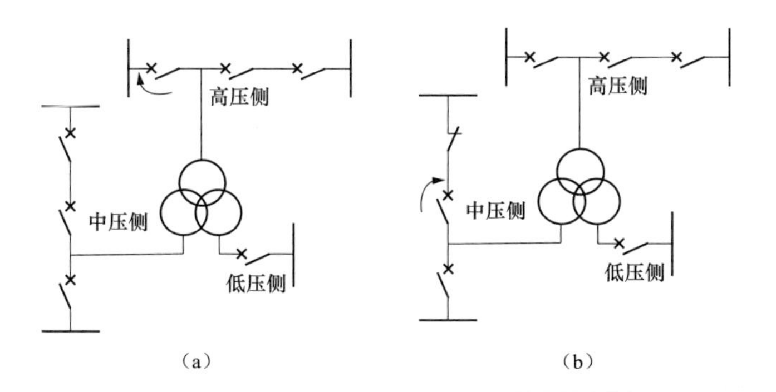


图 2-3 合闸空载变压器试验电气接线示意

（a）高压侧开关合闸变压器；（b）中压侧开关合闸变压器

试验过程中需要进行的测试工作有：

（1）测量变压器各侧及高压电抗器中性点的对地过电压。

（2）测量变压器励磁涌流。

（3）测量投、切操作过程中避雷器的电流。

投切空载变压器前的仿真研究和试验过程中，均应密切关注变压器的励磁涌流和过电压问题。仿真计算中需要考虑变压器无剩磁和有剩磁两种情况下的励磁涌流，通常情况下，在调试前均要求建设单位对变压器进行消磁，未消磁的变压器在进行充电试验时会产生较大的励磁涌流，从而引起保护跳闸。对于过电压，其中断路器合闸后短时（0.1s 以内）的为操作过电压，合闸 0.3s 后的过电压则反映可能出现的谐振过电压。如果在仿真计算中发现投切空载变压器操作存在谐振过电压风险，应在调试方案中规避在相应方式下进行合闸操作，对于无法避免的操作，应安排必要的运行方式改变系统阻抗，避免在调试过程中产生谐振过电压。

### 2.3.3 投、切空载线路试验

投、切空载线路试验是超高压交流输变电工程调试必做项目，要求对空载线路以系统运行电压冲击合闸、分闸各三次，可穿插进行单相重合闸试验。该项试验的目的是考核开关投切空载线路的性能、操作过电压水平以及合闸涌流，检查投切空线对电网电压的影响。

投、切空载线路试验应满足以下条件：

（1）试验变电站主变压器中压侧分接头档位应按调试方案要求调整。

（2）线路高压电抗器及主变压器低压电抗器应根据仿真计算结果安排投、退。

（3）试验线路单相重合闸退出，如果试验线路故障，应能够立即跳开线路。

（4）试验线路任一端线路断路器出现非全相跳闸或合闸，应能够立即跳开该断路器三相。

（5）试验相关保护投入运行，定值应按调度方案要求整定。

合空线试验前对合闸前母线电压进行控制，以确保线路合闸后系统稳态电压不超过最高运行电压。

试验过程中可穿插进行单相重合闸试验。空载线路带电运行正常后，人工控制操作跳开试验开关 1 相，保护装置自动重合闸该相开关。试验前应根据仿真计算结果确定单相重合闸时间。

试验过程中需要进行的测试工作有：

（1）测量线路高压电抗器中性点的对地过电压。

（2）测量线路高压电抗器中性点电抗器的过电流。

（3）测量线路充电电流。

（4）测量投、切操作过程中避雷器的电流。

（5）测量线路首、末端电压。

（6）测量线路谐波。

在投、切空载线路试验过程中，还需对两侧线路 TV、母线 TV 进行核相，对 TA 进行极性校验。

TA 的极性校验需要考虑线路上的负荷电流能否满足测试仪表的量程，特别是大型能源基地电网密集区域，骨干网架输电线路的长度可能很短，线路空载时充电无功形成的负荷电流很小，TA 二次侧的电流仅为毫安级，当使用万用表测量时存在精度不满足的可能性，需要在调试系统的仿真研究中计算确定 TA 二次侧电流。若线路负荷电流较小，应在调试方案中考虑为线路增加负荷，保证 TA 极性校验的正确性。

为线路带负荷的方式有很多种，可依据现场实际情况进行相关操作，对于在仿真计算中就已经发现的负荷电流较小问题，通常可采取以下方式提供为线路提供负荷（见图 2-4）。

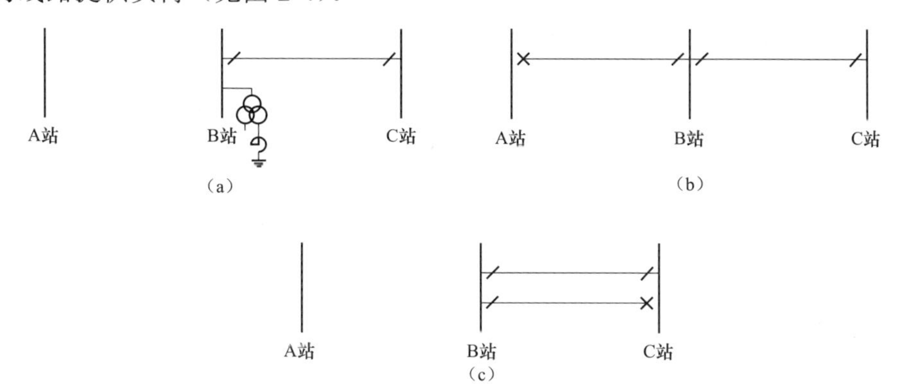


图 2-4　为线路 TA 提供负荷电流的常用方式

（a）低压电抗器为 B 站-C 站线路提供负荷；（b）A 站-B 站线路为 B 站-C 站线路提供负荷；（c）B 站-C 站同塔架设线路相互提供负荷

（1）线路充电后，通过联络变压器带低压电容器、低压电抗器为线路提供负荷。

（2）线路充电后，带另一段空载线路，为本段线路提供负荷。

（3）同塔架设的双回线路，Ⅰ线充电后反向对Ⅱ线充电，由Ⅱ线为Ⅰ线提供负荷。

### 2.3.4 合环、解环试验

合环（并列）、解环（解列）试验是超高压交流输变电工程调试必做项目。目的是在解环点测量线路和母线侧之间的稳态电压差和相角差，以确定合环时系统必须具备的基本条件，并观察解合环过程中的潮流转移情况及无功电压的波动情况，同时检验系统稳定计算的结果。试验前应由仿真计算结果确定线路合环后的运行方式，并在正常运行方式下对线路、变压器进行合环（并列）、解环（解列）操作。对于输电线路，宜用两侧线路断路器进行解环（解列）、同期装置合环（并列）操作各 1 次。对于主变压器，宜用中压侧断路器进行解环、同期装置合环操作各 1 次。

合环、解环试验应满足以下条件：

（1）应对线路两侧各断路器进行假同期并列试验。

（2）线路高压电抗器及主变压器低压电抗器应根据计算结果安排投、退。

（3）试验相关保护投入运行，定值应按调度方案要求整定。

线路合环试验电气接线示意如图 2-5 所示，变压器使用中压侧断路器合环试验电气接线示意如图 2-6 所示。

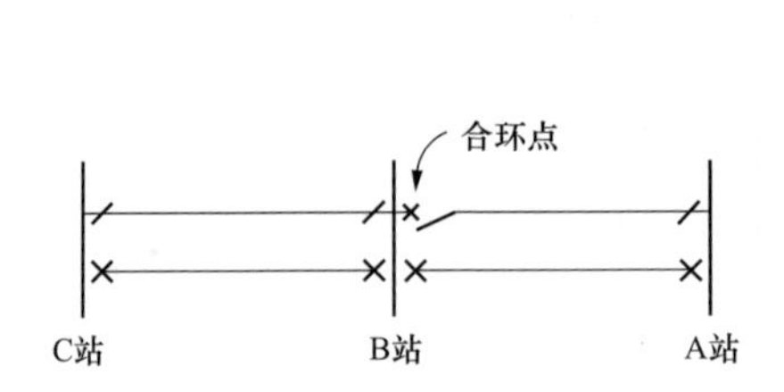


图 2-5 线路合环试验电气接线示意

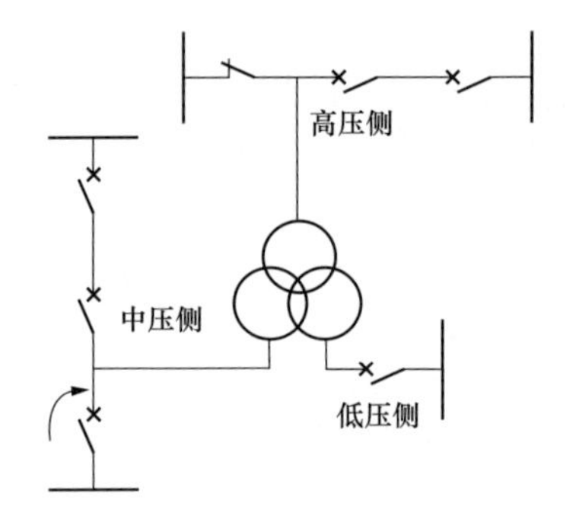


图 2-6 变压器使用中压侧断路器合环试验电气接线示意

试验过程中需要进行的测试工作有：

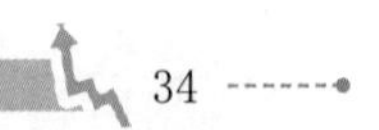

（1）测量合环（并列）点两侧的电压差、相角差及频率差。

（2）测量解环（解列）点两侧的电压。

### 2.3.5 投、切低压电抗器试验

投、切低压电抗器试验是超高压交流输变电工程调试必做项目，应在调试方案规定的运行方式下，对低压电抗器进行三次投、切试验。目的是在电抗器设备投产前进行投切试验，以考核开关投切电抗器的能力。

试验前相关保护应投入运行，定值应按调度方案要求整定。

试验过程中需要进行的测试工作有：

（1）校核变压器低压侧电抗器保护的相位、极性。

（2）测量变压器高压侧、中压侧的电压。

（3）测量低压电抗器的电压、电流。

（4）测量变压器低压侧、低压电抗器的对地过电压。

合闸主变压器低压侧电抗器试验电气接线示意见图 2-7。

### 2.3.6 投、切低压电容器试验

投、切低压电容器试验是超高压交流输变电工程调试必做项目，应在调试方案规定的运行方式下，对低压电容器进行三次投、切试验。目的是在电容器组设备投产前进行投切试验，以考核开关投切电容器组的能力及电容器组投入时合闸涌流大小。

试验前相关保护应投入运行，定值应按调度方案要求整定。

试验过程中需要进行的测试工作有：

（1）校核变压器低压侧电容器保护的相位、极性。

（2）测量变压器高压侧、中压侧的电压。

（3）测量低压电容器的电压、电流。

（4）测量变压器低压侧、低压电容器的对地过电压。

合闸主变压器低压侧电容器试验电气接线示意如图 2-8 所示。

### 2.3.7 人工单相短路接地试验

人工单相短路接地试验为超高压交流输变电工程调试选做项目。目的是测量线路的潜供电流数值、切除短路故障时恢复电压和健全相工频过电压；通过单相区内、区外故障，考核线路保护装置的性能；测量弧光接地的燃弧时间，为选择单相重合闸动作时间提供实测数据。

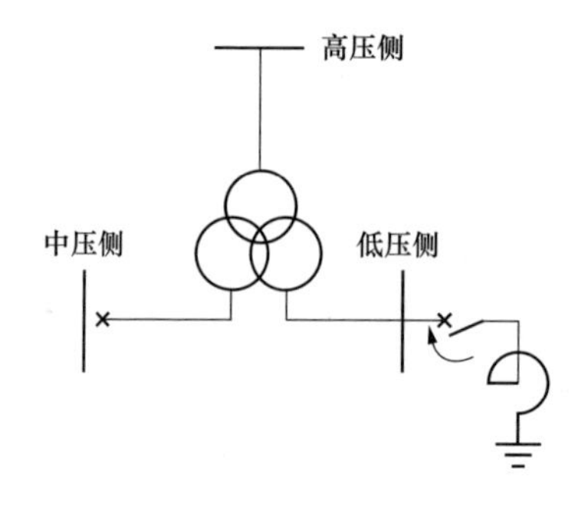


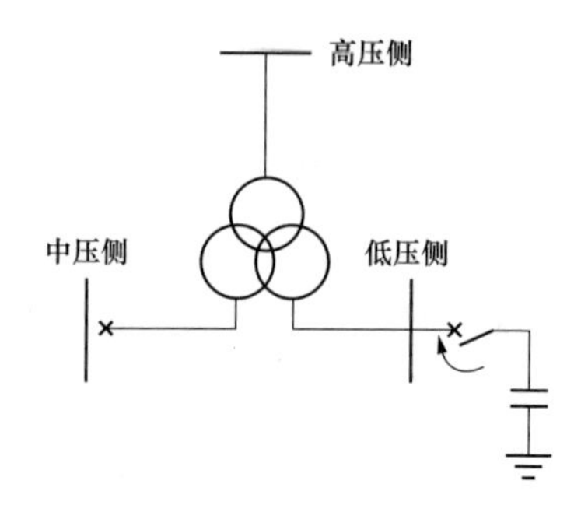


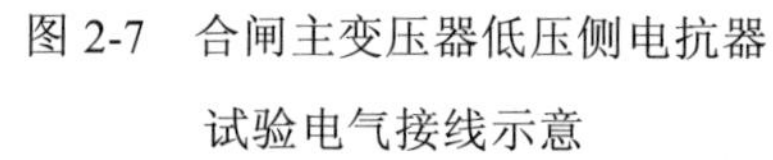

图 2-7　合闸主变压器低压侧电抗器试验电气接线示意

图 2-8　合闸主变压器低压侧电容器试验电气接线示意

人工单相短路接地试验应满足的条件有：

（1）线路和地面部分的人工接地装置应已安装好并经检查无误，试验线路转入运行状态。

（2）试验相关保护投入运行，定值应按调度方案要求整定。

试验过程中需要进行的测试工作有：

（1）测量系统试验前后稳态电压、电流、有功功率、无功功率、频率。

（2）测量线路故障时的短路电流、潜供电流及恢复电压。

（3）测量保护动作时间。

（4）测量电容式电压互感器的暂态响应特性。

（5）测量中性点小电抗的电压和电流。

（6）测量系统的过电压。

（7）测量短路测试点气象条件（气压、风速、气温及湿度等）。

### 2.3.8　系统动态扰动试验

系统动态扰动试验为超高压交流输变电工程调试选做项目，可通过切除机组或者切除线路等方法进行。

系统动态扰动试验应满足的条件包括系统运行方式及系统安全措施符合调度方案要求。

试验过程中需要进行的测试工作有：

（1）测量相关变电站及线路各侧的电压、电流。

（2）测量系统频率，线路和相关各段线路的有功、无功潮流。

### 2.3.9 大负荷试验

大负荷试验为超高压交流输变电工程调试选做项目，主要内容为试验系统在大负荷情况下进行持续运行，持续运行时间和计划输送功率可根据调度方案确定。

大负荷试验应满足的条件包括系统运行方式及系统安全措施符合调度方案要求。

试验过程中需要进行的测试工作有：

（1）测量线路电压、电流、谐波，系统频率，线路有功、无功潮流和功角。

（2）测量主变压器、高压电抗器的振动和噪声。

（3）选点进行线路弧垂测量。

（4）在大负荷期间对参试设备进行巡视，对母线、导线接头、开关设备接触点等进行红外测温。

### 2.3.10 二次系统抗干扰试验

二次系统抗干扰试验通常在调试项目执行过程中穿插进行，目的是检验保护和控制设备在投、切空母线和使用步话机、手机通话时，会不会误动作。

3

# 潮流和稳定仿真计算

## 3.1 潮流和稳定计算概述

一般来说，输变电工程启动调试潮流与稳定研究主要是对调试项目应具备的系统条件、系统调试的执行步骤、相应的安全稳定措施配置和各项试验项目进行深入细致的计算分析，掌握调试系统运行特性，为制订系统调试方案提供技术基础；确定系统调试用的典型接线方式及其潮流分布，既保证系统运行安全又尽可能满足系统调试项目和测试精度的要求。同时针对系统调试过程中可能发生的故障，对事故后果、预防措施及防止事故扩大措施的效果进行计算分析，制订反事故措施。

调试系统电网特性分析一般应包含潮流分析、静态安全分析、电压无功分析、重要断面输电能力校核、严重故障分析和安全控制措施研究。

针对启动调试相关试验应分别进行潮流和稳定研究，具体内容有：

（1）投、切空载变压器和空载线路试验：主变压器抽头选择；投、切空载线路前后系统电压变化分析；电压控制分析。

（2）系统合环（并列）、解环（解列）试验：合环（并列）、解环（解列）位置的选择；稳态过电压分析；电压控制分析；合环（并列）、解环（解列）操作对系统的冲击和引起的波动。

（3）投、切主变压器低压电容（抗）器试验及母线固定高抗：投、切低压电容（抗）器及母线固定高抗前后系统电压变化分析；电压控制分析。

（4）人工单相短路接地试验：运行方式安排分析；短路电流计算；人工单相短路接地对系统的冲击和引起的波动。

（5）系统动态扰动试验：运行方式安排分析；动态扰动试验对系统的冲击和引起的波动。

（6）大负荷试验：运行方式安排分析；针对可能出现的异常情况，提出需要采取的安全措施。

## 3.2 主要计算模型与工具

启动调试中涉及的潮流和稳定计算元件模型应符合 DL/T 1234《电力系统安全稳定计算技术规范》中关于计算模型的要求，详细的计算元件模型要求如下。

### 3.2.1 同步电机模型

（1）采用基于数值积分的时域仿真方法进行电力系统暂态稳定计算、动态稳定计算以及暂态电压稳定计算分析时，同步发电机应采用考虑阻尼绕组的次暂态电势（$E''_q$、$E''_d$）变化的详细模型。隐极发电机（汽轮发电机）宜采用 5～6 阶次暂态电势变化模型，凸极发电机（水轮发电机）宜采用 5 阶次暂态电势变化模型，同步调相机应按无机械功率输入的发电机处理。

（2）采用基于特征值计算的频域分析方法进行电力系统小扰动动态稳定性计算时，为降低系统阶数，同步发电机可以采用暂态电势（$E''_q$）变化模型（不计阻尼绕组）。

（3）同步发电机采用考虑阻尼绕组的次暂态电势变化模型时，发电机转子运动方程中的阻尼因子 $D$（标幺转矩/标幺速度偏差）应取较小值（宜取 $0 \leqslant D \leqslant 0.05$）；同步发电机采用不计阻尼绕组的模型时，应考虑阻尼因子 $D$，以反映阻尼绕组的作用。例如：对汽轮发电机，取 $D \approx 1.0$～$2.0$；对水轮发电机，取 $D \approx 0.5$～$1.0$。

（4）同步发电机的参数宜采用实测参数或制造厂家提供的出厂参数。在规划设计阶段，对尚未有具体参数的规划机组，可以采用已投产的同类型机组的典型模型和参数。

### 3.2.2 同步电机控制系统模型

#### 3.2.2.1 励磁系统及其附加控制系统

进行电力系统稳定计算时，应考虑发电机组的励磁系统及其附加控制系统（如电力系统稳定器 PSS）的作用。

励磁系统及其附加控制系统的模型应根据实际装置的调节特性，选用适当的标准仿真模型，其参数原则上应采用实测参数或同类型系统的实测参数。对于特殊的励磁系统可根据其情况采用自定义模型。

**3.2.2.2** 原动机及其调节系统

采用时域仿真方法进行电力系统稳定计算时，应考虑发电机组的原动机及其调节系统。采用特征值分析方法进行电力系统小扰动动态稳定计算分析时，允许不考虑机组的原动机及其调节系统，但在进行时域仿真验证时，应考虑机组的原动机及其调速系统。

原动机及其调节系统的参数原则上应采用实测参数或制造厂家提供的出厂参数。

### 3.2.3 负荷模型

负荷模型可采用综合静态模型（综合指数模型）或综合动态模型（电动机模型及综合指数模型），建议采用综合动态负荷模型。

各电网应根据本网的具体情况决定本电网负荷模型的组成和参数。

系统母线上的综合负荷特性参数可根据典型负荷的特性参数和实际负荷设备的构成、容量和使用率等因素来确定，也可根据实测辨识确定，并经系统试验或事故录波的仿真验证。

综合静态模型反映了负荷有功、无功功率随电压和频率变化的规律，通常可用式（3-1）和式（3-2）表示，即

$$P=P_0(A_pU^2+B_PU^1+C_PU^0)(1+L_{dp}\Delta f) \tag{3-1}$$

$$Q=Q_0(A_qU^2+B_qU^1+C_qU^0)(1+L_{dp}\Delta f) \tag{3-2}$$

$$A_p+B_P+C_P=1.0$$

$$A_q+B_q+C_q=1.0$$

$L_{dp}=\left.\frac{dP}{df}\right|_{f=f_0}$，取值范围为 0～3.0，宜取 1.2～1.8；$L_{dq}=\left.\frac{dQ}{df}\right|_{f=f_0}$，取值范围为–2.0～0，宜取–2.0。

系数 $A$、$B$、$C$ 分别代表负荷的恒定阻抗（$Z$）、恒定电流（$I$）、恒定功率（$P$）部分在节点负荷中所占的比例，称为 ZIP 模型。

厂用电负荷应按电动机负荷考虑。

采用基于特征值计算的频域分析方法进行电力系统小扰动动态稳定性计算时，负荷模型可选用恒定阻抗模型，也可采用静态负荷模型和动态负荷模型；选用恒定阻抗模型时，负荷的阻尼作用可在本系统的发电机转子运动方程的阻尼因子 $D$ 中近似地加以考虑。具体数值由负荷模型中的阻尼作用的大小酌情决定。

### 3.2.4 线路、高压电抗器和变压器模型

在电力系统潮流与机电暂态计算中，输电线路和变压器宜按 $\pi$ 型等值电路计算，线路、变压器、高压电抗器参数均应采用实测参数。进行不对称故障计算时，也应采用实测的线路零序参数，变压器零序参数应能反映变压器绕组联接方式；如果变压器、高压电抗器中性点通过小电抗接地，零序参数应包含中性点小电抗。

对于规划设计中的新建线路、高压电抗器和变压器，其参数可取典型值。

### 3.2.5 直流输电模型

在电力系统稳定计算中，直流输电可采用准稳态模型，宜按直流控制系统实际情况模拟。

应依据厂家详细模型、联调试验、系统调试、故障录波等数据对稳定计算采用的直流输电模型及参数进行校验，使得直流输电模型的暂态特性与工程实际特性基本相符。

直流输电如果投入直流调制功能，在稳定计算中应考虑直流调制，并采用实际直流调制功能的控制规律和参数。

在稳定计算中应考虑直流再启动，并采用实际的控制规律和参数。

在换流站附近发生故障，或系统严重低电压时，应考虑直流输电系统发生换相失败的可能性，并采用实际的控制规律和参数。

直流输电的参数宜采用实测参数或制造厂家提供的出厂参数。在规划设计阶段，对尚未有具体参数的直流输电，可以采用已投产的同类型直流的典型模型和参数。

### 3.2.6 风力、光伏发电模型

在相关分析工作中，应根据计算目的采用风电机组相适应的数学模型，模型的参数应由风电场提供实测参数。对尚未有具体参数的风电机组，暂时

可采用同类机组的典型模型和参数。

仿真计算中对单个风电场可根据计算目的采用详细或等值模型，风电场等值模型应较好地反映风电场的动态特性。

光伏发电系统主要由光伏阵列和逆变器组成。在进行仿真建模研究时，应针对系统的各主要组成部分分别构建其数学模型，将各种模型按实际连接方式进行组合，并依据计算目的和光伏阵列规模，采用详细或等值模型形成光伏发电系统的仿真模型。光伏等值模型应较好的反映光伏发电厂的动态特性。

### 3.2.7 计算工具

潮流和稳定计算所采用的计算工具为电力系统机电仿真计算分析软件，目前国内外的主流分析软件有电力系统分析综合程序（Power System Analysis Software Package，PSASP）、电力系统仿真软件（Power System Simulator for Engineering，PSS/E）、电力系统计算分析软件包（Bonneville Power Administration，BPA）等，这些软件均可实现潮流计算、短路电流计算、暂态稳定计算等仿真计算功能。

电力系统分析综合程序（PSASP）是由中国电力科学研究院开发的一个有 20 多年历史的大型电力系统计算分析软件包，目前广泛应用于电力系统规划设计、生产运行和科学研究等方面。PSASP 可用于交直流混合系统的计算分析，有很多功能，如潮流、网损、短路、等值计算、静态安全分析、暂态稳定、电压稳定，以及用户自定义模型和用户程序接口等，其版本不断更新，功能也不断扩展和增强。PSASP 是一个比较可靠的分析程序，也是一个开放性的程序，用户可以在其基础上进行二次开发研究。

电力系统仿真软件（PSS/E）是由美国电力技术公司（PTI）开发的电力系统仿真商业软件，PSS/E 是一个集成化的、交互式的软件，它以潮流计算为核心，将稳定、短路电流分析等功能集成在一个软件包内，潮流、短路电流计算、暂态稳定和中长期动态稳定分析，主要用于电力系统仿真和计算。

电力系统计算分析软件包 BPA 软件最初由中国电力科学研究院从美国 Bonneville 电力局引进，经过不断消化吸收、开发创新和推广应用，逐步形成了满足我国电力系统计算分析要求的电力系统计算分析软件，该软件包的核心是潮流计算和暂态稳定计算程序，可对大规模交直流系统进行潮流、暂态稳定计算。此外，BPA 还配备有单线图和地理接线图格式潮流图程序、稳定曲线绘图工具等较完善的图形辅助计算分析程序，并具有短路电流计算、电网静态等值分析等功能。

## 3.3 投、切空载变压器和空载线路的仿真分析

投、切空载变压器和空载线路试验仿真计算分析的目的是为变压器运行档位合理选择提供依据，掌握投切空载线路对系统电压的影响，为试验期间乃至投运后投切空载线路操作的控制提供技术依据，确保线路投切过程中变电站母线电压及线路（首）末端不超过上下限值。

### 3.3.1 主变压器抽头选择

对运行中主变压器合理抽头档位的选择可通过计算不同挡位工况下各电压等级的母线电压情况，经过对比分析后确定。一般档位的选择应能满足系统调试期间及运行中电压的调整需求，可调范围相对较大，调整灵活。如某新投 750kV 变电站 A 主变压器档位为 765/345±2×2.5%/63kV，经计算分析，得到不同档位与 750、330kV 的电压关系，如表 3-1 所示。

**表 3-1　　主变压器档位与 750kV、330kV 电压关系**

| 主变压器档位 | 750kV 电压 | 330kV 电压 | 主变压器档位 | 750kV 电压 | 330kV 电压 |
|---|---|---|---|---|---|
| +2×2.5%（Ⅰ档） | 800 | 378.8 | 0（Ⅲ档） | 800 | 360.8 |
| | 790 | 374.1 | | 790 | 356.3 |
| | 780 | 369.4 | | 780 | 351.8 |
| | 770 | 364.6 | | 770 | 347.3 |
| | 760 | 359.9 | | 760 | 342.7 |
| | 750 | 355.1 | | 750 | 338.2 |
| +1×2.5%（Ⅱ档） | 800 | 369.8 | −2×2.5%（Ⅳ档） | 800 | 342.7 |
| | 790 | 365.2 | | 790 | 338.5 |
| | 780 | 360.6 | | 780 | 334.2 |
| | 770 | 355.9 | | 770 | 329.9 |
| | 760 | 351.3 | | 760 | 325.6 |
| | 750 | 346.7 | | 750 | 321.3 |

续表

| 主变压器档位 | 750kV 电压 | 330kV 电压 | 主变压器档位 | 750kV 电压 | 330kV 电压 |
|---|---|---|---|---|---|
| −1×2.5%<br>（Ⅴ档） | 800 | 351.8 | / | | |
| | 790 | 347.4 | | | |
| | 780 | 343 | | | |
| | 770 | 338.6 | | | |
| | 760 | 334.2 | | | |
| | 750 | 329.8 | | | |

由表 3-1 中计算数据可知，主变压器档位处于Ⅰ、Ⅱ档时，330kV 电压相对偏高，主变压器档位处于Ⅳ、Ⅴ档时，330kV 电压相对偏低，主变压器档位处于Ⅲ档（额定档）时，330kV 可调电压范围相对较大，建议变压器抽头置于 3 档（额定档），能够保证 330kV 母线电压处于合理水平。

### 3.3.2 投、切空载线路前后系统电压变化分析

不同电压等级变电站母线电压及线路电压控制原则一般为：220kV 变电站母线电压控制在 230～242kV；330kV 变电站母线及线路（首）末端电压控制在 330～363kV，500kV 变电站母线及线路（首）末端电压控制在 510～540kV；750kV 变电站母线电压及线路（首）末端电压控制在 750kV 电压及线路；1000kV 变电站母线及线路（首）末端电压控制在 1000～1100kV。

在计算校核投空载线路相关母线及线路电压控制策略时，应考虑从不同站投切空载线路后母线及线路电压变化情况，给出投切线路前各站母线电压控制范围，并以此作为调试方案中操作顺序的依据。

以某一新投测试 B 站为例，接线示意图如图 3-1 所示，测试 A 站、测试 B 站均为已投在运变电站，测试Ⅰ、Ⅱ、Ⅲ、Ⅳ线均为新投线路，应计算分析从测试 A 站（或测试 C 站）对测试Ⅰ、Ⅱ、Ⅲ、Ⅳ线带电的各种投切顺序及组合情况下测试 A 站（或测试 B 站）母线稳态压升及线路（首）末端电压，并结合电磁暂态计算结果确定测试 A 站母线电压控制范围，以保证投切线路后母线及线路电压不越上下限，同时应保证给出的电压控制范围在电网实际运行中易于实现，如若不行，应调整调试方案。

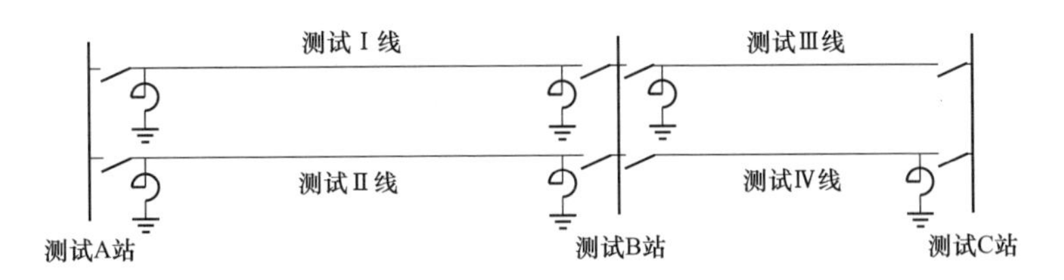


图 3-1　测试 A 站侧投切测试Ⅰ线操作示意图

## 3.4　系统合环与解环的仿真分析

两站之间线路或主变压器解合环试验是为了校核合解环对系统的冲击和引起的波动情况，一般在合环过程中，断路器同期装置对合环点的相角差和幅值差均有要求，试验中受相角差约束需控制相关断面的总功率，受幅值差约束需预控两站的母线电压，因此该项计算主要分析不同合解环操作方案的合环点的电压差和相角差，考虑断路器同期装置定值和运行方式安排的难易程度，确定合适的合环点，优化合环顺序，并研究合解环试验的电压、潮流控制策略和风险防范措施。

### 3.4.1　线路合解环试验电压计算分析

在线路合解环前需对合环点的电压幅值差和角度差以及合环后的电压分别进行计算，保证合环点电压在合环前幅值差和角度差在要求的范围内。根据合环后合环点的电压计算值确定合环前合环点的电压控制值。具体计算分析过程如［例 3-1］所示。

**【例 3-1】** 某一新建 750kV 变电站测试 B 站需进行线路合解环试验，如图 3-2 所示，试验前测试Ⅰ线处于运行状态，测试Ⅲ线从测试 C 站侧空充，测试Ⅱ线与测试Ⅳ线均处于未投运状态，试验中将在测试 B 站合环。通过计算，合环前后合环点电压差及相角差如表 3-2 所示。

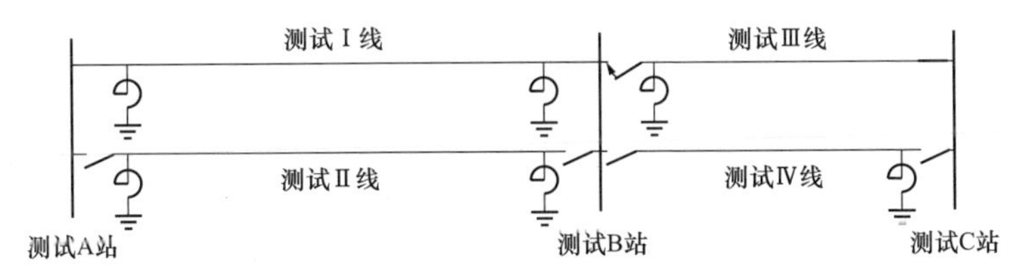


图 3-2　测试Ⅰ线与测试Ⅲ线合环示意图

表 3-2　测试 B 站测试Ⅰ线、测试Ⅲ线合环前后电压、相角变化情况

| 母线 | 合环前电压（kV） | 合环后电压（kV） | 合环点电压差（kV） | 合环点相角差（kV） |
| --- | --- | --- | --- | --- |
| 测试 B 站 | 782.3 | 781.7 | 0.12 | 10.83 |
| 测试 A 站 | 778 | 778.9 | | |
| 测试 C 站 | 785 | 785.1 | | |

测试Ⅰ线运行，测试Ⅲ线在测试 B 站合环，合环前 A 站与 C 站 750kV 母线电压差为−7kV，测试Ⅲ线 B 站侧与 B 站 750kV 母线电压差为 0.12kV，根据同期装置定值（5V），按照 750kV 电压互感器变比（765/100），同期定值一次值是 38.25kV，需控制测试 A 站与 C 站母线电压差在−45.13kV～31.37kV 范围内，合环点角度差为 10.8°，合环线路潮流对合环角没有影响，不需要采取控制。

### 3.4.2　主变压器合解环试验电压计算分析

在进行主变压器合解环试验前，需对合环前合环点的电压幅值和角度差以及合环后的电压幅值分别进行计算，保证合环点电压在合环前幅值差和角度差在要求的范围内。根据合环后合环点的电压计算值确定合环前合环点的电压控制值。一般主变压器合解环计算分析应分别选取主变压器的高压侧和中压侧做为合环点进行，同时应考虑主变压器低压电容器和低压电抗器不同的投入工况，具体计算分析过程如【例 3-2】所示。

**【例 3-2】** 某一 750kV 变电站测试 A 站 1 号主变压器在高压 750kV 侧进行合解环试验，在主变压器 66kV 侧不投入低抗、投入一组低抗、投入一组低容条件下测试 A 站 750kV 合环点电压差和角度差，见表 3-3。

表 3-3　A 站 1 号主变压器 750kV 侧合环电压及角度差

| 低容低抗组数 | 合环前合环点电压 | | |
| --- | --- | --- | --- |
| | 母线侧（kV） | 主变压器侧（kV） | 差值（kV） |
| 0 | 787.7 | 790.1 | 2.4 |
| 1 组 120Mvar 低抗 | 787.4 | 782.2 | 5.2 |
| 1 组 120Mvar 低容 | 787.9 | 798.6 | 10.7 |

在不投入低抗情况下，合环点电压差为 2.4kV，投入一组低抗，合环点电压差为 5.2kV，投一组低容合环点电压差为 10.7kV；合环点角度差为 1.35°，

合环后测试 A 站 750kV、330kV 电压均在合理范围内。

通过对比低容低抗不同投入工况下合环前后母线电压，建议在进行测试 A 站 1 号主变压器 750kV 侧合环试验时，合环前不投入主变压器低抗、低容。

按照同期定值二次侧的角度差为 10°进行校核，需对测试 A 站 1 号主变压器合环前潮流进行控制，通过计算分析可得到测试 A 站 1 号主变压器不同下网潮流合环前合环角度差，见表 3-4。

**表 3-4　　A 站 1 号主变压器不同下网潮流合环前合环角度差**

| 测试 A 站#1 主变下网潮流（MW） | 合环前角度差（°） |
| --- | --- |
| 97 | 1.35 |
| 275 | 4.1 |
| 438 | 6.61 |
| 537 | 9.58 |

因此在进行测试 A 站 1 号主变压器 750kV 侧合环试验时，需控制测试 A 站 1 号主变压器下网潮流不超过 537MW。

### 3.4.3　合解环试验的稳定计算分析

系统合解环试验前进行稳定计算分析的目的是，对合环、解环操作对系统的冲击和引起的波动进行安全稳定性校核，确保系统合环过程中不发生设备过载和失稳风险。计算中一般应针对不同运行方式对线路或主变合环进行静态安全分析和暂态稳定分析。计算方法和结果分析则按照 DL/T 1234《电力系统安全稳定计算技术规范》中的相关要求进行。计算分析结果可为试验期间电网的运行方式安排提供依据。

#### 3.4.3.1　静态安全分析

由于系统合环过程中，电网潮流会发生相应转移，在特定运行方式下可能存在线路或主变压器过载的风险。通过潮流计算，校核各种运行方式下合环操作前后的线路或主变压器潮流，确保无设备重过载情况。如果计算中发现某些方式下合环操作后近区电网存在过载问题，应在方式安排中予以考虑，针对过载风险提出相应的控制措施。

#### 3.4.3.2　暂态稳定分析

对系统合解环操作的暂态稳定计算分析的目的是，在规定的运行方式下，对合解环操作后系统的暂态稳定性进行校验，研究保证电网安全稳定的控制策略，并对继电保护和自动装置以及各种安全稳定措施提出相应的要求。

暂态稳定分析可分为暂态功角稳定分析、暂态电压稳定分析和暂态频率稳定分析。

在系统合解环试验前，针对试验期间的方式安排，对系统合解环操作进行暂态稳定计算，按照 DL/T 1234《电力系统安全稳定计算技术规范》中暂态稳定的判据，对系统的功角、电压、频率的稳定性进行校核。具体的暂态稳定判据为：电网遭受每一次大扰动后，引起电力系统各机组之间功角相对增大，在经过第一、第二摇摆不失步。在分析暂态稳定计算的相对角度摇摆曲线时，遇到如下情况，应认为主系统是稳定的。

（1）多机复杂系统在摇摆过程中，任两机组间相对角度超过 180°，但仍能恢复到同步衰减而逐渐稳定。

（2）在系统振荡过程中，只是某一个别小机组或终端地区小电源失去稳定，主系统和大机组不失稳，这时若自动解列失稳的小机组或终端地区小电源，仍然认为主系统是稳定的。

（3）受端系统的中、小型同步调相机失去稳定，而系统中各主要机组之间不失去稳定，则应认为主系统是稳定的。

暂态和中长期电压稳定判据：在电力系统受到扰动后的暂态过程中，负荷母线电压能够在 10s 以内恢复到 0.80（标幺值）以上。在电力系统受到扰动后的中长期过程中，负荷母线电压能够保持或恢复到 0.90（标幺值）以上。通过仿真计算进行判断时，应考虑中长期动态元件和环节的响应，并在达到新的平衡点后进行判断。实际应用暂态及中长期电压稳定判据时，可将电压监测点选择在负荷母线处。应注意区别由功角振荡导致电压大幅度波动造成的低电压和电压失稳造成的电压严重降低。

暂态频率稳定判据：系统频率能迅速恢复到额定频率附近继续运行，不发生频率崩溃，也不使事件后的系统频率长期悬浮于某一过高或过低的数值。具体计算标准如下：

（1）在任何情况下的频率下降过程中，应保证系统低频值与所经历的时间，能与运行中机组的低频保护和电网间联络线的低频解列保护相配合，频率下降的最低值还应大于核电厂冷却介质泵低频保护的整定值（不宜高于

47.0Hz），并留有不小于 0.3～0.5Hz 的裕度，保证这些机组继续联网运行，其他情况下，应限制频率低于 47.0Hz 的时间不超过 0.5s。

（2）自动低频减负荷装置动作后，应使运行系统稳态频率恢复到不低于 49.5Hz 水平，考虑到某些特殊情况，应增设长延时的特殊动作轮，使系统运行频率不致长期悬浮在低于 49.0Hz 的水平。

（3）系统频率不能长期悬浮在高于 51.0Hz 的水平，并应与运行中机组的过频率保护、高频切机相协调，且留有一定裕度。

## 3.5 投切低压电容器与低压电抗器的仿真分析

投切低压电容器或低压电抗器试验仿真计算分析的目的是，校核投切低容、低抗的对系统电压的影响，并根据投切低压电容器或低压电抗器前后的电压变化，结合电网正常运行的电压控制范围，并考虑适当裕度，为试验期间各变电站的电压控制提供技术依据。

通过投切低容低抗试验计算分析可校核投切低容低抗的电压变化率是否符合要求。根据 Q/GDW 1212《电力系统无功补偿配置技术导则》中的要求，各电压等级变电站无功补偿装置单组容量的选择应保证任一单组补偿装置投切引起所在母线电压与变电站各侧母线电压变化（电压波动）均不超过所在母线电压额定值的 2.5%。

**【例 3-3】** 750kV 测试 A 站 1 号主变压器低压侧总共有 3 组低压电抗器，每组 120Mvar；2 组低压电容器，每组 120Mvar。测试 A 站的 750kV 出线均处于未投运状态，测试 A 站 1 号主变压器从 330kV 侧充电后（未合环），投切测试 A 站 1 号主变压器低压电抗器、电容器后近区各站母线电压变化情况如表 3-5 所示。

**表 3-5　A 站 1 号主变压器投切低压电抗器、电容器电压变化情况**

| 操作 | 操作前母线电压（kV） | | | | | | | | | |
|---|---|---|---|---|---|---|---|---|---|---|
| | 近区 B 站 | | 近区 C 站 | | 近区 D 站 | | 近区 E 站 | | 测试 A 站 | |
| | 750 | 330 | 750 | 330 | 750 | 330 | 750 | 220 | 750 | 330 |
| 未投 | 776.1 | 352.4 | 779 | 351.1 | 775.5 | 352.3 | 773.8 | 227.7 | — | 356.1 |

续表

| 操作 | 操作后母线电压（kV） | | | | | | | | | |
|---|---|---|---|---|---|---|---|---|---|---|
| | 近区 B 站 | | 近区 C 站 | | 近区 D 站 | | 近区 E 站 | | 测试 A 站 | |
| | 750 | 330 | 750 | 330 | 750 | 330 | 750 | 220 | 750 | 330 |
| 投 1 组低抗 | 775.8 | 352.2 | 778.5 | 350.7 | 775.2 | 352.2 | 773.5 | 227.7 | — | 352.3 |
| 投 2 组低抗 | 775.4 | 352 | 778.1 | 350.3 | 774.9 | 352.1 | 773.3 | 227.6 | | 348.8 |
| 投 1 组低容 | 776.5 | 352.6 | 779.4 | 351.5 | 775.8 | 352.5 | 774.2 | 227.8 | — | 360.0 |

| 操作 | 操作前后母线电压差（kV）（操作后—操作前） | | | | | | | | | |
|---|---|---|---|---|---|---|---|---|---|---|
| | 近区 B 站 | | 近区 C 站 | | 近区 D 站 | | 近区 E 站 | | 测试 A 站 | |
| | 750 | 330 | 750 | 330 | 750 | 750 | 330 | 220 | 750 | 330 |
| 投 1 组低抗 | –0.3 | –0.2 | –0.5 | –0.4 | –0.3 | –0.1 | –0.3 | 0 | — | –3.8 |
| 投 2 组低抗 | –0.7 | –0.4 | –0.9 | –0.8 | –0.6 | –0.2 | –0.5 | –0.1 | — | –7.3 |
| 投 1 组低容 | 0.4 | 0.2 | 0.4 | 0.4 | 0.3 | 0.2 | 0.4 | 0.1 | | 3.9 |

测试 A 站未投低压电抗器情况下，其 330kV 母线电压为 356.06kV。

测试 A 站投一组低压电抗器，其 330kV 母线电压下降至 352.3kV，下降 3.8kV（满足 Q/GDW 1212 要求），近区其他 750、330kV 及 220kV 母线电压变化不大。

测试 A 站投两组低压电抗器，其 330kV 母线电压下降至 348.8kV，下降 7.3kV，近区其他 750、330kV 及 220kV 母线电压变化不大。

测试 A 站投一组低压电容器（低压电抗器未投），其 330kV 母线电压上升至 360kV，上升 3.9kV（满足导则要求），近区其他 750、330kV 及 220kV 母线电压变化不大。

在进行测试 A 站 1 号主变压器 330kV 侧充电后（750kV 侧未合环）投切一组低压电抗器试验时，控制测试 A 站 330kV 母线电压在 340～360kV 范围内。

在进行测试 A 站 1 号主变压器 330kV 侧充电后（750kV 侧未合环）投切一组低压电容器试验时，控制测试 A 站 330kV 母线电压在 330～355kV 范围内。

## 3.6 人工单相短路接地试验的仿真分析

为了解线路合环后系统运行暂态稳定特性并校核线路断路器单相重合闸的整定策略，调试时需开展人工单相短路接地试验，因此在试验前需计算分析不同运行方式下，不同短路点故障对系统稳定性影响。

该项计算分析应从运行方式的角度，着重关注短路地点的选择和短路故障对系统暂态稳定影响，特高压直流近区还应关注对直流送、受端系统的影响，对短路接地故障造成的风险进行评估，为试验期间的电网方式安排以及控制措施提供技术依据。

同时该项计算还应分析全接线、全开机方式下，人工短路接地点近区各变电站短路电流水平，确保短路电流水平在开关的遮断容量范围内，且有一定裕度。计算应采用不基于潮流的方法进行，计算内容为发生短路时的初始对称短路电流 $I_k''$。短路故障形式应分别考虑三相短路故障和单相短路故障，短路应考虑金属性短路。

## 3.7 工程调试期间的稳定计算分析

输变电工程调试前，除了针对调试期间各项具体试验进行仿真分析以外，还应根据调试期间的运行方式安排情况，仿真计算核分析调试期间若发生线路、主变压器三相永久、单相永久、同杆 $N$-2 等严重故障以及特高压直流发生换相失败、再启动和直流闭锁故障下，系统能否保持功角稳定，电压能否恢复正常，频率有无越限等暂态失稳问题，如若不行，应调整调试期间的运行方式，制订安全稳定控制措施以保证调试期间电网安全稳定运行。

## 3.8 系统动态扰动试验的仿真分析

该项试验仿真分析的目的是为了研究线路合环后，切除大容量机组（一般 300MW 以上）后功率的转移比与系统负荷的相互关系，以及联络线的功率波动情况，分析功率振荡周期及阻尼比是否符合要求，系统阻尼特性是否良好，并提出相关预控措施，保证调试期间电网安全稳定运行。

## 3.9 大负荷试验的仿真分析

该项试验是在线路合环后，将新投线路潮流增大至相关断面控制极限或者运行方式所要求的线路输送功率，监测相关站点电压、功率控制是否正常，电网运行是否平稳，试验前应对试验期间运行方式安排进行仿真分析，同时评估试验期间可能存在的各种异常情况对电网的影响，并采取相关安全控制措施，保证大负荷试验期间电网安全稳定运行。

4

# 电磁暂态仿真计算研究

## 4.1 电磁暂态计算研究概述

电力系统中，由于断路器或隔离开关操作、内部故障、雷击等方式的影响，电容、电感中存储的电场能、磁场能互相转换，使得系统中出现过电压、过电流等情况，威胁着电力设备和电网的安全稳定运行。电力系统运行状态的改变不是瞬时完成的，需要经历一个过渡过程，这个过程称为暂态过程，而电磁暂态过程是指电力系统各元件中电场、磁场以及相应电压、电流随时间变化的过程，维持时间在毫秒到秒的数量级之间。电磁暂态过程广泛应用于电网故障分析中，例如在线路发生短路故障的一段时间内，系统中发电机与电动机等转动机械的转速由于惯性作用来不及变化，使得暂态过程主要取决于系统各元件的电磁参数，能够在机电暂态过程无法覆盖的时间尺度下，开展事故计算分析工作。

目前，电磁暂态仿真程序目前普遍采用的是电磁暂态程序（Electromagnetic Transients Program，EMTP），EMTP 是一个用来模拟多项电力系统的电磁、机电和控制系统暂态的通用计算程序，由加拿大大不列颠哥伦比亚大学（UBC）的 H.W. Dommel 教授编写，从 1987 年以来，EMTP 的版本更新工作在多国合作的基础上继续发展。本书主要介绍由中国电力科学研究院在 EMTP 的基础上所开发的 EMTPE（Electromagnetic Transient & Power Electronics)，该软件主要由电磁暂态及电力电子数字仿真 EMTPE 工作平台、EMTP/EMTPE 电磁暂态及电力电子数字仿真核心计算程序（TRAN）、EMTP/EMTPE 支持程序（TSUP）、闪络率计算程序（STNTRAN）和图形输出程序（PTC）五部分组成。

根据能源基地交流输变电工程启动调试的实际需要，电磁暂态研究主要关注以下几方面的仿真计算内容：母线电压控制及操作过电压、分合空载变压器及低抗操作过电压、潜供电流及恢复电压仿真计算、工频过电压仿真计算、感应电压和感应电流、非全相运行过电压。

## 4.2 主要计算模型

本节主要根据输变电工程调试暂态电磁计算中较为常用的电气设备模型，在仿真软件 EMTS2.0 中详细介绍模型选择及参数设置等内容，所涉及的电力设备模型如图 4-1 所示。

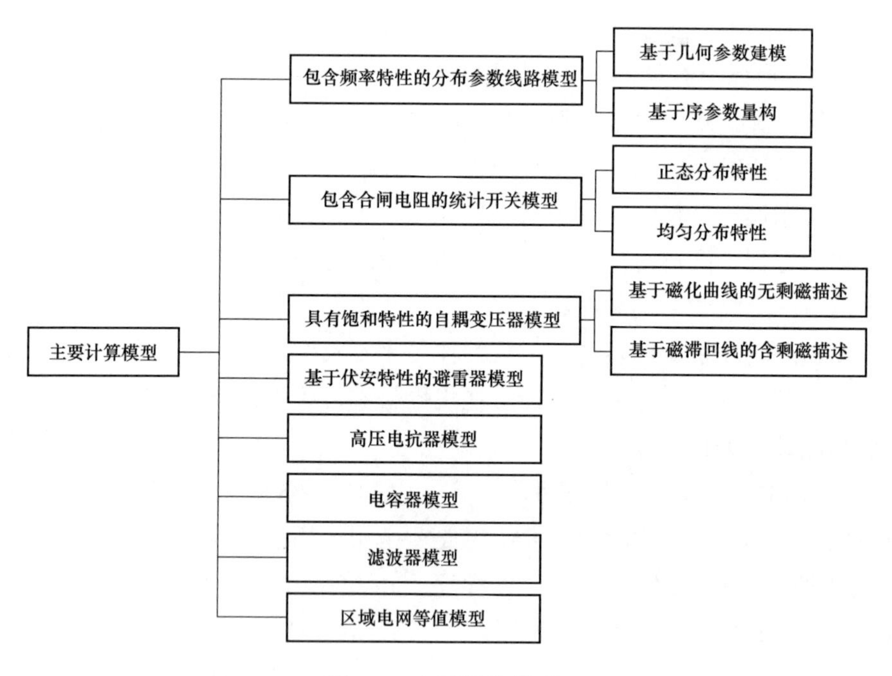


图 4-1 主要计算模型

### 4.2.1 线路

EMTPE 在线路支持程序计算上支持两个主要模块：线路参数和线路模型。

在 EMTPE 软件中，可通过线路参数支持元件，将线路导线系统的结构参数换算成该线路的串联阻抗和并联导纳矩阵。而线路模型可根据输入的线路导线系统结构参数，形成用于暂态和稳态计算的线路模型，如频率相关线路模型、固定参数线路模型、精确 PI 回路模型等。

由于线路参数和线路模型都是根据用户输入的导线系统结构参数计算所需要的线路模型，因此，EMTS2.0 中将这两种模型合并为“线路模型”，在一个统一的对话框中进行参数设置，便于数据共享，不同模型之间可以相互切换，有效节省用户输入工作量。

EMTS2.0 既提供图形化线路模型的快速构建渠道，又允许在自动生成导线数据的基础上按传统卡片格式输入或修改线路及杆塔参数，以满足灵活详细的建模需求。其输入界面主要包含线路模型主页、线路模型控制卡、线路频率卡和线路支路卡四部分内容。

#### 4.2.1.1　线路模型主页

线路模型主页的对话框，是用于线路导线系统结构参数的图形化输入界面，如图 4-2 所示，用户可以在此页面设置线路参数、导地线参数、杆塔尺寸等参数。

#### 4.2.1.2　线路模型控制卡

在具体的仿真计算中，由于输电线路实际情况的不同，模型对应的参数名称和个数可能会有不同，因此，为保证计算结果的准确性，通常建议在建模开始时首先进行模型类型的选择。EMTS2.0 软件共提供 7 种类型线路模型：

（1）线路参数（LINE-PARAMETERS）模型。该模型通过读入线路导线系统的结构参数，计算并输出该线路的串联阻抗和并联导纳矩阵。

（2）频率相关线路模型（FD-LINE）。该模型可以提供由分布线路参数（$R$、$L$、$G$ 和 $C$）构成的精确模型，在计算中能够考虑到频率相关特性对过电压水平的影响。

（3）固定参数线路模型（CP-LINE）。该模型假定在所研究的频率范围内，线路参数（$R$、$L$ 和 $C$）均为常数，可用于近似分析或模拟次要线路。

（4）精确 π 回路模型（PI-EXACT）。该模型采用多相 π 型等值电路，提供单一频率下线路的精确模型，可用于稳态计算和频率扫描。

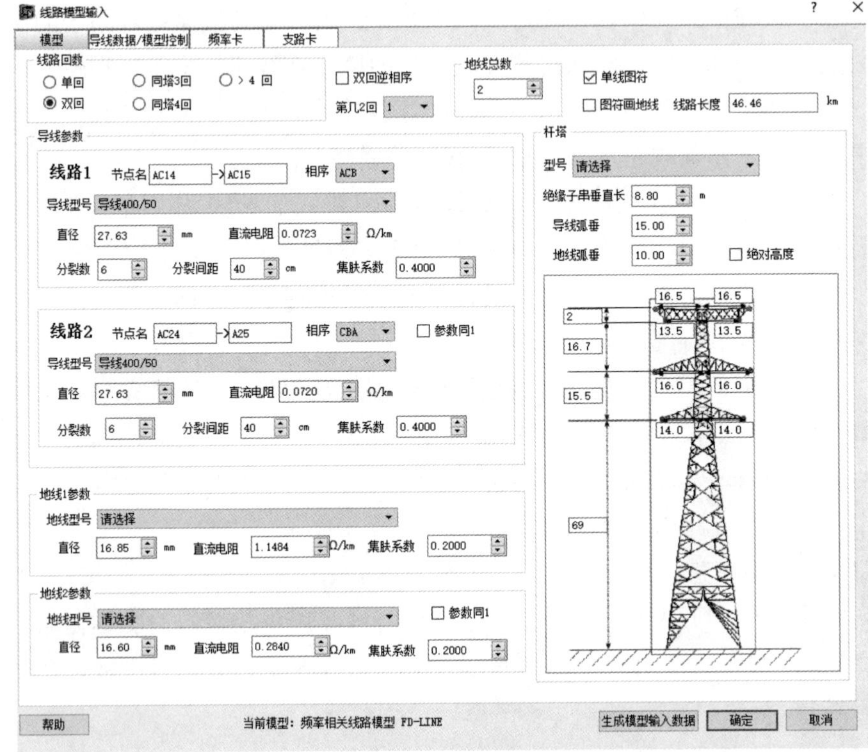


图 4-2　线路模型元件属性对话框主页

（5）参数扫描（SCAN）方式。可输出线路参数及其他信息，但不生成任何线路模型。

（6）线路重构（LINE-REBUILD）方式。输入 50Hz（或其他给定频率）下的线路零序和正序参数，程序可以重构一个等值的平衡线路的几何结构。该几何结构可用于申请任何被申请的线路模型。

（7）固定参数（FIXED-PARAMETERS）方式。输入 50Hz 下的线路零序和正序参数，并假定参数保持在 50Hz 时的值。除了不能考虑频率相关特性外，采用该方式可申请任何其他线路模型。

在实际调试工程中，由于电力系统操作过电压的频率范围可达几十千赫兹，输电线路参数尤其是零序参数随着频率的变化而变化，电磁暂态仿真计算中使用固定参数虽然可以满足工程需求，但若要在某些场合得到更加准确的仿真结果，尽可能使用频率相关线路模型。对于一些实际工程中特别短的线路或计算线路中间点的电压，选择精确 π 回路模型较为合适。

对于线路几何结构未知的情况，可采用线路重构方式、固定参数方式输入方式。这两种方式下，导线卡不包含常规线路几何尺寸，而是需要用户根据实际手动输入 50Hz（或其他给定频率）下的零序参数（$R_0$、$L_0$、$G_0$、$C_0$）及正序参数（$R_1$、$L_1$、$G_1$、$C_1$）。其中，线路重构方式还可以提供导线的直流电阻，以获得更高的精度，其输入界面也有所不同，如图 4-3 所示。

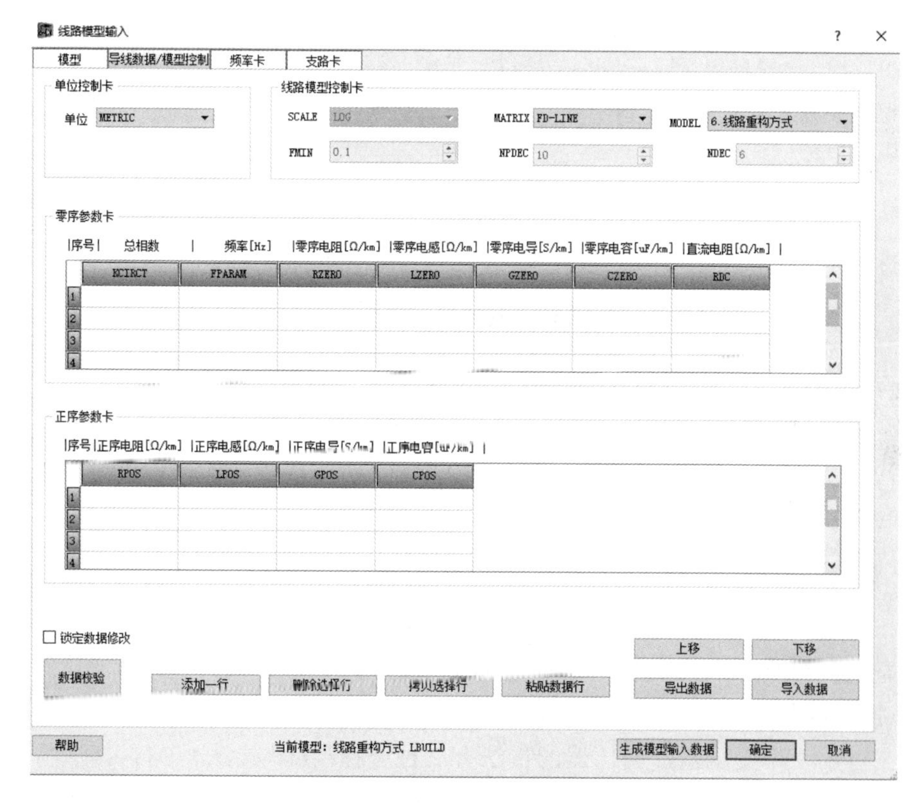


图 4-3　线路重构方式——零序、正序参数表

#### 4.2.1.3　频率卡

频率卡用来确定模型计算的适用范围。

（1）线路参数模型。线路参数模块在计算导线参数矩阵时，对每个频率点各需要一张频率卡，频率卡参数与其他线路模型频率卡不同，包含了电容、电纳、阻抗输出、多相常规 PI 回路输出、模参数输出，以及如何生成多相常

规 PI 模型的参数设置。设置多张频率卡只需要更改“频率卡数”值，然后切换频率卡的索引号来分别输入各频率卡的详细参数。

（2）其他线路模型。频率相关线路模型、固定参数线路模型等其他六种线路模型的都只需要一张频率卡，且参数也不同于线路参数模型，其输入界面如图 4-4 所示，根据实际线路工程的情况，分别填入大地电阻、频率以及线路长度。

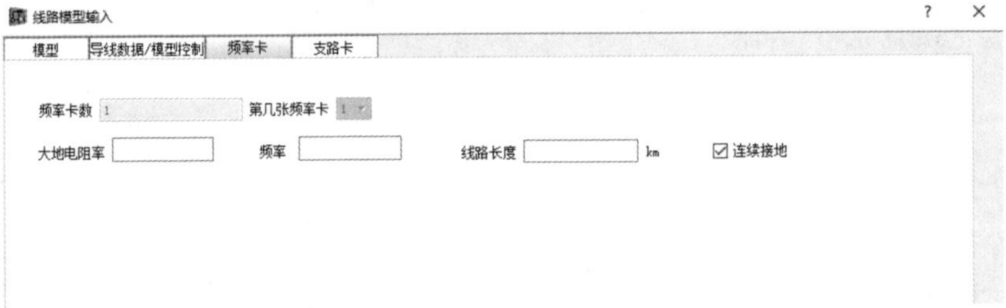

图 4-4　线路模型频率卡

#### 4.2.1.4　支路卡

支路卡为模型中每一支路指定节点名，用户可输入线路每相送端和受端的节点名。EMTS 线路模型对话框中，支路卡的初始值由程序根据主页中线路节点名和相序设置自动生成。

### 4.2.2　变压器

EMTS 软件提供四种变压器元件，即单相双绕组变压器、单相三绕组变压器、三相双绕组变压器、三相三绕组变压器。本节以三相三绕组变压器为例进行说明。

对于三相变压器，变压器的接法有三种选择：D1 接法、D11 接法与 Y 接法。选择不同的接法将导致元件图符的改变。当采用 Y 接法时，EMTS2.0 允许进一步选择中性点对外部的连接关系，即悬空、接地或接阻抗。

#### 4.2.2.1　变压器属性卡

变压器属性卡设置界面如图 4-5 所示，BUSTOP 的输入参数表示励磁支路上端的节点名，该名称用来识别变压器。变压器的支路数据 I_steady、F_steady 和 R_mag 需要通过手动输入来设置，I_steady、F_steady 为磁链一电流平面上的一点，在稳态求解中，比值 ysteady/isteady 为励磁支路的线性电感值；R_mag 对应于铁芯损耗，与励磁支路相并联的常数电阻，单位为欧姆，如果填写零或空白表示 R_mag 无穷大。或者选择“参考方式”，用户需在 RefBustp1 文本框中输入所要参考的变压器的 BUSTOP 名称来设置支路数据。

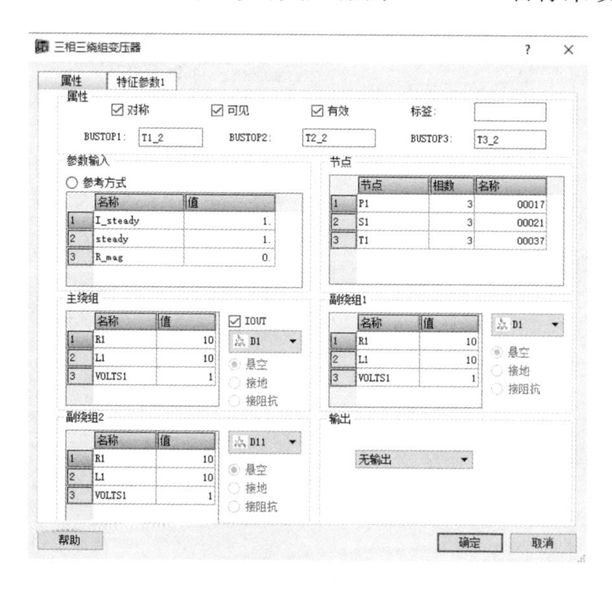


图 4-5　变压器属性卡设置界面

对于每个绕组的参数 R、L、VOITS 需要通过手动输入来设置，其中 R、L 为绕组的漏抗，电阻 R 单位为欧姆，电感 L 的单位取决于混合数据卡中的 XOPT 数值：当 XOPT=0 时，电感 L 单位为毫亨（mH）；当 XOPT≠0 时，电抗 wL 单位为欧姆，其频率为 XOPT。

VOITS 的数值正比于该绕组的匝数。为方便起见，可简单地用其相额定电压来表示。

#### 4.2.2.2　变压器“特征参数”卡

如图 4-6 所示，变压器特征参数卡是用来输入励磁支路的饱和特性，需要根据工程中变压器的实测参数，在表格中填入电流 CUR 与磁链在 FLUX 的对应值，来构建变压器饱和特性曲线，但需要注意的是，该方法所建立了的变压器模型在仿真过程中无法考虑剩磁的影响。而在输变电工程调试的电磁暂态计算中，往往需要考虑变压器剩磁对过电压计算结果的影响，本书提出一种利用变压器外接非线性电抗的方法来等效变压器的饱和特性。如图 4-7

所示，为在 EMTS2.0 软件所构建的变压器模型。

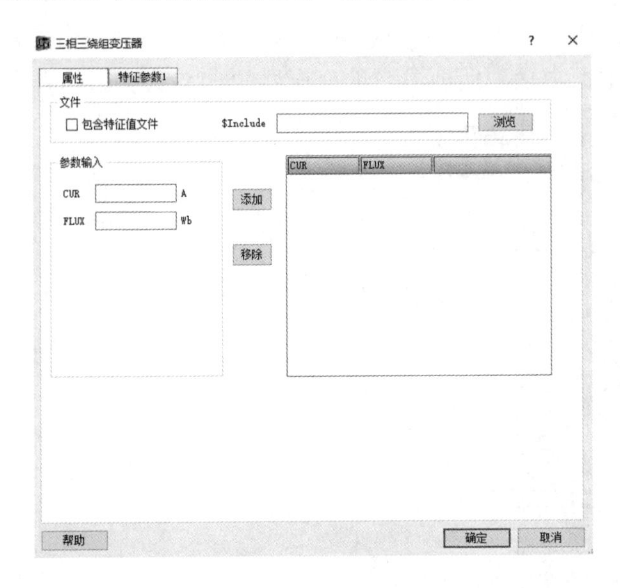


图 4-6　变压器特征参数卡设置界面

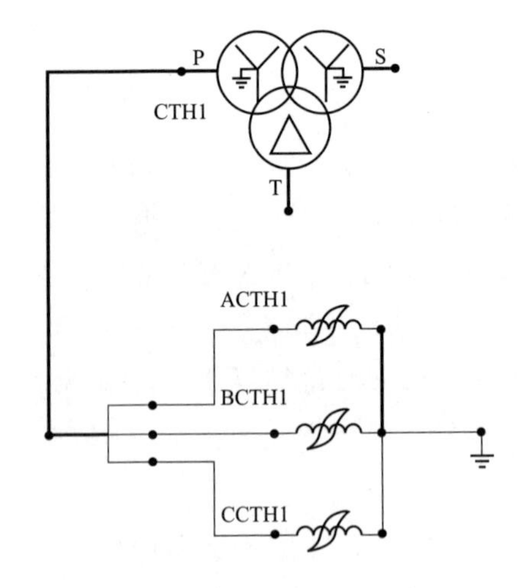


图 4-7　外接非线性电抗的变压器模型

### 4.2.3　电源

根据输变电实际工程中发电机组的特性，通常在仿真建模中采用输出波形为正弦函数的电源元件，EMTS2.0 软件提供电压源与电流源 2 种正弦函数型电源，此处只针对电压源进行介绍。

正弦函数（14 型）电压源元件和电流源元件的属性对话框基本一样，如图 4-8 所示。其中，AMPLITUDE 为电源的幅值，单位为伏特；FREQUENCY 为电源频率，单位为赫兹。$T_0$ 为电源的起始角度或时间，$T_0$ 所填入数值的单位取决于 $A_1$ 值的设置，当 $A_1=0$ 时，$T_0$ 单位为度，而当 $A_1>0$ 时，$T_0$ 单位为秒；$T_{START}$ 为电源开始作用时间，单位为秒，当电源延迟起动时，$T_{START}>0$；$T_{STOP}$ 为电源停止作用时间，单位为秒，当 $T_{STOP}=0$ 或空白时表明 $T_{STOP}$ 为无穷大。

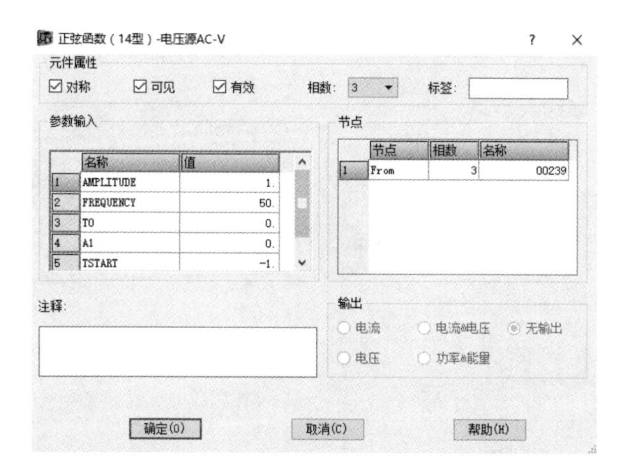


图 4-8　正弦函数（14 型）元件属性

由于 EMTPE 软件在实际使用过程中，考虑了非线性模型、暂态过程、微分方程描述等因素，导致运算量巨大，所以在进行电磁暂态仿真时，当硬件设备不足以支撑实时仿真分析大规模计算任务，可对电力系统的全网架结构进行等值简化，建立局部输变电工程模型，以便于提升计算效率。

### 4.2.4　开关

#### 4.2.4.1　时控开关

时控开关是通过设置开关的开断与闭合的时间，来仿真断路器对线路投切的控制，可以设置为单相或者多相操作。时控开关分闸的方式有两种：选项 A 和选项 B。在选项 A 中，当电流 $i_{SWITCH}$ 通过零点（由 $i_{SWITCH}$ 的符号变化检测）时就完成开断；在选项 B 中，则是当$|i_{SWITCH}|$＜电流范围或 $i_{SWITCH}$ 过零时完成开断。

时控开关的元件属性操作界面如图 4-9 所示。$T_{close}$ 为实际开关合闸时间，单位为秒，暂态求解若从非零的交流稳态条件开始，则可令时控开关的 $T_{close}<0$。那么，它在交流稳态条件下就是合上的。$T_{open}$ 为开关分闸时间，单位为秒，一般要求 $T_{open}>T_{close}$，且 $T_{open}>0$。

$I_e$ 为确定开关是否开断的电流范围，单位为安培。

#### 4.2.4.2　统计开关

统计开关主要应用于操作过电压仿真计算中，统计结果中包含 NENERG 次（“混合数据卡”中设置）独立的由内部产生的模拟，合闸或分闸时间为随机变量，其产生电压、电流或能量等变量的峰值是统计处理的。

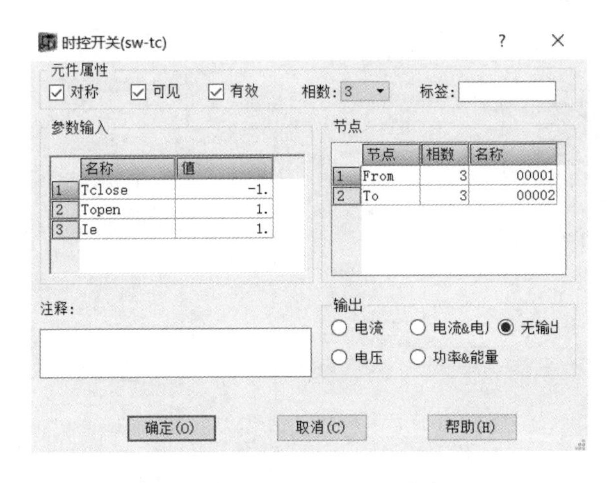


图 4-9 时控开关属性操作界面

根据统计开关初始分合闸状态的不同和主从关系的不同，EMTS 统计开关元件包含以下 4 种，前 2 种对应随机合闸开关，后 2 种对应随机分闸开关。

（1）统计主开关（sw-statM-open）：起始状态“断开”，将要随机合闸；

（2）统计从属开关（sw-statS-open）：起始状态为“断开”，将要随机合闸；

（3）统计主开关（sw-statM-close）：起始状态为合闸，将要随机分闸；

（4）统计从属开关（sw-statS-close）：起始状态为合闸，将要随机分闸。

对于一个将要随机分闸（合闸）的开关是从处于合闸（分闸）状态下开始，并且在随机确定分闸（合闸）时间后，开关才开始动作。

为了仿真合闸电阻在断路器投切动作中的操作时序，EMTS2.0 软件中采用相互依赖的主从统计开关，即从属开关的合闸时间依赖于主开关的合闸时间，如图 4-10 所示。其中，开关“B”称为从属（或从）开关，而开关“A”为参考（或主）开关。程序允许有多重依赖关系（如开关“A”还取决于另一个开关），并允许有任意多个从属量。

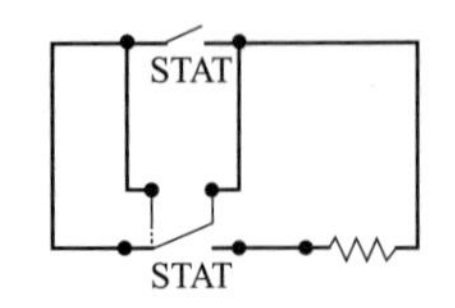


图 4-10 主开关与从属开关模型

从属开关“B”的合闸时间为

$$T_{\text{close}}^{\text{A}} = T_{\text{random}}^{\text{B}} + \overline{T}_{\text{random}}^{\text{B}}$$

其中，$T_{\text{close}}^{\text{A}}$ 为主开关“A”所预先确定的合闸时间（随机变量）；$T_{\text{random}}^{\text{B}}$ 为随机时延，其平均值为 $\overline{T}_{\text{random}}^{\text{B}}$，标准偏差为 $\sigma_{\text{B}}$。

统计主开关的元件属性操作界面如图 4-11 所示。ITYPE 的值决定随机数分布模型，当 ITYPE=0 或空白时，若 IDIST=0，则按高斯分布；若 IDIST=1，则按均匀分布。当 ITYPE=76 时，则该开关按均匀分布，而计算所用的其他统计开关则按高斯分布，在这种情况下，IDIST 必须为零。T 为开关平均随机时延，单位为秒，该参数可为负数；Q 为开关随机时延的标准偏差，单位为秒，该参数一般与主开关设置相同。

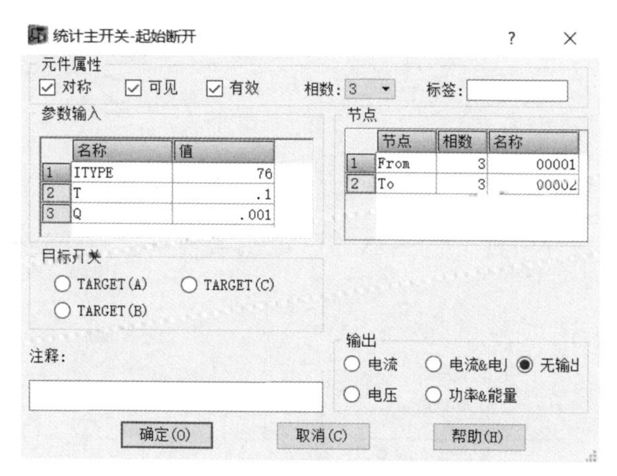


图 4-11　统计主开关属性

统计从属开关的元件属性操作界面如图 4-12 所示，ITYPE 定义与主属开关相同；而 T 为开关平均随机时延，单位为秒，该参数可为负数；Q 为开关随机时延的标准偏差，单位为秒，该参数一般与主开关设置相同。

### 4.2.5　线路高压并联电抗器与中性点小电抗器

长输电线路两端必须安装高压并联电抗器以补偿线路电容，以免线路空载时电压过高而损坏设备。通常电抗器补偿 70%～90%的线路电容，若设补偿量为 $\alpha$，则并联电抗器的电感应满足

$$2\pi fL \times \alpha - \frac{1}{2\pi fc}$$

将上式变形为

$$L=\frac{1}{\alpha\times(2\pi f)^{2}c}$$

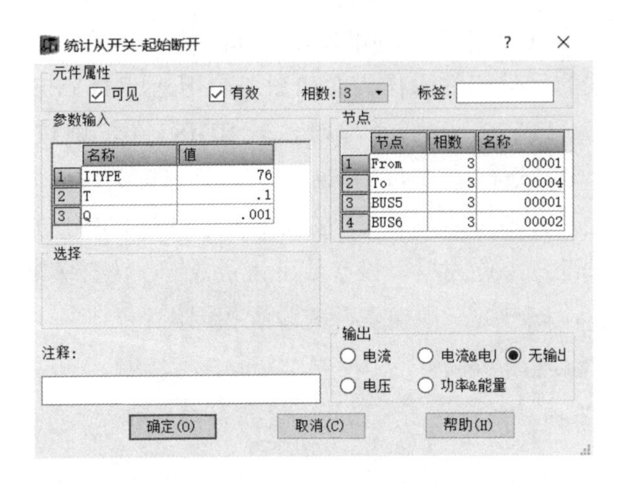


图 4-12　统计从属开关属性

在 EMTP 软件中建立的高压并联电抗器与中性点小电抗器如图 4-13 所示。

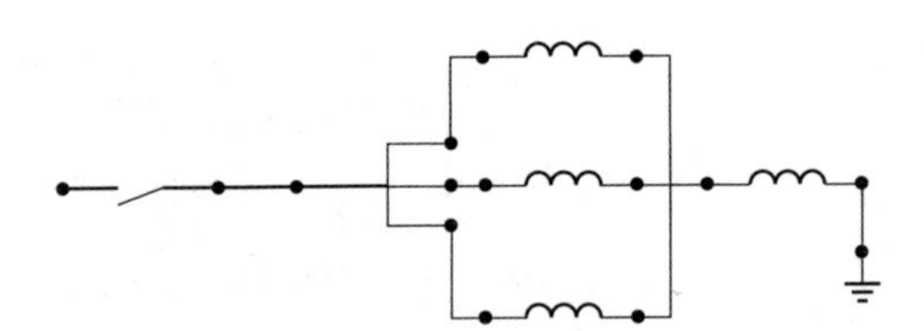

图 4-13　高压并联电抗器与中性点小电抗器模型

## 4.3　母线电压控制及操作过电压

本节对交流输电工程调试期间空载线路操作前的母线电压控制、合空线操作过电压及单相分合过电压进行研究。通过对线路两端母线电压进行控制，确保线路操作前后变电站母线及线路末端稳态电压不越限。

电力系统中，空载线路合闸过电压也是一种常见的操作过电压。通常分为正常操作和自动重合闸两种情况。

### 4.3.1 正常合闸情况

这种操作通常出现在线路检修后的试送电。此时线路上不存在任何异常（如接地）。线路电压的初始值为零。正常合闸时，若三相接线完全对称，且三相断路器完全同步动作，则可按照单相电路进行分析研究。在这里我们用集中参数等值电路的方法分析这种过电压的发展机理。

在图 4-14（a）所示的等值电路中，其中空载线路用 T 型等值电路来代替，$R_T$、$L_T$、$C_T$ 分别为其等值电阻、电感和电容，$u$ 为电源。在作定性分析时，还可忽略电源和线路电阻的作用，这样就可进一步简化成图 4-14（b）所示的简单振荡回路，其中电感。若取合闸瞬间为时间起算点（$t$=0），则电源电压的表达式为

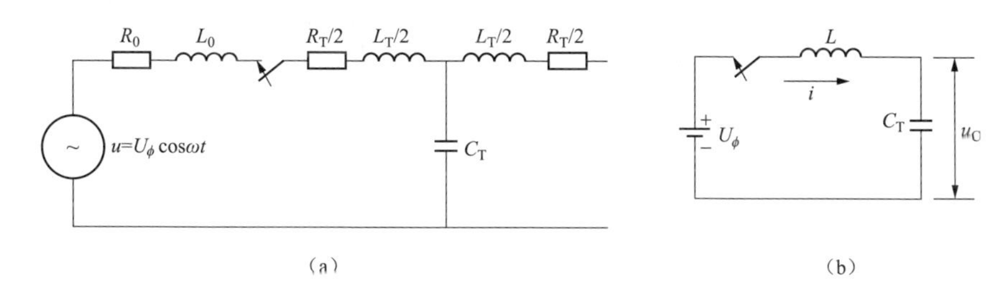


图 4-14 输电线路正常合闸示意图

（a）集中参数等值电路；（b）简化等值电路

$$u(t) = U_{\phi} \cos \omega t \quad (4\text{-}1)$$

求得

$$u_{c} = U_{\phi}(1 - \cos \omega_{0} t) = U_{\phi} - U_{\phi} \cos \omega_{0} t \quad (4\text{-}2)$$

式中 $U_{\phi}$ ——稳态分量；

$U_{\phi} \cos \omega_{0} t$ ——自由振荡分量。

仅关心过电压幅值时，可得

过电压幅值=稳态值+振荡幅值=稳态值+（稳态值－起始量）

=2×稳态值－起始量

对于空载线路，不存在残余电压，起始值为零，可得

$$U_{c\max} = 2U_{\phi} \quad (4\text{-}3)$$

回路存在衰减的振荡，以衰减系数 $\delta$ 来表示，即

$$U_{\mathrm{c}}=U_{\phi}(1-e^{-\delta t}\cos\omega_{0}t) \tag{4-4}$$

再者，电源是工频交流电压 $u$（$t$），这时 $u_{\mathrm{c}}$（$t$）表达式将为

$$U_{\mathrm{c}}=U_{\phi}(\cos\omega t-e^{-\delta t}\cos\omega_{0}t) \tag{4-5}$$

由于线路中会存在一定的损耗，目前国内实测的过电压的最大倍数为1.9～1.96倍。

正常合闸的情况，空载线路 $L$ 没有残余电荷，初始电压 $U_{\mathrm{C}}$（0）=0。如果是自动重合闸的情况，那么条件将更为不利，主要原因在于这时线路上有一定残余电荷和初始电压，重合闸时振荡将更加激烈。自动重合闸是线路发生跳闸故障后，由自动装置控制而进行的合闸操作。

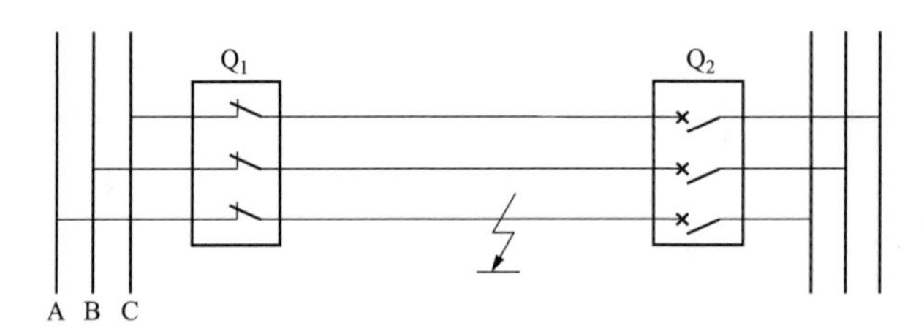


图 4-15　电力系统单相短路故障示意图

如图 4-15 中，在中性点直接接地系统中，A 相发生对地短路，短路信号先后到达断路器 $Q_2$、$Q_1$。断路器 $Q_2$ 先跳闸，在断路器 $Q_2$ 跳开后，流过断路器 $Q_1$ 中非全相的电流是线路电容电流，故当电压电流相位相差 90°时，断路器 $Q_1$ 跳闸。于是在非全相线路上将留有残余电压。

设 $Q_1$ 重合闸之前，线路残余电压已下降 30%，即（1−0.3）×（1.3～1.4$U_{\phi}$）=（0.91～0.98）$U_{\phi}$。考虑最严重的情况，重合闸时电源电压为−$U_{\phi}$，重合闸时暂态过程中过电压为−$U_{\phi}$+[−$U_{\phi}$−（0.91～0.98）$U_{\phi}$]=（−2.91～2.98）$U_{\phi}$。在合闸操作过电压中，以三相重合闸的情况最为严重。

以上对合闸过电压的分析也是考虑最严重的条件、最不利的情况。实际出现的过电压幅值会受到一系列因素的影响，最主要的有：

（1）合闸相位。合闸时电源电压的瞬时值取决于它的相位，相位的不同直接影响着过电压幅值，若需要在较有利的情况下合闸，一方面需改进高压断路器的机械特性，提高触头运动速度，防止触头间预击穿的发生；另一方

面通过专门的控制装置选择合闸相位，使断路器在触头间电位极性相同或电位差接近于零时完成合闸。

（2）线路损耗。线路上的电阻和过电压较高时，线路上产生的电晕都构成能量的损耗，消耗了过渡过程的能量，而使得过电压幅值降低。

（3）线路上残压的变化。在自动重合闸过程中，由于绝缘子存在一定的泄漏电阻，大约有 0.5s 的间歇期，线路残压会下降 10%～30%。从而有助于降低重合闸过电压的幅值。另外，如果在线路侧接有电磁式电压互感器，那么它的等值电感和等值电阻与线路电容构成阻尼振荡回路，使残余电荷在几个工频周期内充分放电一空。

根据电力行业标准《220kV～750kV 变电站设计技术规程》的相关规定，750kV 系统的操作过电压水平不应超过下列数值：相对地（2%）统计操作过电压为 1.8（标幺值，1.0p.u.=$800\times\sqrt{2}/\sqrt{3}$）。

根据 GB/T 50064《交流电气装置的过电压保护和绝缘配合设计规范》，330kV 系统的操作过电压水平不应超过下列数值：相对地（2%）统计操作过电压为 2.2（标幺值，1.0p.u.=$363\times\sqrt{2}/\sqrt{3}$）。

### 4.3.2 合闸前母线电压控制策略

根据线路操作点的位置，为了数据记录方便，将所研究线路两端称为首端与末端，其中靠近电源的一侧为首端，悬空的一侧为末端。对空载线路进行充电时，由于过电压的存在，一般会使线路末端电压高于首端电压（也存在线路高抗的不对称分布导致首端电压高于末端的情况，此时往往选取沿线最高电压最为参考值进行调整），通过调整首端电源的电压幅值，将末端电压调整至线路最大承受电压，从而能够保证研究条件苛刻的前提下，对该线路进行分合闸操作时，沿线电压均不会超过线路最大承受电压，从而可为调试期间投切空载线路引起的电压变化及相应母线电压调整提供参考。

而对于实际交流输电工程调试，需考虑所有对研究线路进行充电的情况。本书通过对 750kV 典型变电站简化模型的输电线路进行说明，如图 4-16 所示，其中丙站为新建变电站，甲乙两站为相邻变电站，根据启动调试需要对新建线路进行充电。甲丙两站之间建设有 200km 同杆双回输电线路，安装有 4 组高压并联电抗器与中性点小电抗器，乙丙两站之间建设有 100km 同杆双回输电线路，安装有 2 组高压并联电抗器与中性点小电抗器；各站主变压器均采用参数为 2100MW 765/345/63kV 三相三绕组变压器。

以甲丙Ⅰ线为例，分别要计算由甲站与乙站为该线路充电的情况。当甲站为线路进行充电时，线路投切操作点可为甲丙Ⅰ线甲站侧开关，也可由甲丙Ⅱ线充电至丙站母线通过丙站侧开关进行投切甲丙Ⅰ线；当通过乙站为甲丙Ⅰ线进行充电时，可先通过乙丙Ⅰ线或乙丙Ⅱ线为丙站充电，再通过甲丙Ⅰ线丙站侧开关进行该线路投切操作。在输电工程启动调试中的仿真计算中，应按照上述方法对每条新建线路不同带电情况进行讨论，分别进行仿真计算。

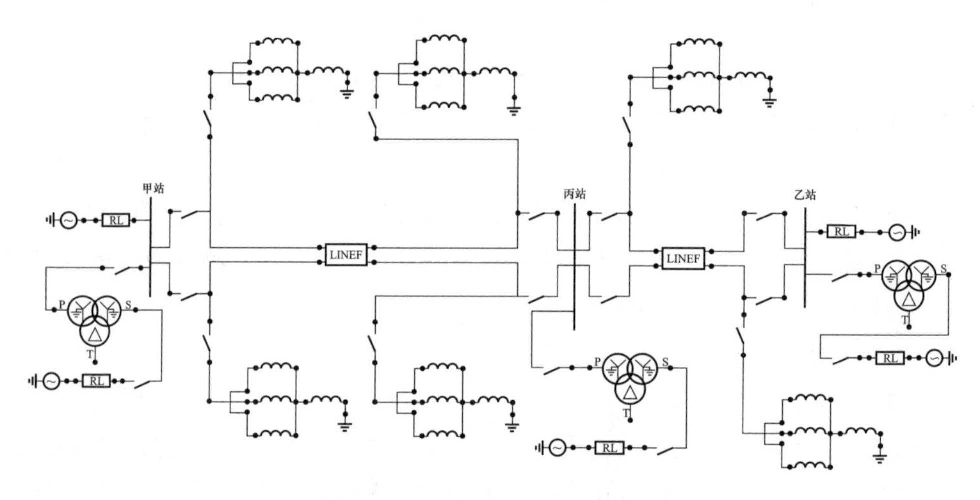


图 4-16　750kV 输电线路仿真模型

综合所研究线路操作点与带电线路的选取，分别仿真计算合闸前后首端与末端电压的大小，根据图 4-16 仿真模型，计算结果记录如表 4-1 所示。

**表 4-1　　合闸前后线路始末端及母线电压计算结果**

| 操作线路 | 操作点 | 带电线路 | 合闸前首端（kV） | 合闸后首端（kV） | 合闸后末端（kV） |
|---|---|---|---|---|---|
| 甲丙Ⅰ线 | 甲站 | / | 789.0 | 791.8 | 796.4 |
| | 丙站 | 甲丙Ⅱ线 | 775.4 | 778.1 | 796.6 |
| | 丙站 | 乙丙Ⅰ线 | 785.7 | 789.5 | 796.7 |
| | 丙站 | 乙丙Ⅱ线 | 776.4 | 780.1 | 796.7 |

由上表可得计算结论为，乙丙Ⅰ线为丙站带电，从丙站侧合甲丙Ⅰ线时，线路末端电压最高，甲站侧母线电压不超过 789.5kV，甲丙Ⅰ线末端电压不超过 796.7kV。

### 4.3.3 合空载线路操作过电压

空载线路合闸操作前，为保证研究条件苛刻，应根据母线电压控制策略，调整充电侧母线电压，使其达到最高值，并对所研究线路的每一种充电方式进行仿真计算。由于合闸相位对过电压的影响，应对空载线路在断路器不同时间合闸操作进行仿真，从仿真结果中求取过电压的最大值，为确保仿真结果的准确性，通常将合闸次数设置为 100 次，从而能够保证在一个周期内对随机的合闸时间进行充分的采样。而根据采样结果均匀分布的特性，考虑实际运行情况，统计操作过电压应选取出现概率不超过 2%的结果进行记录。

若所研究线路断路器设有合闸电阻，应保证不同期时间、断路器合闸电阻投入时间不大于 5ms，同时需仿真计算合闸电阻的吸收能耗，其波形如图 4-17 所示，并根据波形记录其稳定状态下的最大值，从而能够判断合闸电阻的吸收最大能耗是否超过其实际热容量。

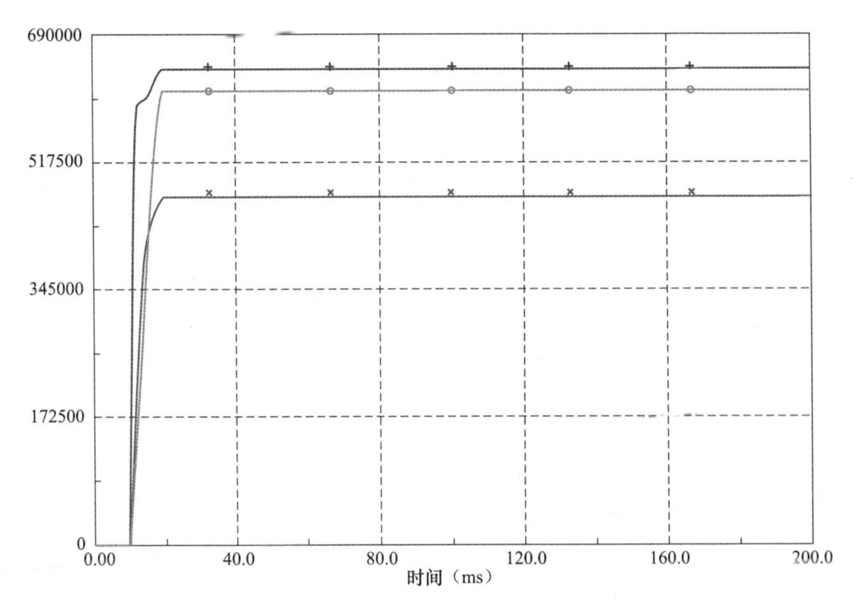


图 4-17 合闸电阻吸收能耗波形

而对于较高电压等级的长距离输电线路来说，线路两端通常设有并联电抗器及中性点小电抗器，此时需要在仿真过程中，通过读取中性点小电抗器的电压波形，如图 4-18 所示，并记录其峰值，从而能够分析空载线路合闸操作过电压对中线点小电抗器的影响，判断中性点过电压的峰值是否超其的额定值。

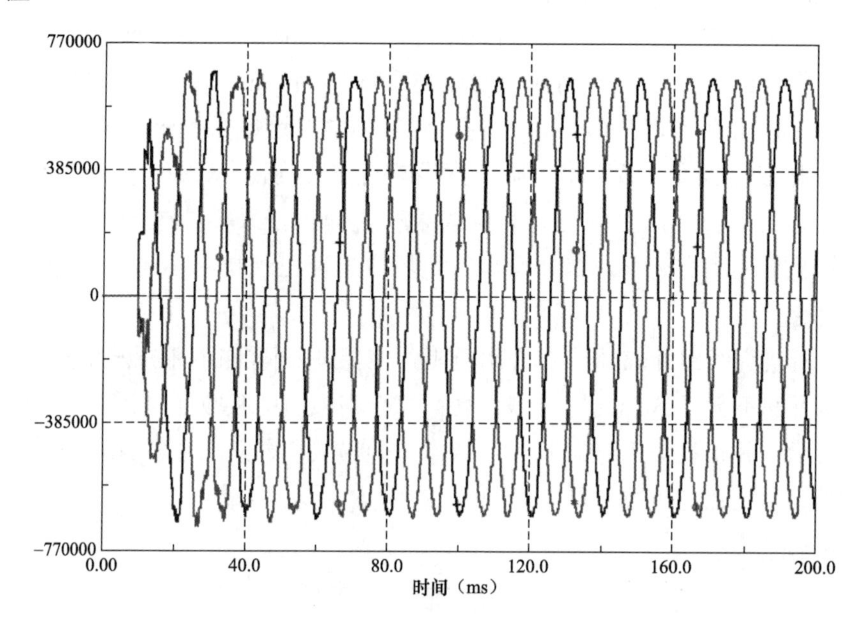


图 4-18　中性点小电抗器的电压波形

根据图 4-16 线路仿真模型，甲丙 I 线投切空载线路操作过电压计算结果如表 4-2 所示。

**表 4-2　　2%统计操作过电压计算结果**

| 操作线路 | 操作点 | 带电线路 | 2%统计过电压（标幺值） | | 中性点过电压（kV，峰值） | | 合闸电阻吸收最大能耗（MJ） |
|---|---|---|---|---|---|---|---|
| | | | 母线侧 | 线路侧 | 首端 | 末端 | |
| 甲丙 I 线 | 甲站 | / | 1.15 | 1.22 | 111.0 | 118.2 | 0.63 |
| | 丙站 | 甲丙 II 线 | 1.34 | 1.19 | 113.6 | 124.1 | 0.58 |
| | 丙站 | 乙丙 I 线 | 1.28 | 1.25 | 112.4 | 142.4 | 0.63 |
| | 丙站 | 乙丙 II 线 | 1.27 | 1.21 | 114.9 | 145.7 | 0.63 |

由表 4-2 可得计算结论为，丙站侧合甲丙Ⅱ线最高相对地 2%统计操作过电压为 1.34（标幺值），中性点小电抗上最高电压为 124.1kV，合闸电阻吸收最大能耗为 0.63MJ（远低于合闸电阻的实际热容量）。

### 4.3.4 单相分合操作过电压

单相分合操作过电压的仿真方法与 4.3.3 所介绍的合空载线路操作过电压基本相似，而由于线路的单相分合操作过电压大小受中性点小电抗的电抗值影响较大，故在仿真计算中需要考虑小电抗不同档位时的计算结果。自动重合闸是保证电力系统安全稳定运行的重要措施之一。重合闸时间的整定主要考虑以下因素：①保护跳闸后故障点电弧熄灭时间；②故障点绝缘恢复时间；③考虑一定的时间裕度。考虑线路单相故障时，根据潜供电弧自灭时限推荐值，仿真的时序为：初始状态设置为线路一侧三相空载，在 0.05s 时刻单相断路器断开，在 0.65s 时刻断开相断路器随机时间合闸。

根据图 4-16 线路仿真模型，在中性点小电抗取不同档位时，甲丙Ⅰ线单相分合闸操作过电压计算结果如表 4-3 所示。

**表 4-3　单相分合操作过电压**

| 操作线路 | 小电抗器档位 | 操作地点 | 带电线路 | 2%统计过电压（标幺值） | | 小电抗器电压（kV，峰值） | |
|---|---|---|---|---|---|---|---|
| | | | | 母线侧 | 线路侧 | 首端 | 末端 |
| 甲丙Ⅰ线 | A-X1 | 甲站 | / | 1.29 | 1.35 | 176.5 | 177.9 |
| | | 丙站 | 甲丙Ⅱ线 | 1.31 | 1.15 | 101.8 | 110.2 |
| | | 丙站 | 乙丙Ⅰ线 | 1.53 | 1.33 | 171.9 | 169.4 |
| | | 丙站 | 乙丙Ⅱ线 | 1.53 | 1.42 | 171.3 | 168.9 |
| 甲丙Ⅰ线 | A-X3 | 甲站 | / | 1.22 | 1.34 | 151.6 | 150.0 |
| | | 丙站 | 甲丙Ⅱ线 | 1.29 | 1.18 | 105.7 | 117.2 |
| | | 丙站 | 乙丙Ⅰ线 | 1.41 | 1.29 | 147.8 | 153.9 |
| | | 丙站 | 乙丙Ⅱ线 | 1.40 | 1.32 | 147.4 | 153.5 |

750kV 甲丙Ⅰ线单相分合操作，中性点小电抗档位在 A-X1 档时，2%统计操作过电压母线侧最高为 1.53（标幺值），线路侧为 1.42（标幺值），低于规定的 1.8（标幺值），线路高压电抗器中性点小电抗上电压最高为 177.9kV；

高压电抗器小电抗档位在 A-X3 档时，2%统计操作过电压母线侧最高为 1.41（标幺值），线路侧为 1.34（标幺值），低于规定的 1.8（标幺值），线路高压电抗器中性点小电抗上电压最高为 153.9kV。同时，合闸电阻吸收大部分能量，其最大能耗为 2.22MJ，避雷器的吸收能耗均小于 0.01MJ。

对于操作过电压的限制措施，主要分为以下几种：

（1）装设并联合闸电阻。如图 4-19 所示，这时应先合辅助触头 2、后合主触头 1。整个合闸过程的两个阶段对阻值的要求是不同的：在合辅助触头 2 的第一阶段，R 对振荡起阻尼作用，使过渡过程中的过电压最大值有所降低，R 越大、阻尼作用越大、过电压就越小，所以希望选用较大的阻值；大约经过 8～15ms，开始合闸的第二阶段，主触头 1 闭合，将 $R$ 短接，使线路直接与电源相连，完成合闸操作。在第二阶段，$R$ 值越大，过电压也越大，所以希望选用较小的阻值。因此，合闸过电压的高低与电阻值有关，某一适当的电阻值下可将合闸过电压限制到最低。

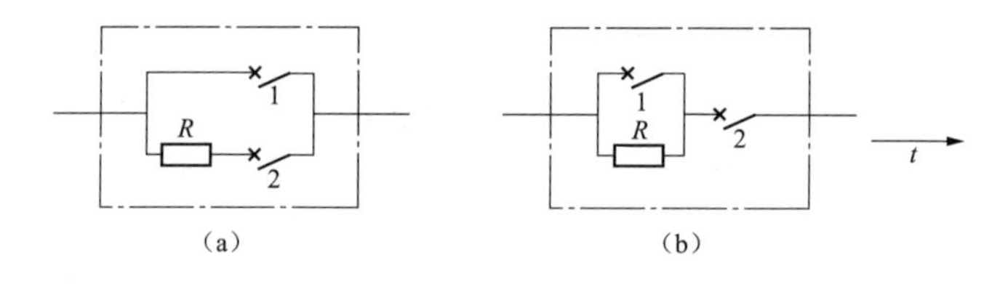


图 4-19　线路合闸电阻示意图

（2）控制合闸相位。通过一些电子装置来控制断路器的动作时间，在各相合闸时，将电源电压的相位角控制在一定范围内，以达到降低过电压的目的。具有这种功能的选项合闸型断路器已研制成功．它既有精确、稳定的机械特性、又有检测触头间电压（捕捉相电位瞬间）的二次选择回路。

（3）利用避雷器来保护。安装在线路首端和末端（线路断路器的线路侧）的 ZnO 或磁吹避雷器，均能对这种过电压进行限制，如果采用的是现代 ZnO 避雷器，就有可能将这种过电压的倍数限制到 1.5～1.6。

## 4.4　分合空载变压器及低抗操作过电压

从高压侧投入空载变压器，既是运行中的一种操作方式，也是投产过程中一种常规的用以考核变压器的试验方法。当空载变压器投入系统时，由于变压器励磁特性的非线性，可能产生很大的励磁涌流，在电流波形中出现 3 次及以上的谐波。由于饱和效应，变压器电感也会做周期性变化，电感变化的频率是电源频率的偶数倍。若系统的自振频率与励磁电感的变化或某次谐波的频率很近，则可能产生幅值很高的谐振过电压，有时这种谐振过电压会持续很长时间，导致 MOA 吸收的能量过大而损坏。受变压器励磁涌流的作用，将引起系统电压短时降低，励磁涌流衰减后系统电压会逐渐恢复至试验前水平。

断路器开断这些设备的感性电流时强制熄弧所产生的操作过电压，应根据断路器结构、回路参数、变压器（并联电抗器）的接线和特性等因素确定。该操作过电压一般可用安装在断路器与变压器（并联电抗器）之间的避雷器予以限制。对避雷器可安装在变压器低压侧或高压侧，中性点接地方式不同时，低压侧宜采用磁吹阀型避雷器。当避雷器可能频繁动作时，宜采用有高值分闸电阻的断路器。

### 4.4.1 合闸空载变压器操作过电压

根据图 4-16 线路仿真模型，计算投切丙站主变压器的操作过电压时，需要考虑不同输电线路为丙站母线充电的情况，同时还需要考虑变压器铁芯磁滞作用，分别计算有无剩磁情况下合闸涌流的峰值。对于合闸涌流的衰减过程，需要重点关注其是否能够在短时间内降低至额定电流。本节举例讨论 750kV 线路合环运行时，投切丙站主变压器的操作过电压仿真，计算结果如表 4-4 所示，变压器 750kV 侧电压波形如图 4-20 所示。表 4-5 为 750kV 侧合闸空载变压器时合闸涌流结果，励磁电流波形如图 4-21 所示。

**表 4-4　　750kV 侧合闸空载变压器结果**

| 操作地点 | 操作前线电压（kV） | 低抗容量（MVA） | 测量点 | 合空变过电压倍数（标幺值） | | | 合闸涌流（A，峰值） | 合闸电阻能耗（MJ） |
|---|---|---|---|---|---|---|---|---|
| | | | | 0.1s 内 | 0.3s 后 | 1.0s 后 | | |
| 高压侧 | 796 | 0 | 高压侧 | 1.23 | 1.13 | 1.08 | 2603（有剩磁）<br>933（无剩磁） | 2.1 |
| | | | 中压侧 | 1.18 | 1.10 | 1.07 | | |

表 4-5　　750kV 侧合闸空载变压器时合闸涌流结果

| 操作地点 | 操作前线电压（kV） | 低抗容量（MVA） | 单位 | 合闸涌流（峰值） | | | | |
|---|---|---|---|---|---|---|---|---|
| | | | | 0.1s 内 | 0.1s 后 | 0.2s 后 | 0.4s 后 | 0.6s 后 |
| 高压侧 | 796 | 0 | A，峰值 | 2603 | 2446 | 2334 | 2193 | 2107 |
| | | | 标幺值 | 1.16 | 1.09 | 1.04 | 0.98 | 0.94 |

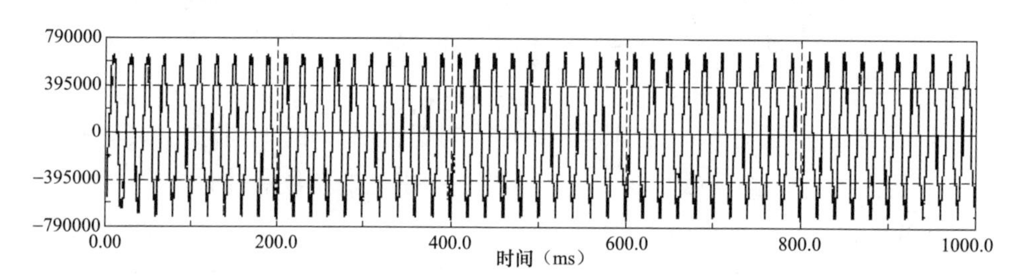


图 4-20　750kV 侧合闸空载变压器时典型电压波形

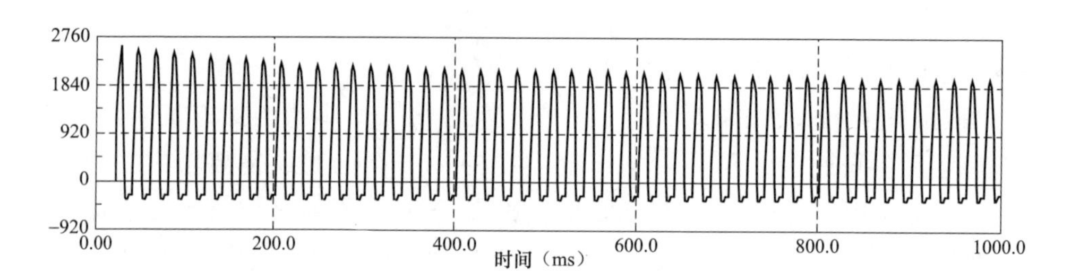


图 4-21　750kV 侧合闸空载变压器时典型励磁电流波形

根据计算结果可得出，在该方式下，丙站主变压器 750kV 侧及 330kV 侧最大操作过电压（0.1s 以内）分别为 1.23（标幺值）和 1.18（标幺值）；合闸 0.3s 后 750kV 侧及 330kV 侧操作过电压分别降至 1.13（标幺值）和 1.10（标幺值），无谐振过电压现象。最大合闸涌流峰值为 2603A（考虑剩磁）或 933A（无剩磁）。

### 4.4.2　投切低压电抗器与电容器操作过电压

低压侧母线电抗器为干式电抗器。操作时先将 66kV 侧母线电压调至 72.5kV，然后分别进行投切低压电抗器与低压电容器操作，合闸不同期时间为 4ms，分闸不同期时间为 3ms。1.0（标幺值）=72.5kV。表 4-6 和表 4-7 分别为 66kV 侧投切主变压器低压电抗器、低压电容器操作过电压结果。

表 4-6　　66kV 侧投切主变压器低压电抗器操作过电压结果

| 投切组数 | 主变压器高、中、低压侧过电压最高值（标幺值） | | |
|---|---|---|---|
| | 750kV | 330kV | 66kV |
| 1 | 1.01 | 1.07 | 1.08 |

表 4-7　　66kV 侧投切主变压器低压电容器操作过电压结果

| 投切组数 | 主变压器各侧过电压最高值（标幺值） | | | 合闸涌流（峰值，A） | 涌流衰减时间（s，倍数） |
|---|---|---|---|---|---|
| | 750kV | 330kV | 66kV | | |
| 1 | 1.29 | 1.44 | 1.38 | 5364 | 0.1s-2.07<br>0.2s-1.44<br>0.3s-1.12<br>0.4s-1.01<br>0.5s-0.97 |

通过计算可知：投切电抗器产生的过电压最大为 1.08（标幺值），在允许范围内，低于设备绝缘水平，不会造成危害；投切电容器产生的过电压 330kV 侧最大为 1.44（标幺值），66kV 侧为 1.38（标幺值），在允许范围内，低于设备绝缘水平，不会造成危害。

## 4.5　潜供电流及恢复电压

在超高压系统中，为了提高供电的可靠性，多采用快速单相自动重合闸。当系统的一相因单相接地故障而被切除后，由于相间互感和相间电容的耦合作用，被切除的故障相在故障点仍流过一定数值的接地电流，这就是潜供电流。该电流是以电弧的形式出现的，也称潜供电弧。当弧瞬间熄灭后，由于相间的耦合作用，在弧道间出现恢复电压，增加熄弧的时间，如果单相重合闸时间设置不当，可能导致自动重合闸失败，影响输电的可靠性。因此需根据潜供电流和恢复电压的计算结果校核单相重合闸的时间。

潜供电流是单相重合闸过程中产生的一种电磁暂态现象。其产生机理如图 4-22 所示。当线路发生单相（C 相）接地故障，故障相两端断路器跳闸后，电源和系统从两边向故障点提供的短路电流被切断，非故障相（A、B 相）

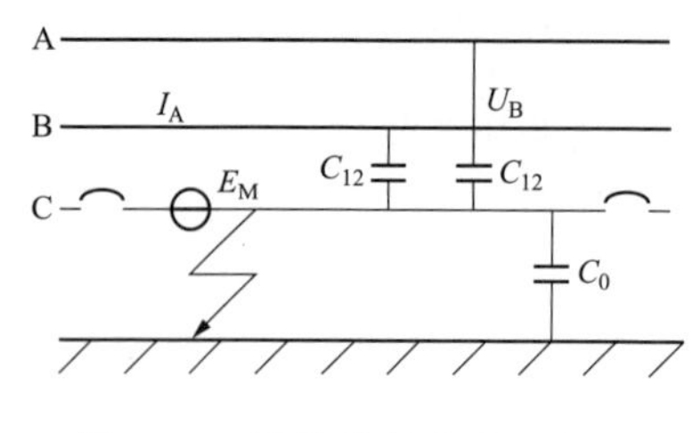

图 4-22 线路单相故障示意图

仍在运行，且保持工作电压。由于相间电容$C_{12}$和相间互感M的作用，使得故障点处产生了由电容分量和电感分量两部分组成的潜供电流。电容分量即是指非故障相的电压通过相间电容$C_{12}$向故障点提供的电流，在大部分无补偿情况下起主要作用；而正常相上的负载电流经相间互感在故障相上感应出电动势$E_M$,这个电动势通过相对地电容$C_0$及并联高压电抗器形成的回路，向故障点提供电流，即为潜供电流的电感分量。当潜供电流熄灭后，同样由于相间电容和互感的作用，在原弧道间出现恢复电压，这就增加了故障点自动熄灭的困难，以致单相重合闸失败。潜供电弧零休阶段的特性决定了电弧的熄灭与重燃，这一过程中，弧道恢复电压的上升率起着至关重要的作用。

潜供电弧的动态物理过程与很多因素密切相关,集中体现为确定性因素与非确定性因素两大类。确定性因素主要包括线路长度、电压等级、并联电抗器位置及其补偿度（或快速接地开关）、杆塔结构等；非确定性因素主要包括故障位置、短路电弧电流大小及其持续时间、风速大小与方向、弧道恢复电压等。其中，线路长度、电压等级等因素通过影响潜供电流值、恢复电压及其上升率的大小，从电气上间接影响潜供电弧的物理特性；而风速、风向、短路电弧等因素通过作用于弧道而直接影响潜供电弧的发展与重燃特性。

另外，随着电压等级的提高，潜供电流对系统的危害越来越明显，线路传输功率是影响潜供电流的重要因素之一。在不同的传输功率下，随着故障点位置的改变，潜供电流的变化趋势也有所不同。当故障点靠近线路首端或末端时，潜供电流随传输功率的增大而变大；当线路处于轻载状态，故障点在线路中间部分时，潜供电流相对大些，但随着故障点位置的改变，潜供电流的大小变化并不大；而当线路输送功率较大时，线路首末两端发生故障的情况下潜供电流较大，需采取安装限流器等的方式加以抑制。

潜供电流与恢复电压的仿真，需考虑中性点小电抗电抗值对于计算结果的影响，分别计算中性点小电抗器不同档位情况下，线路发生单相接地故障后所产生的潜供电流与恢复电压大小，操作时序为：线路正常运行情况下，考虑故障最严重的情况，单相接地故障发生的位置应选取在线路的两端，故障发生后故障相短路电流迅猛增加，形成一次电弧，随即故障相两侧断路器同时开断，切断短路电流，一次大电弧消失，待潜供电弧灭弧后，暂态的恢复电压随之出现，在全过程的仿真中，前后分别记录潜供电流与恢复电压有效值，同时也应关注中性点小电抗器电压大小，以防止其超过额定值。

根据图 4-16 仿真模型，选取甲丙Ⅰ线作为研究线路，通过时控开关在线路两端设置单相接地故障，随即线路两端断路器断开故障相，记录故障相流过的潜供电流值大小；通过时控开关断开单相接地故障后，记录恢复电压值的大小以及中性点小电抗器的电压大小，计算结果如表 4-8 所示。

**表 4-8　潜供电流和恢复电压计算结果**

| 线路 | 故障相 | 小电抗档位 | 潜供电流（A） | | 恢复电压（kV） | | 小电抗电压（kV） | |
|---|---|---|---|---|---|---|---|---|
| | | | 首端 | 末端 | 首端 | 末端 | 首端 | 末端 |
| 甲丙Ⅰ线 | A | A-X1 | 18.70 | 21.06 | 116.07 | 130.31 | 71.83 | 73.33 |
| | | A-X3 | 14.28 | 17.38 | 83.32 | 101.06 | 75.78 | 75.35 |
| | B | A-X1 | 20.02 | 24.52 | 126.63 | 154.63 | 67.24 | 70.97 |
| | | A-X3 | 17.61 | 23.13 | 104.64 | 136.95 | 70.93 | 73.42 |
| | C | A-X1 | 25.74 | 29.94 | 152.46 | 177.01 | 71.47 | 75.36 |
| | | A-X3 | 22.61 | 27.77 | 126.26 | 154.74 | 75.65 | 78.23 |

根据表 4-8 可以得出，当甲丙Ⅰ线路高抗中性点小电抗档位选择 A-X1 时，发生单相故障潜供电流不超过 29.94A，恢复电压不超过 177.01kV，小电抗电压不超过 75.36kV；小电抗档位选择 A-X3 时，发生单相故障时潜供电流不超过 27.77A，恢复电压不超过 154.74kV，小电抗电压不超过 78.23kV。

综上，当线路高抗中性点小电抗位于 A-X1 档时，甲丙Ⅰ线线路潜供电流不超过 30.9A，恢复电压不超过 177.0kV，绝缘子串长度按 8.8m 考虑，恢复电压梯度最大为 20.1kV/m，根据潜供电弧自灭时限推荐值，0.6s 的单相重合闸满足要求。

在计算潜供电流与恢复电压后，计算结果给出单相重合闸时间时，应注意以下几点：

（1）即便线路进行了均匀换位，在线路同一位置三相分别单相接地时的潜供电流并不相等，需要分别计算每一相的潜供电流与恢复电压，选取最大值。

（2）在线路中间发生故障时，要小于在线路两端发生故障时的潜供电流值，是因为单相接地故障发生在线路中间是，线路两侧电磁耦合分量相互抵消。

（3）以潜供电流最大值及对应的恢复电压为基础，计算恢复电压梯度，对比参考值，确定是否满足单相重合闸的推荐时间。

（4）考虑线路是否存在补偿，注意电抗器的中性点小电抗器的选择是否合理。

（5）考虑潜供电弧熄灭后的弧道截止恢复时间约为 0.1s 和潜供电弧熄灭后的无电流间隙所留预读 0.1s，综合给出单相重合闸时间。

当潜供电流较小时，依靠风力、上升气流拉长电弧作用，潜供电弧可以在较短时间内自熄灭，以满足单相自动重合闸要求。为了提高单相自动重合闸的成功率，潜供电流和恢复电压均限制在较小值。当潜供电流较大、恢复电压较高时，则须采取一定的措施，以加快潜供电弧的熄灭。在超/特高压输电系统中，主要使用以下措施来限制潜供电流：

（1）使用高压并联电抗器及中性点电抗器。在装有合适高压并联电抗器的线路，利用加装中性点电抗器（又称小电抗）的方法，可以减小潜供电流和恢复电压。选择合适的小电抗，补偿线路相间电容和相对地电容，特别是使相间接近全补偿，可使相间阻抗接近无穷大，从而减小了潜供电流的电容分量；还可加大对地阻抗，从而减小了潜供电流的电感分量。

（2）使用快速接地开关。随着电力建设的发展，电网间联络的加强，工频过电压的降低，使得 100km 左右的线路可以不装设并联电抗器；还有一些线路采用了静态补偿装置。这些情况下，不能通过并联电抗器及中性点小电抗限制潜供电流，此时可以考虑采用快速接地开关（High Speed Ground Switch，HSGS）。日本及一些国家已在部分线路上采用快速接地开关来加速潜供电弧的熄灭。这种方法是在故障相线路两侧断路器跳开后，先快速合上故障线路两侧的 HSGS，将接地点的潜供电流转移到电阻很小的两侧闭合的接地开关上，以促使接地点潜供电弧熄灭；然后打开 HSGS，利用开关的灭弧能力将其电弧强迫熄灭；最后，再重合故障相线路。

除了上述两种措施外，还可以考虑采用良导体架空地线或自适应单相自动重合闸。前者可以降低潜供电流的电感分量，从而起到限制潜供电流的作用；后者则根据潜供电弧熄弧时间，可以自适应地调整单相重合闸的合闸时间，从而在保证潜供电弧熄灭的同时提高系统稳定运行水平。

## 4.6 工频过电压

工频过电压是电力系统中的一种电磁暂态现象，属于电力系统内部过电压，是暂时过电压的一种。电力系统内部过电压是指由于电力系统故障或开关操作而引起电网中电磁能量的转化，从而造成瞬时或持续时间较长的高于电网额定允许电压并对电气装置可能造成威胁的电压升高。内部过电压分为暂时过电压和操作过电压两大类。

在暂态过渡过程结束以后出现持续时间大于 0.1s（5 个工频周波）至数秒甚至数小时的持续性过电压称为暂时过电压。由于现代超、特高压电力系统的保护日趋完善，在超、特高压电网出现的暂时过电压持续时间很少超过数秒以上。

暂时过电压又分为工频过电压和谐振过电压。电力系统在正常或故障运行时可能出现幅值超过最大工作相电压，频率为工频或者接近工频的电压升高，称为工频过电压。工频过电压产生的原因包括空载长线路的电容效应、不对称接地故障引起的正常相电压升高、负荷突变等，工频过电压的大小与系统结构、容量、参数及运行方式有关。一般而言，工频过电压的幅值不高，但持续时间较长，对 220kV 电压等级以下、线路不太长的系统的正常绝缘的电气设备是没有危险的。但工频过电压在超（特）高压、远距离传输系统绝缘水平的确定却起着决定性的作用，因为：①工频过电压的大小直接影响操作过电压的幅值；②工频过电压是决定避雷器额定电压的重要依据，进而影响系统的过电压保护水平；③工频过电压可能危及设备及系统的安全运行。

对于长输电线路，当末端空载时，线路的入口阻抗为容性。当计及电源内阻抗（感性）的影响时，电容效应不仅使线路末端电压高于首端，而且使线路首、末端电压高于电源电动势，这就是空载长线路的工频过电压产生的原因之一。

长度为 $l$ 的空载无损线路如图 4-23 所示，$\dot{E}$ 为电源电动势；$\dot{U}_1$、$\dot{U}_2$ 分别为线路首末端电压；$X_s$ 为电源感抗；$Z_C=\sqrt{L_0/C_0}$ 为线路的波阻抗；$\beta=\omega\sqrt{L_0C_0}$ 为每公里线路的相位移系数，一般工频条件下，$\beta$=0.06°/km。线路首末端电压和电流关系为

$$\begin{cases}\dot{U}_1=\dot{U}_2\cos(\beta l)+\mathrm{j}Z_C\sin(\beta l)\\ \dot{I}_1=\dot{I}_2\cos(\beta l)+\mathrm{j}\dfrac{\dot{U}_2}{Z_C}\dot{I}\sin(\beta l)\end{cases} \tag{4-6}$$

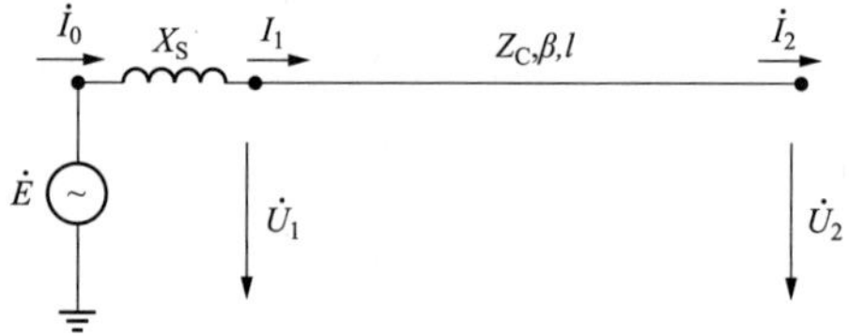


图 4-23 空载长线路示意图

若线路末端开路，即 $\dot{I}_2=0$，可求得线路末端电压与首端电压关系为

$$\dot{U}_2=\frac{\dot{U}_1}{\cos(\beta l)} \tag{4-7}$$

定义空载线路末端对首端的电压传递系数为

$$K_{12}=\frac{\dot{U}_2}{\dot{U}_1}=\frac{1}{\cos(\beta l)} \tag{4-8}$$

线路中某一点的电压为

$$\dot{U}_X=\dot{U}_2\cos(\beta x)=\dot{U}_1\frac{\cos(\beta X)}{\cos(\beta l)} \tag{4-9}$$

式中，$x$ 为距线路末端的距离。线路上的电压自首端 $\dot{U}_1$ 起逐渐上升，沿线按余弦曲线分布，线路末端电压 $\dot{U}_2$ 达到最大值，如图 4-24 所示。

$\beta l$=90°时，从线路首端看去，相当于发生串联谐振 $K_{12}\to\infty$，$\dot{U}_2\to\infty$，此时线路长度即为工频的 1/4 波长，约 1500km，因此也称为 1/4 波长谐振。

同时，空载线路的电容电流在电源电抗上也会形成电压升，使得线路首端的电压高于电源电动势，这进一步增加了工频过电压。

考虑电源电抗后，可得线路末端电压与电源电动势的关系为

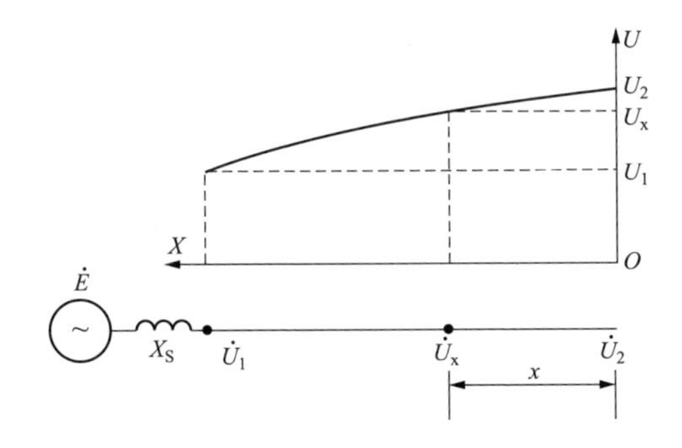


图 4-24　空载长线路沿线电压分布

$$\dot{E}=\dot{U}_1+j\dot{I}_1X_S=\left[\cos(\beta l)-\frac{X_S}{Z_C}\sin(\beta l)\right]\dot{U}_2 \tag{4-10}$$

定义线路末端的电压对电源电动势的传递系数$K_{02}=\dfrac{\dot{U}_2}{\dot{E}}$，令$\varphi=\tan^{-1}\dfrac{X_S}{Z_C}$，代入，得

$$K_{02}=\frac{\cos\varphi}{\cos(\beta l+\varphi)}$$

电源电抗 $X_S$ 的影响可通过角度$\varphi$表示出来，当$\beta l+\varphi=90°$时，$K_{02}\to\infty$，$\dot{U}_2\to\infty$，图 4-25 中曲线 2 画出了$\varphi=21°$时 $K_{02}$ 与线路长度的关系曲线（虚线），此时$\beta l=90°-\varphi$，线路长度为 1150km 时发生谐振。可见，电源电抗相当于增加了线路长度，使谐振点提前了。曲线 1 对应于电源阻抗为零的情况。从图 4-25 中看出，除了电容效应外，电源电抗也增加了工频过电压倍数。

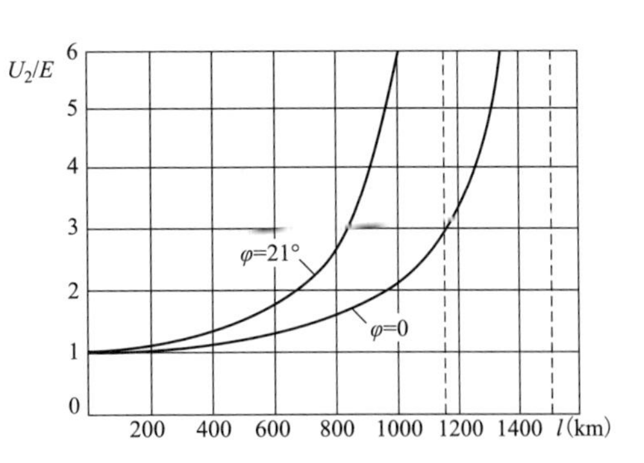


图 4-25　空载长线路末端电压升高与线路长度的关系

在工频过电压研究中，取正常送电状态下甩负荷和在线路末端（或受端）单相接地故障下甩负荷作为确定电网工频过电压的条件，这两种故障方式下的工频过电压影响因素不尽相同。

（1）线路正常状态下甩负荷。此时影响工频过电压有三个因素：①甩负荷前线路输送潮流，特别是向线路输送无功潮流的大小，它决定了送端等值电源电势$E'$的大小，线路输送无功越大，送端等值电势$E'$也越高，工频过电压也相对较高；②馈电电源的容量，它决定了电源的等值阻抗，电源容量越小，阻抗越大，从而可能出现的工频过电压越高；③线路长度，线路越长，线路充电的容性无功越大，由空载长线的电容效应引起的工频过电压越高。

（2）线路末端有单相接地故障甩负荷。除了上面三种影响因素外，这类工频过电压还与单相接地点向电源侧看进去的零序电抗与正序电抗的比值$X_0/X_1$有很大关系，$X_0/X_1$增加将使单相接地故障甩负荷过电压有增大趋势。$X_0$与$X_1$由几部分组成：一部分是输电线路的正零序参数；另一部分是电源侧包括变压器及其他电抗，电源是发电厂时，$X_0/X_1$较小；电源为复杂电网时，$X_0/X_1$一般较大，当电源容量增加时，$X_0/X_1$也会有所增加。

在输变电调试工程电磁暂态计算中，通常根据标准规定，取正常送电状态下三相甩负荷和线路一侧有单相接地故障下靠近故障点侧断路器三相跳闸甩负荷作为确定电网工频过电压的条件。同时由于线路两侧负荷不同，仿真时需考虑线路的两侧不同位置的断路器进行甩负荷动作的情况，并在线路开断后，分别记录线路母线侧与线路侧的过电压水平，对于线路另一侧存在单相接地故障的情况，需要对每一相的电压大小进行记录与对比。为了方便与相关设计标准进行比对，通常将结果换算成标幺值进行统计，其中基准值一般取线路开断前的沿线最高电压。

根据图4-16线路仿真模型，选取甲丙Ⅰ线作为研究线路，计算结果如表4-9所示。

**表4-9　　工频过电压计算结果**

| 线路 | 故障侧 | 故障相 | 工频过电压（标幺值） | |
|---|---|---|---|---|
| | | | 母线侧 | 线路侧 |
| 甲丙Ⅰ线 | 甲站 | 无 | 0.99 | 0.99 |
| | | 单相 | 1.00 | 1.17 |
| | 丙站 | 无 | 1.00 | 1.03 |
| | | 单相 | 1.00 | 1.25 |

根据电力行业标准《220kV～750kV 变电站设计技术规程》，750kV 系统的工频过电压水平不应超过下列数值：线路断路器的母线侧为 1.3（标幺值）；线路断路器的线路侧为 1.4（标幺值）。[1.0（标幺值）=800V]，能够通过表 4-9 结果得出，甲丙Ⅰ线无故障或单相接地甩负荷时，母线侧和线路侧最高工频过电压分别为 1.00（标幺值）和 1.25（标幺值），在允许范围内。

对于线路工频过电压，可采用以下措施进行限制：

（1）使用可调节或可控高压电抗器。重载长线 80%～90%的高压电抗器补偿度，可能给正常运行时的无功补偿和电压控制造成相当大的问题，甚至影响到输送能力。解决此问题比较好的方法是使用可控或可调节高抗：在重载时运行在低补偿度（60%左右），这样可大幅降低由电源向线路输送的无功，使电源的电动势不至于太高，还有利于无功平衡和提高输送能力；当出现工频过电压时，快速控制到高补偿度（90%）。

从理论上讲，可调节或可控高抗是协调过电压和无功平衡问题的好方法，实际应用中由于目前可调节或可控高抗造价高，短期内不会大量使用。

（2）使用良导体地线。使用良导体地线（或光纤复合架空地线、OPGW）可降低系数，有利于减少单相接地甩负荷过电压。

（3）使用线路两端联动跳闸或过电压继电保护。该方法可缩短高幅值无故障甩负荷过电压持续时间。

（4）使用金属氧化物避雷器。随着金属氧化物避雷器（metal oxide arrester，MOA）性能的提高，使用 MOA 限制短时高幅值工频过电压成为可能。但这会对 MOA 能量提出很高的要求，当采用了高压并联电抗器时，不需要将 MOA 作为限制工频过电压主要手段，仅在特殊情况下考虑采用。应该说明，在 MOA 进入饱和后，电压波形就不再是正弦波，严格讲应称为暂时过电压，此时工频过电压只是一种近似的习惯用语。

（5）选择合理的系统结构和运行方式。过电压的高低和系统结构和运行方式密切相关，这在超、特高压线路建设和运行初期尤为重要，应高度重视。

以上几种方式不一定在每一个工程中都采用，具体采用哪一种要根据具体情况确定。

## 4.7 感应电压和感应电流

随着我国电力工业的迅速发展，为减少输电线路占地面积，节约用地资源，高压同塔双回甚至多回线路被越来越多地采用。但与此同时，多回线路采用同杆架设运行也带来了一些新的问题。

由于同塔多回线路回路间电磁与静电耦合作用比较强，当一回路停运其他回路运行时，在停运线路上可能会感应出较大的感应电流或者感应电压，给线路接地刀闸选型和线路运行检修带来一定困难。

根据目前设计行业的现状，大部分设计单位在工程设计中，基本没有进行线路感应电压、电流计算，隔离开关线路侧接地刀闸开合感应电流的能力选型仅依据 DL/T 486《交流高压隔离开关和接地开关订货技术条件》的要求进行，对于心里没底的设计选型，往往选择 B 类装备（较高的要求），不科学严谨。

实际上，在工程审查的时候，审查专家会针对此问题，要求设计单位提供感应电压电流计算结果；另外根据 DL/T 5452《变电工程设计内容深度规定》要求，“对同杆架设线路，应计算并提出感应电压和电流”。因此需通过计算线路感应电压和感应电流，从而校核接地开关参数是否满足要求。

检修线路的感应电压和电流分为静电感应分量和电磁感应分量。检修线路接地开关设为三种操作方式：①线路两端刀闸不接地，对应静电感应电压；②线路单端刀闸接地，接地端对应静电感应电流，不接地端对应电磁感应电压；③线路两端刀闸接地，对应电磁感应电流。以同塔双回线路为例，检修线路的感应电压和电流如图 4-26 所示。仅对单相导线进行分析，暂不考虑停运线路另外两相的感应电压、电流对分析相导线的二次感应影响。

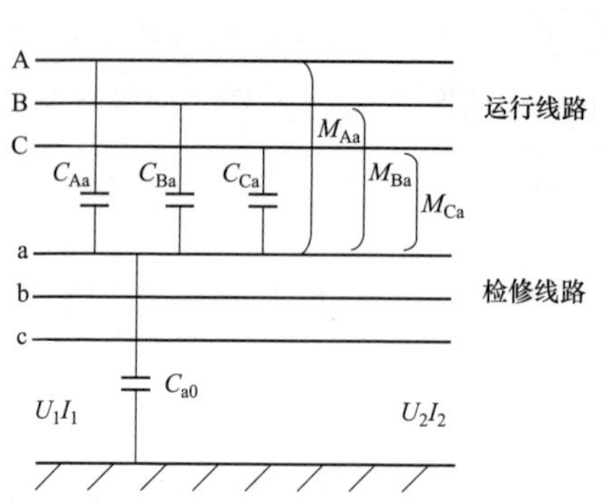

图 4-26　检修线路感应电压和电流

图 4-26 中，$U_1$、$I_1$ 为检修线路首端感应电压、电流；$U_2$、$I_2$ 为检修线路末端感应电压、电流。

采用分布参数法进行分析，检修线路 a 相任一位置的电压和电流为

$$-\frac{\partial U}{\partial l} \approx \mathrm{j}\omega LI + \mathrm{j}\omega M_{\mathrm{Aa}} I_{\mathrm{A}} + \mathrm{j}\omega M_{\mathrm{Ba}} I_{\mathrm{B}} + \mathrm{j}\omega M_{\mathrm{Ca}} I_{\mathrm{C}} \tag{4-11}$$

$$-\frac{\partial I}{\partial l} \approx \mathrm{j}\omega C_{\mathrm{a0}} U + \mathrm{j}\omega C_{\mathrm{Aa}}(U - U_{\mathrm{A}}) + \mathrm{j}\omega C_{\mathrm{Ba}}(U - U_{\mathrm{B}}) + \mathrm{j}\omega C_{\mathrm{Ca}}(U - U_{\mathrm{C}}) \tag{4-12}$$

式中 $C_{\mathrm{Aa}}$、$C_{\mathrm{Ba}}$、$C_{\mathrm{Ca}}$——运行线路 A、B、C 相与检修线路 a 相之间的单位长度互电容；

$C_{\mathrm{a0}}$——检修线路 a 相的单位长度对地电容；

$M_{\mathrm{Aa}}$、$M_{\mathrm{Ba}}$、$M_{\mathrm{Ca}}$——运行线路 A、B、C 相与检修线路 a 相之间的单位长度互电感；

$L$——检修线路 a 相的单位长度电感；

$l$——线路长度；

$U_{\mathrm{A}}$、$U_{\mathrm{B}}$、$U_{\mathrm{C}}$——运行线路的三相电压；

$I_{\mathrm{A}}$、$I_{\mathrm{B}}$、$I_{\mathrm{C}}$——运行线路的三相电流。由式（1）和式（2）可得感应电压和电流的四个分量；

（1）若检修线路两端刀闸不接地，则检修线路的静电感应电压为

$$U = \frac{\alpha}{\gamma^2} U_{\mathrm{A}} + \mathrm{j}\frac{M}{L} Z_{\mathrm{C}} I_{\mathrm{A}} \tan\frac{\gamma l}{2} \approx \frac{C_{\mathrm{Aa}} U_{\mathrm{A}} + C_{\mathrm{Ba}} U_{\mathrm{B}} + C_{\mathrm{Ca}} U_{\mathrm{C}}}{C_{\mathrm{0a}} + C_{\mathrm{Aa}} + C_{\mathrm{Ba}} + C_{\mathrm{Ca}}} \tag{4-13}$$

$$\gamma = \mathrm{j}\omega\sqrt{L(C_0 + C_{\mathrm{Aa}} + C_{\mathrm{Ba}} + C_{\mathrm{Ca}})}$$

$$\alpha = -\omega^2 L \bullet \left[ C_{\mathrm{A}} + \left( -\frac{1}{2} - j\frac{\sqrt{3}}{2} \right) C_{\mathrm{Ba}} + \left( -\frac{1}{2} + j\frac{\sqrt{3}}{2} \right) \right]$$

$$Z_{\mathrm{C}} = \sqrt{L/(C_0 + C_{\mathrm{Aa}} + C_{\mathrm{Ba}} + C_{\mathrm{Ca}})}$$

$$M = M_{\mathrm{Aa}} - [(1 + \mathrm{j}\sqrt{3}) M_{\mathrm{Ba}} + (1 - \mathrm{j}\sqrt{3}) M_{\mathrm{Ca}}]/2$$

（2）若检修线路单端刀闸接地，则检修线路接地端的静电感应电流和不接地端的电磁感应电压为

$$I = -\mathrm{j}\frac{\alpha}{\gamma^2 Z_{\mathrm{C}}} U_{\mathrm{A}} \tan(\gamma l) + \frac{M}{L} I_{\mathrm{A}} \frac{1 - \cos(\gamma l)}{\cos(\gamma l)} \approx \omega l (C_{\mathrm{Aa}} U_{\mathrm{A}} + C_{\mathrm{Ba}} U_{\mathrm{B}} + C_{\mathrm{Ca}} U_{\mathrm{C}}) \tag{4-14}$$

$$U = \frac{\alpha}{\gamma^2} U_{\mathrm{A}} \frac{1 - \cos(\gamma l)}{\cos(\gamma l)} - \mathrm{j}\frac{M}{L} Z_{\mathrm{C}} I_{\mathrm{A}} \tan(\gamma l) \approx \omega l (M_{\mathrm{Aa}} I_{\mathrm{A}} + M_{\mathrm{Ba}} I_{\mathrm{B}} + M_{\mathrm{Ca}} I_{\mathrm{C}}) \tag{4-15}$$

（3）若检修线路两端刀闸均接地，则检修线路的电磁感应电流为

$$I = -j\frac{\alpha}{\gamma^2 Z_C}U_A\tan\left(\frac{\gamma l}{2}\right) + \frac{M}{L}I_A \approx (M_{Aa}I_A + M_{Ba}I_B + M_{Ca}I_C)/L \quad (4\text{-}16)$$

影响感应电流与感应电压的主要因素有：线路运行状况（停运线路接地线电阻大小和接地位置、运行线路载荷、运行线路操作等）、平行线路长度、相间及回路间距离、导线高度以及线路的换位方式等。电磁感应电流大小与线路输送功率成正比，与线路长度无关；电磁感应电压大小与线路长度、线路输送功率成正比；静电感应电流与线路长度成正比，与输送功率无关；静电感应电压大小与线路长度、线路输送功率无关；同塔双回线路经过换位后，检修线路上的感应电压和感应电流较没有换位前大大降低。

由于线路之间存在静电感应与电磁感应现象，仿真时需要分别考虑不同的故障来计算相应的感应电压与感应电流大小。首先将所研究的双回线路设置为 *N*-1 运行方式，断开其中一条线路，让潮流全部由另一条线路承担，而为了保证研究条件的苛刻，通常要在仿真中将所研究的线路潮流调至较重的水平。

根据图 4-16 仿真模型，设置甲丙 I 线为检修状态，甲丙Ⅱ线正常带电运行，通过设置接地刀闸的开断与闭合来模拟线路间电磁耦合与静电耦合作用：

（1）两端接地刀闸设置为悬空状态，能够计算出停电检修线路受同杆运行线路静电耦合作用，在线路上所产生的感应电压大小。

（2）设置单端接地刀闸接地状态，能够计算出停电检修线路接地端的静电感应电流和不接地端的电磁感应电压。

（3）设置两端接地刀闸均为接地状态，能够计算出停电检修线路的电磁感应电流大小计算结果，如表 4-10 所示。

**表 4-10　　感应电压和感应电流稳态值**

| 线路 | 线路功率（MW） | 接地刀闸状态 | 测量位置 | 三相最大感应电压有效值（kV） | 三相最大感应电流有效值（A） |
|---|---|---|---|---|---|
| 甲丙 I 线 | 4000 | 两端悬空 | 甲站 | 70.24 | — |
| | | | 丙站 | 71.32 | — |
| | | 甲站侧接地 | 甲站 | — | 14.54 |
| | | | 丙站 | 8.46 | — |

续表

| 线路 | 线路功率（MW） | 接地刀闸状态 | 测量位置 | 三相最大感应电压有效值（kV） | 三相最大感应电流有效值（A） |
|---|---|---|---|---|---|
| 甲丙Ⅰ线 | 4000 | 丙站侧接地 | 甲站 | 8.48 | — |
| | | | 丙站 | — | 14.56 |
| | | 两端接地 | 甲站 | — | 139.74 |
| | | | 丙站 | — | 139.47 |

根据表4-10能够得出，750kV甲丙Ⅱ线运行、输送潮流为4000MW时，甲丙Ⅰ线退出线路上产生的最大静电感应电压稳态值为 71.32kV，最大静电感应电流稳态值为14.56A，最大电磁耦合感应电压稳态值为8.48kV，最大电磁耦合感应电流稳态值为139.74A。对照表4-11接地刀闸额定感应电流和额定感应电压的标准值，可以看出该模型所涉及的接地开关能够满足电磁及静电感应电压、电流的要求。

**表4-11　　接地刀闸的额定感应电流和额定感应电压的标准值**

| 类型 | 额定电压（kV） | 电磁耦合 | | 静电耦合 | |
|---|---|---|---|---|---|
| | | 感应电流有效值（A） | 感应电压有效值（kV） | 感应电流有效值（A） | 感应电压有效值（kV） |
| A类 | 800 | 80 | 2 | 3 | 12 |
| B类 | 800 | 200 | 25 | 25 | 100 |
| 超B类 | 800 | 200 | 25 | 50 | 100 |

## 4.8　非全相运行过电压

在线路出现非全相运行时，带电相电压将通过相间电容耦合到断开相。当线路上装设并联电抗器时，若参数配合不当，则有可能出现谐振，在断开相上出现较高的工频谐振过电压，对并联电抗器的绝缘不利。对于这类工频谐振过电压，可以通过改变高抗中性点小电抗的档位加以限制和消除。

在电力系统运行中，常会出现导线断路、断路器非全相动作或严重的不同期操作、熔断器的一相或者两相熔断故障，造成系统的非全相运行。非全相运行时，可能组成多种多样的串联谐振回路，可发生系统中性点偏移、负载变压器相序反转、绕组电流急剧增加、铁芯发出响声、导线发出电晕声等现象。严重情况下，会使绝缘闪络，避雷器爆炸，以致损坏电力设备。

因此，根据非全相运行过电压的计算结果，可以校核高抗与其中性点小电抗器参数配合是否得当。

断路器发生非全相运行的原因，主要是断路器机械部分和电气方面的故障，电气方面的故障主要有操作回路的故障；二次回路绝缘不良；转换接点接触不良，压力不够变位等使分合闸回路不通；断路器密度继电器闭锁操作回路等。而机械部分故障主要是断路器操动机构失灵。传动部分故障和断路器本体的故障。其中操动机构方面主要机构脱扣，铁芯卡死等。对于液压机构，还可能是液压机构压力低于规定值，导致分合闸闭锁；机构分合闸阀系统有故障；分闸一级阀和逆止阀处有故障。特别是每相独立操作时，机构更易发生失灵。三相用一个操动机构的断路器，油、气管配置不恰当，也会引起断路器非全相运行。弹簧机构的断路器还可能是弹簧未储能或未储足，弹簧储能锁扣不可靠等有故障。断路器传动部分的故障主要有，系统所用元件的材料性能不好；电磁操作阀针杆生锈、卡死，行程不够、偏卡；传动机构连接部分脱销、连接松动等。断路器本体主要故障可能是动静触头松动、接触不好、行程调整不好等。基于以上情况，可以在加强设备维护，注意操作方式等方面加以防止，以保证断路器正常稳定的运行。

线路的非全相运行对电力系统运行影响很大，断路器合闸不同期，系统在短时间处于非全相运行状态，导致中性点电压漂移，产生零序电流，将降低保护装置的灵敏度；由于非全相运行过电压的产生，可能引起中性点避雷器爆炸事故的发生，对系统的稳定性极其不利；而分闸不同期，将延长断路器燃弧时间，使灭弧室压力增高，加重断路器负担。

为防止线路出现非全相运行过电压的产生，应从以下几个方面进行预防：

（1）在设备制造方面应注意提高开关机械性能，使结构合理，降低断路器发生非全相拒动的可能性，尽量保证三相同期合闸。

（2）加强线路的巡视工作，预防断线的发生，并根据运行维护情况，及时开展状态检修，提高值班人员事故处理水平。

非全相运行过电压的仿真计算过程与恢复电压的计算过程相类似，首先设置线路某一相在两端处单相断开，记录该相线路首末端电压大小，对于配置中性点小电抗器的线路，同时应该记录中性点小电抗器电压大小，并且根据中性点小电抗器不同档位电抗值进行分组仿真计算。根据图 4-16 仿真模型，甲丙Ⅰ线非全相运行电压计算结果如表 4-12 所示。

**表 4-12　　非全相运行电压**

| 线路 | 故障相 | 断开相最高电压（kV，有效值） | | | 小电抗电压（kV，有效值） | | |
|---|---|---|---|---|---|---|---|
| | | A-X1 | A-X2 | A-X3 | A-X1 | A-X2 | A-X3 |
| 甲丙Ⅰ线 | 单相 | 177.0 | 163.9 | 154.7 | 75.4 | 77.2 | 78.2 |

计算非全相运行过电压是为了校核线路在一相或两相开断的情况下，出现工频谐振过电压的可能性，对于相关计算结果应该重点关注是否出现较为异常的值，通常表现为峰值非常的大的瞬时电压。

5

# 启动调试测试项目

## 5.1 系统调试测试项目

系统调试测试项目见表5-1。

表 5-1 系统调试测试项目

| 编号 | 测试项目名称 | 测试要求 |
| --- | --- | --- |
| 1 | 变电站和线路工频电场和工频磁场测试 | 必测项目 |
| 2 | 变电站和线路可听噪声测试 | 必测项目 |
| 3 | 变电站和线路无线电干扰测试 | 必测项目 |
| 4 | 交流电气量测试 | 必测项目 |
| 5 | 谐波测试 | 必测项目 |
| 6 | 暂态过电压和暂态电流测试 | 必测项目 |
| 7 | 变压器和电抗器声级及振动测试 | 必测项目 |
| 8 | 架空地线感应电压测试 | 必测项目 |
| 9 | 油样测试 | 必测项目 |
| 10 | 紫外和红外测试 | 必测项目 |
| 11 | 继电保护校验 | 必测项目 |
| 12 | 变压器空载特性测试 | 选测项目 |
| 13 | 并联电抗器伏安特性测试 | 选测项目 |
| 14 | 空载变压器励磁涌流测试 | 选测项目 |
| 15 | 短路电流测试 | 选测项目 |
| 16 | 潜供电流测试 | 选测项目 |
| 17 | 电容式电压互感器暂态响应特性测试 | 选测项目 |

## 5.2 变电站、线路工频电场和工频磁场测试

随着各地，尤其是发达地区城市化进程的加快及对供电可靠率要求的提高，越来越多的输变电设备已处在中心城区，电磁环境问题已引起环保、电力等相关部门甚至公众的关注，电磁环境纠纷及当地群众干扰输变电工程建设事件时有发生，了解和掌握运行中的各类输变电设备周围实际电磁环境水平和影响范围显得尤为重要。

### 5.2.1 电磁环境及限值标准概述

#### 5.2.1.1 工频电场（power frequency electric field）

电场是电荷周围存在的一种物质形式，电量随时间作 50Hz 周期变化的电荷的电场为工频电场。电场强度在空间任意一点是一个矢量，其计量单位为 V/m，但交流架空送电线和变电站的电场单位一般用 kV/m 表示。

#### 5.2.1.2 工频磁场（power frequency magnetic field）

磁场是有规则地运动着的电荷（电流）周围存在的一种物质形式，随时间作 50Hz 周期变化的磁场为工频磁场。磁感应强度是矢量，该矢量值在任意一点的散度为 0，其计量单位为 T。

磁场强度也是矢量，其计量单位为 A/m。在空气介质中，1 在空气相当于 0.8A/m。

国际上制定电磁场的组织很多，但被世界卫生组织明确推荐的有国际非电离辐射防护委员会（NIRP）1984 年 4 月发布的《限制交变电场、磁场和电磁场暴露的导则（300gHz 以内）》和 2002 年 9 月美国电气电子工程师学会（Institute of Electrical and Electronic Engineers，IEEE）制定的《关于人体暴露于 0～3kHz 电磁场的安全水平的标准》。NIRP 和 IEEE 各自在其导则和标准中分别对电磁场的限值做了说明和界定，限值对照如表 5-2 所示。

**表 5-2　　NIRP、IEEE 工频电场、磁场限值对照表**

| 标准 | 频率 | 电场强度（kV/m） | | 磁感应强度（μT） | |
|---|---|---|---|---|---|
| | | 职业群体 | 公众 | 职业群体 | 公众 |
| NIRP（1988） | 50Hz | 10 | 5 | 500 | 100 |

续表

| 标准 | 频率 | 电场强度（kV/m） | | 磁感应强度（μT） | |
|---|---|---|---|---|---|
| | | 职业群体 | 公众 | 职业群体 | 公众 |
| NIRP（1988） | 60Hz | 8.33 | 4.16 | 416.6 | 83.3 |
| IEEE C95.6（2002） | 0～3kHz | 20 | 5 | 2710 | 904 |

我国参照 1998 年国际非电离辐射防护委员会发布的《限制交变电场、磁场和电磁场暴露的导则（300GHz 以内）》，并结合我国国情，制定工频电磁场的行业标准。如 HJ/T24—1998《500kV 超高压送变电工程电磁辐射环境影响评价技术规范》推荐的变电站站外围墙工频电场和工频磁场限值分别是 4kV/m、100/m。

### 5.2.2 现场检测注意事项

工频电场和磁场的测量必须使用专用的探头或工频电场和磁场测量仪器。工频电场测量仪器和工频磁场测量仪器可以是单独的探头，也可以是将两者合成的仪器。但无论哪种型式的仪器，必须经计量部门检定，且在检定有效期内。

（1）测量正常运行高压架空送电线路工频电场和工频磁场时，工频电场和磁场测量地点应选在地势平坦、远离树木、没有其他电力线路、通信线路及广播线路的空地上。

（2）测量工频电场和磁场时，测量仪表应架在地面上 1～2m 的位置，一般情况下选择 1.5m，也可根据需求在其他高度测量。测量报告应清楚地标明。

（3）为避免通过测量仪表的支架泄露电流，工频电场和磁场测量时的环境湿度应在 80%以下。

（4）一般情况下，工频电场可只测量其垂直地面的分量，即垂直分量；但工频磁场既要测量垂直分量，也要测量其水平分量。

### 5.2.3 现场检测内容

#### 5.2.3.1 工频电场强度测量

测量人员应离测量仪表的探头足够远，一般情况下至少要 2.5m，避免在仪表处产生较大的电场畸变。测量仪表的尺寸应满足：当仪表介入到电场中测量时，产生电场的边界面（带电或接地表面）上的电荷分布没有明显畸变。

测量探头放入区域的电场应均匀或近似均匀。场强仪和固定物体的距离应该不小于 1m，将固定物体对测量值的影响限制到可以接受的水平之内。

**5.2.3.2** 工频磁场感应强度测量

引起磁场畸变或测量误差的可能性相对于电场而言要小一些，可忽略电介质和弱、非磁性导体的邻近效应，测量探头可以用一个小的介质手柄支撑，并可由测量人员手持。

采用单轴磁场探头测量磁场时，应调整探头使其位置在测量最大值的方向。

**5.2.3.3** 送电线路下地面工频电场和磁场测量

送电线路工频电场和磁场测量点应选择在导线档距中央弧垂最低位置的横截面方向上，单回送电线路应以弧垂最低位置中相导线对地投影点为起点，同塔多回线路应以弧垂最低位置档距对应两铁塔中央连线对地投影点为起点，测量点应均匀分布在边相导线两侧的横截面方向上。对于一铁塔对称排列的送电线路，测量点只需在铁塔一侧的横截面方向上布置。测量时两相邻测量点间的距离可以任意选定，但在测量最大值时，两相邻测点间的距离不大于 1m。送电线路下工频电场和磁场一般测至距离边导线对地投影外 50m 处即可。送电线路最大电场强度一般出现在边相外，而最大磁场强度一般应在中相导线的正下方附近。送电线路下方电场和磁场测量布点图如图 5-1 所示。

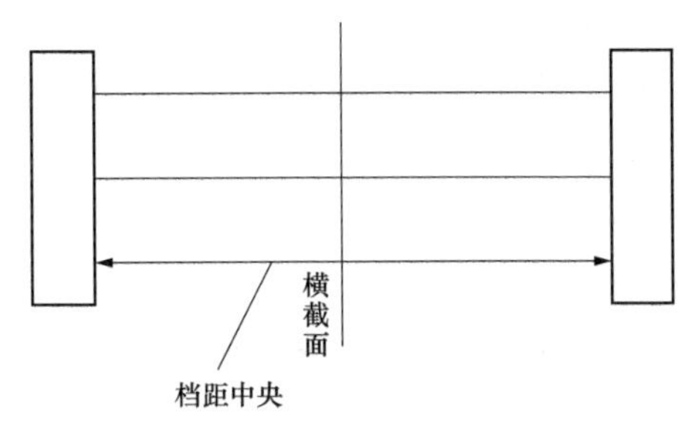

图 5-1 送电线路下方电场和磁场测量布点图

除在线路横截面方向上测量外，也可在线下其他感兴趣的位置进行测量，但测量条件必须满足一般要求，同时也要详细记录测量点以及周围的环境情况。

**5.2.3.4** 变电站内工频电场和磁场测量

变电站内工频电场和磁场测点应选择在变电站巡视走道、控制楼以及其他电磁敏感位置。测量高压设备附近的工频电场时，测量探头应距离该设备外壳边界 2.5m，并测量出高压设备附近场强的最大值；测量高压设备附近的工频磁场时，测量探头距离设备外壳边界 1m 即可。其他测量条件应满足一般要求。

### 5.2.4 检测数据分析

在特定的时间、地点和气象条件下，若仪表读数是稳定的，测量读数为稳定时的仪表读数；若仪表读数是波动的，应每 1min 读一个数，取 5min 的平均值为测量读数。

除测量数据外，对于线路，应记录导线排列情况、导线高度、相间距离、导线型号以及导线分裂数、线路电压、电流等线路参数；对于变电站，应记录测量位置处的设备布置、设备名称以及母线电压和电流等。

除线路和变电站以上参数外，还应记录测量时间、环境温度、湿度、仪器型号等。

## 5.3 变电站和线路可听噪声测试

噪声污染、气体污染和固体物质污染是目前全球范围内的三大污染。随着环保工作的不断推进和人们对所生活的环境的重视，噪声污染逐渐引起了关注。

### 5.3.1 噪声环境及限值标准概述

变电站内的噪声主要来源于以下三个部分。

（1）变压器本体噪声。变压器通电工作过程中产生一些电磁噪声。铁芯磁致伸缩，铁芯将会以 50Hz 的频率周期性振动。负载电流产生漏磁，引起变压器油箱、绕组振动低频噪声。产生的噪声大小与变压器功率容量有关，是变电站的主要噪声源。

（2）变压器辅助设备噪声。变压器工作时，冷却风机运转，油泵运行时引起高频噪声。设备连接部位在转动时也将产生振动噪声。

（3）其他噪声。高压进出线、电气设备运行过程中产生的电晕放电，产生的噪声，尤其是在高电压等级的变电站。

噪声的声级分类为：

（1）A 声级（LA），指使用 A 计权网络测得的声压级，称为 A 声级，单位为 dB（A）。

（2）累积百分声级（LN），指在规定的测量时间 T 内所测得的声级中，

有 $N$%的时间超过某一声级 LA 值，则这个 LA 值称为累积百分声级 LN，单位为 dB（A）。

（3）等效（连续）A 声级（LAeq，T），指在某规定时间内，任一点处所测得的 A 声级的能量平均值，称为等效（连续）A 声级，单位为 dB（A）。

送电线路的噪声含有两种噪声分量，即无规则噪声和纯声。无规则噪声是由送电线路导线表面的局部放电所产生的宽频带噪声；纯声则是由导线周围空间电荷的运动而产生的 100Hz 及其整数倍的单一声调的交流声。

变电站的噪声排放执行 GB 12348《工业企业厂界噪声标准》，表 5-3 为工业企业厂界噪声标准，其中一类标准适用于以居住、文教机关为主的区域；二类标准适用于居住、商业、工业混杂区及商业中心区；三类标准适用于工业区；四类标准适用于交通道路两侧区域。

**表 5-3　　工业企业厂界噪声标准值**

| 类别 | 白昼 | 夜晚 |
| --- | --- | --- |
| 一 | 55 | 45 |
| 二 | 60 | 50 |
| 三 | 65 | 55 |

### 5.3.2 现场检测注意事项

（1）声级计。应使用符合 GB 3785《声级计的电声性能及测试方法》规定的 I 型声级计。声级计必须定期校验，测量时必须持有声级计的有效检定证书。

（2）传声器。送电线路噪声测量一般使用 1.25cm 直径的传声器，当这种传声器在某测点的灵敏度不足时，才可使用 2.5cm 直径的同类传声器。

传声器的风罩有减小风噪声和一定的防雨防尘作用。风罩的插入损失不应超过 2dB。

（3）记录装置。声级记录器的纸带宽度及速度应满足记录所有噪声声级的要求。

磁带录声器在 20Hz～15kHz 的频域内，应具有±3dB 以内的平坦响应。

当进行频谱分析时，记录器与频谱分析仪在所测量的频域内都应具有±1dB 以内的平坦响应。

在每个待分析的频率中，记录器的电子噪声水平至少应在最低声学信号水平以下 10dB。

（4）倍频程滤波器。现场的频谱分析应使用符合 GB 3241《声与振动分析用的 1/1 和 1/3 倍频程滤波器》规定的倍频程滤波器。

纯声的频谱分析应使用 1/3 倍频程滤波器，除纯声以外的交流送电线路噪声的频谱分析则应使用 1/1 倍频程滤波器。

**5.3.3** 现场检测内容

（1）测量条件。测量环境应是地面比较平坦、周围无障碍物而使线路所发射的声波进入某反射面上的一个自由场。

噪声测量的前后，应对环境噪声进行测量。测量送电线路声级时应尽量避免环境噪声的干扰，必要时可在夜间进行。环境噪声应在远离噪声的地方进行，但该地的气候条件和声学环境应与规定测点的情况相同。

环境噪声一般应低于变电站和线路噪声 10dB，如果送电线路运行时测得的声压级（变电站、线路加环境的合成声压级）与环境声压级之差小于或等于 10dB 但大于 3dB，则应按表 5-4 的修正值予以修正。

每一系列测量的前后，均应立即用声学校准装置对声级计进行校验。校验中如有大于±0.5dB 的变化，应与噪声测量结果一起记录，而大于 2dB 则测量无效。

**表 5-4** 环境噪声的修正 （dB）

| 架空线路运行时间测得的声压级与环境噪声声压级之差 | 应从测得的声压级中家去的数 | 运行时测得的声压级与环境噪声声压级之差 | 应从测得的声压级中家去的数 |
|---|---|---|---|
| 3 | 3 | 6～8 | 1 |
| 4～5 | 2 | 9～10 | 0.5 |

（2）测量位置。对送电线路的所有噪声测量，传声器在地面以上的高度均为 1.5m。

线路测量位置应在两侧塔高基本相同的档距中央且距交流线路外侧导线或距直流线路正极导线的垂直投影 15m 处。

线路噪声侧面分布的测量位置应在档距中央的线路中心线、中心线与外侧导线（或正极导线）之间、外侧（正极）导线的下方以及距外侧（正极）

导线的垂直投影距离15、30、45和60m处。

（3）传声器的取向。自由场传声器的膜片应垂直对准送电线路，无规则入射传声器的膜片应垂直朝上。

（4）对短期人工测量的要求。每个测点应当记录的最少数据为背景噪声，A声级以及125、1000Hz和8000Hz倍频程的非计权声级，如果气候条件是稳定的，则可进行所有其余倍频程声级的测量或进行短段磁带录声，以便获得更完整的噪声特性。

交流送电线路至少应包括毛毛雨和小雨条件下的噪声数据，直流送电线路至少应包括好天气下不同湿度条件的噪声数据。

测量时应伸直手臂握住声级计或传声器，也可将其固定在三脚架上。测量人员不可位于声级计或传声器与待测设备之间。

小雨中的测量除传声器风罩外，无须其他气候防护装置，传声器的风罩虽有防雨作用，但应随时将其中的雨水挤干或更换干燥的风罩。

交流线路必须记录的最少气象资料包括降雨量和风速；直流线路必须记录的最少气象资料包括风速和相对湿度，同时还应记录导线的表面条件，如尘埃、盐沉积物、冰雪等。

（5）测量注意事项。测量值一般为瞬时A声级，测量时应选择声级计的“慢响应”。

靠近交流线路测量时，传声器、连接电缆和有关的仪表均应有电气屏蔽，同时，还应防止传声器附近尖突物的局部电晕所产生的噪声干扰。

靠近直流线路测量时，直流线路电晕所产生的离子可能沉积在传声器风罩的表面上，并在接地的和绝缘的表面之间或在绝缘表面不同部位之间产生小火花，在这种情况下，应采用具有接地金属网或半导体薄膜的风罩。

## 5.4 变电站和线路无线电干扰测试

### 5.4.1 无线电干扰检测及依据标准概述

作为电磁环境的一个重要指标，无线电干扰水平直接影响线路导线的选型和排列方式的确定。变电站的无线电干扰问题是输变电工程设计和运行中必须考虑的因素之一，而变电站的无线电干扰主要取决于变电设备和母线等的干扰。同时，变电站的无线电干扰还会影响站外几千米范围内的线路两侧的无线电干扰水平，致使增加几分贝到十几分贝，因而这又是与线路无线电干扰水平有关的另一个重要因素。

（1）依据标准及设备要求。现场检测依据标准有 GB/T 6113.201—2008《无线电骚扰和抗扰度测量设备规范》。现场检测的仪器须满足以下条件：

1）必须使用符合 GB/T 6113.201，持有有效计量检定证书的仪表。

2）使用准峰值检波器。

3）使用具有电屏蔽的环状天线或柱状天线。

4）使用记录器时，必须保证不影响测试仪的性能及测量准确度。

（2）现场检测要求。每次测量前，按仪器使用要求，对仪器进行校准。

由于使用柱状天线测量架空送电线路的无线电干扰场的电场分量容易受到其他因素的影响，所以应优先采用环状天线。环状天线底座高度不超过地面 2m，测量时应绕其轴旋转到获得最大读数的位置，并记录方位。

在使用柱状天线测量时，柱状天线应按其使用要求架设，且应避免杆状天线端部的电晕放电影响测量结果。如发生电晕放电，应移动天线位置，在不发生电晕放电的地方测量，或改用环状天线。

测量人员和其他设备与天线的相对位置应不影响测量读数，尤其在采用柱状天线时。

### 5.4.2 现场检测

（1）测量频率。

参考测量频率为 0.5（1±10%）MHz，也可用 1MHz，

为了避免在单一频率下测量时，由于线路可能出现驻波而带来的误差影响，所以应在干扰频带内对各个频率进行测量并画出相应的曲线，测量可在下列频率或其附近频率进行：0.15、0.25、0.50、1.0、1.5、3.0、6.0、10、15、30MHz。

（2）测量位置。测量地点选在地势较平坦，远离建筑物和树木，没有其他电力线和通信、广播线的地方，电磁环境场强至少比来自被测对象的无线电干扰场强低 6dB。电磁环境场强的测量，可以在线路停电时进行；或者在距线路 400m 以外进行。

沿被测线路的气象条件应近似一致。在雨天测量时，只有当下雨范围为

测试现场周围（或方同）为 10km 以上时，测量才有效。

1）对于线路，测量点应选在档距中央附近，距线路末端 10km 以上。若受条件限制应不少于 2km。测量点应远离线路交叉及转角等点，但在对干扰实例进行调查时，不受此限制。

2）对于变电站，测量点应选在最高电压等级电气设备区外侧，避开进出线，不少于三点。

（3）测量距离。

1）线路：距边相导线投影 20m 处。

2）变电站：距最近带电构架投影 20m 处；围墙外 20m 处。

### 5.4.3 检测结果分析

（1）测量读数。在特定的时间、地点和气象条件下，若仪表读数是稳定的，测量读数为稳定时的仪表读数；若仪表读数是波动的，使用记录器记录或每 0.5min 读一个数，取其 10min 的平均值为测量读数。对使用不同天线的测量读数，应分别记录与处理。

（2）线路的测量数据。在给定的气象条件下，每次的测量数据为沿线近似等分布的三个地点的测量读数的平均值。注意，在给定的气象条件下，对某个地点、某个测量频率，一日之内不能获得多于一次的测量数据。

（3）变电站的测量数据。在给定的气象条件下，每次测量数据取各测点测量读数中最大的测量读数，并且做出相应测点处的频谱曲线。

（4）现场检测次数及评价。按规定进行测量，测量次数不得少于 15 次，最好 20 次以上。在每一种气象条件下，测量次数应与该地区该气象条件出现的频度成正比。

## 5.5 交流电气量测试

通过对系统运行参数的测量，以便于检验设备在工作电压及最高电压下能否安全稳定运行，验证仿真结果，掌握系统运行规律。

测试的内容应包含测量电压、频率、电流、有功功率及无功功率等系统运行参数。测试仪器应对相应线路或设备的测量电流互感器和测量电压互感器二次回路的电流和电压信号进行交流采样、录波，并根据交流采样值计算出相应的电压、频率、电流、有功功率及无功功率等系统运行参数。本项测试应在系统调试过程中进行，同时测试的结果应满足工程设计要求。

当两台新投变压器要并联运行，新架输电线路与系统并网，新装电力电缆交接，运行中电力电缆重装接线盒或终端头后投运等情况下必须进行定相试验。该试验的目的是防止进行上述工作时由于相序接错而造成重大事故。

### 5.5.1 现场检测注意事项

目前市场上有多种型号的核相器，如上东达顺电子科技有限公司生产的无线高压（语音）核相器，采用高抗干扰数字信号采集器，将被测高压线路的相位信息数据采集并无线发射，由核相器主机接受并自动进行相位比较，最终显示核相结果。

### 5.5.2 现场检测

（1）高压定相。对于110kV及以下系统，一般采用电阻杆高压定相。将需要并网运行的两端电压分别送至一隔离开关或断路器两侧，当两侧电压相位相同时，高压定相电流表指示为零或一较小数值；两侧电压相位不同时，高压定相电流表指示为一较大数值，其值大约为 $U/R$（$U$ 为系统电压，$R$ 为两电阻杆阻值之和）。由于两侧电压来自两个系统或受输电线路容升现象等的影响，两侧同相电压的幅值可能有一定差异，造成电流表有一定指示，不过与两侧不同相时电流表指示数相比较小，一般不超过不相同电流表指示数的10%。

（2）低压定相。对于110kV及以上系统，一般采用低压定相，即通过电压互感器二次电压定相。当电压表指示为零时，两侧电压相同；当电压表指示为线电压（如100V）时，两侧电压不同相。

（3）定相试验时的注意事项。

1）用电阻杆定相前，应用2500V绝缘电阻表检查电阻杆阻值是否正确，防止在电阻受潮或有断裂情况下用电阻杆定相。

2）电阻杆定相时应有专人监护，注意定相引线与带电部分距离是否足够，电阻杆顶端与带电部位是否接触良好。

3）用电压互感器定相时应事先确定互感器极性是否正确，必须在同相互感器二次同极性端子间测量电压值。

4）定相读表人员应认真读表、记录，必须由两人一起读表，以免一人误读数或疏忽引起误判断，造成重大事故。

5）对于新投低压配电室，即 380V 低压母线并联运行前，应采用电压表定相。

## 5.6 谐波测试

### 5.6.1 谐波测试及依据标准概述

谐波是电能质量的重要组成部分，是考核电力系统电能质量的主要指标，优良的电能质量对保证电网和广大用户的电气设备和各种用电器具的安全经济运行、保障国民经济各行各业的正常生产和产品质量以及提高人民生活质量具有重要意义。同时，电能质量有些指标受某些用电负荷干扰影响较大。因此，全面保障电能质量是电力企业和用户共同的责任和义务。

超高压交流输变电工程启动调试中，涉及主变压器、线路、电抗器、电容器、断路器各种电气设备的频繁操作，设备投切及运行过程中会引起各种谐波问题，为此开展启动调试过程中的谐波测试，分析调试过程中谐波产生的原因，排除正常因素引起的谐波，分析非正常因素引起的异常谐波，为启动调试提供了技术手段。

现行的依据标准有 GB/T 14549《电能质量公用电网谐波》、GB/T 15543《电能质量三相电压不平衡》、GB/T 12326《电能质量电压波动和闪变》、GB/T 15945《电能质量电力系统频率偏差》及 GB/T 12325《电能质量供电电压偏差》。

### 5.6.2 谐波测试注意事项

（1）测试仪器。测试人员选取符合工作要求、处于有效期内的测试仪器，并确认仪器工作正常。测试仪器允许误差应达到 GB/T 14549 规定的 B 级或以上的标准；测试仪器允许误差应满足 GB/T 15543 的规定：电压不平衡测量的绝对误差不超过 0.2%；电流不平衡测量的绝对误差不超过 1%；测试仪器为符合 IEC 6100-4-15 Testing and measurement techniques-Flickermeter-Functional and design specification 要求的闪变仪；选取符合 GB/T 15945《电能质量电力系统频率偏差》规定中有关“测量仪表”部分的相关要求，其精度应保证绝对误差≤0.01Hz 的相关要求；测试仪器采样和信号处理方法及允许误差等技术性能指标应达到 DL/T 500《电压监测仪订货技术条件》规定的要求。

（2）测试条件。

1）在系统调试过程中进行测试。

2）在主变压器空载时，高压侧分别达到额定电压及最高电压时进行测量。

3）在主变压器高压侧带空载线路条件下，主变高压侧分别达到额定电压及最高电压时进行测量。

4）在主变压器高压侧线路正常投运后，带大负荷工况时进行测量。

（3）测试内容。

1）测量空载变压器在额定电压及最高电压下，高压侧及中压侧的三相电压谐波、三相电流谐波、三相电压不平衡、电压闪变、频率偏差及电压偏差。

2）测量主变压器高压侧带空载线路，在额定电压及最高电压条件下，主变压器高压侧及中压侧的三相电压谐波、三相电流谐波、三相电压不平衡、电压闪变、频率偏差及电压偏差。

3）测量主变压器高压侧线路正常投运后带大负荷工况时主变压器高压侧及中压侧的三相电压谐波、三相电流谐波、三相电压不平衡、电压闪变、频率偏差及电压偏差。

4）谐波次数为第 2 次到第 25 次。

### 5.6.3 谐波测试方法

（1）测试接线。打开测试仪器，选择正确的接线方法，将测试仪器接入被测回路中，电压回路采用并联接法、电流回路采用串联接法。接线时先接测试仪器侧接线，确认测试仪器各电压电流通道正常后，再接信号源侧的接线。图 5-2 为测试接线示意图。

如测试仪器电流输入是采用电流钳表的方式，应将电流钳表钳住被测电流导线，并注意被测的电流与电压的相位关系。同时注意电流钳表接入的方向，以确保相序、相位等读数的正确。

如测试仪器的电压、电流信号输入取自被测回路的电压互感器、电流互感器二次侧，则测试仪器应输入对应的电压互感器、电流互感器变比，确保测试仪器的读数与被测回路的一次侧实际数据相同。

接线时应特别防止被测电压互感器二次侧短路，及被测电流互感器二次侧开路。

电压互感器 CVT 信号不能用于要求准确的电能质量测试。

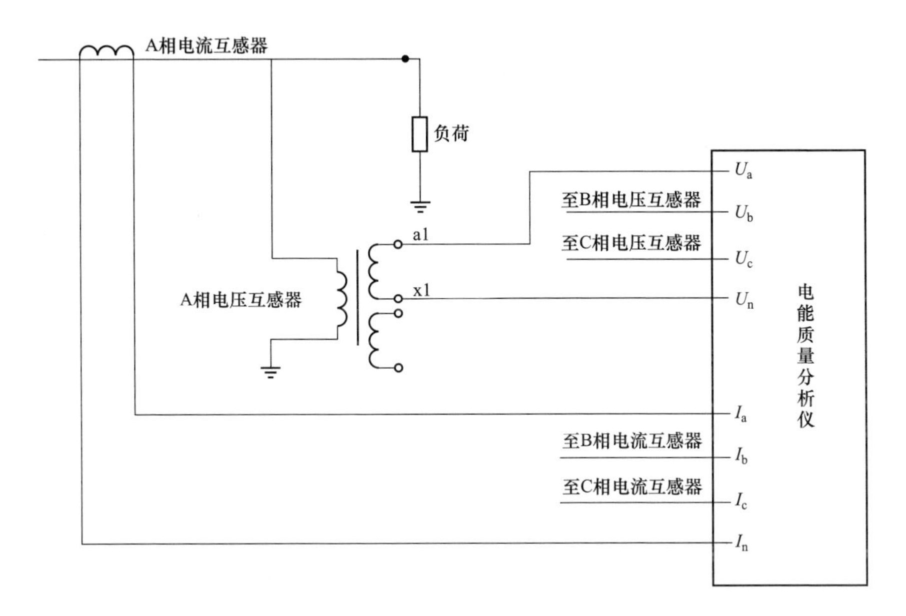


图 5-2　测试接线示意图

（2）测量方式。

1）谐波测试工作应在被测系统为最小运行方式，且应在谐波源工作周期中产生的谐波量大的时段内进行。如果由于现场条件所致，无法选最小运行方式，可选取在系统正常工作的时段内进行测试。测量的谐波次数一般为第 2 次到第 25 次。对于负荷变化慢的被测谐波源，可测五个接近的实测值，取其算术平均值。对于负荷变化快的被测谐波源，可以采用 3s 平均的方式，测量的时间间隔不大于 2min，测量次数一般不少于 30 次，测量数据按 95%概率值作为测量结果。

2）三相电压不平衡测试工作应在被测对象处于最小运行方式时进行。如果由于现场条件所致，无法选最小运行方式，可选取在设备正常工作的时段内进行测试。对于波动性较小的场合，可测五个接近的实测值，取其算术平均值。对于波动性较大的场合，取测量数据按 95%概率值作为测量结果。

3）电压波动和闪变的数值指的是电力系统正常运行的较小方式下，波动负荷变化最大工作周期时的实测值。三相负荷不平衡时应在三相测量值中取最严重的一相值，对于三相等概率波动的负荷可以任意选取一相测量。对于随机性不规则的电压波动，电压波动实测值应不少于 50 个，取 95%概率大值作为判断依据。短时间闪变值测量周期为 10min，每天（24h）不得超标 7 次（70min）；长时间闪变测量周期取为 2h，每次均不得超标。

4）频率偏差测试应在被测系统指定考核点进行，且应在电力系统正常运行的时段内进行。测试时取频率稳态值作分析判据。测试仪器对被测频率采样时，采样周期应小于或等于 1s，并作为预处理值贮存，1min 作为 1 个统计单元，取 1min 内的电压预处理值的平均值，作为代表被监测点即时的实际运行频率。测量结果与设定值比较，判别频率偏差值并作相应统计记录。

5）电压偏差测试应在被测系统指定考核点进行，且应在电力系统正常运行的时段内进行。测试时取电压稳态值作分析判据。测试仪器对被测电压按 1min 作为 1 个统计单元，取 1min 内的电压预处理值的平均值，作为代表被测试点即时的实际运行电压。测量结果与设定值比较，判别偏差值并作相应统计记录。

（3）数据记录。测量数据可以采用打印、记录、存盘的方式保存，注意做相应的标识。同时应记录被测对象的工作情况（如被测对象名称、电压等级、工作情况、供电容量、最小短路容量等）。

（4）异常情况的处理。

1）测试过程中，由于供电不正常或其他外界干扰影响测试过程进行时，应停止工作，直到外界干扰消除、供电正常后重新进行。

2）测试过程中，仪器故障时应立即断开仪器电源，拆除测试接线后再检查仪器，确认仪器恢复正常后测试工作才能重新开始。

3）测试过程中，如出现电力设备故障、人身安全事故，必须按《电业安全工作规程》及电气设备的有关运行规程操作。

（5）测试拆线。确认所有测试工作完成后，先拆除信号源侧接线，再拆除测试仪器侧的接线，然后关闭测量仪器。拆线时应恢复被测系统原有接线方式，特别防止被测电压互感器二次侧短路，及被测电流互感器二次侧开路。

（6）测试结果数据分析。谐波测试结果按实际要求进行分析，分析工作可采用表格或图表的形式。

1）被测点谐波电压（相电压）限值见表5-5。

**表5-5　　谐波电压（相电压）限值**

| 电网标称电压（kV） | 电压总谐波畸变率 | 各次谐波电压含有率 | |
|---|---|---|---|
| | | 奇次 | 偶次 |
| 0.38 | 5.0% | 4.0% | 2.0% |
| 6 | 4.0% | 3.2% | 1.6% |
| 10 | | | |
| 35 | 3.0% | 2.4% | 1.2% |
| 66 | | | |
| 110 | 2.0% | 1.6% | 0.8% |

2）被测点谐波电流允许值参照国标GB/T 14549，一般需进行换算。当被测点的最小短路容量不同于国标基准短路容量时，按式（5-1）修正谐波电流允许值，即

$$I_h = \frac{S_{K1}}{S_{K2}} I_{hp} \tag{5-1}$$

式中　$S_{K1}$——公共连接点的最小短路容量，MVA；

$S_{K2}$——基准短路容量，MVA；

$I_{hP}$——第$h$次谐波电流允许值，A；

$I_h$——短路容量为$S_{K1}$时的第$h$次谐波电流允许值。

被测对象所在公共连接点处第$i$个用户的第$h$次谐波电流允许值（$I_{hi}$）按式（5-2）计算，即

$$I_{hi} = I_h (S_i / S_t)^{1/\alpha} \tag{5-2}$$

式中　$I_h$——短路容量为$S_{K1}$时的第$h$次谐波电流允许值；

$S_i$——第$i$个用户的用电协议容量，MVA；

$S_t$——公共连接点的供电设备容量，MVA；

$\alpha$——相位叠加系数，按国标规定取值。

3）三相电压不平衡测试数据的评判标准：电力系统公共连接点正常电压不平衡允许值为2%，短时不得超过4%。电力单个用户，引起公共连接点正常电压不平衡度允许值为1.3%。电气设备额定工况的电压不平衡和负序电

流允许值按各自的产品标准执行。

三相电压不平衡的表达式为

$$\varepsilon U = U_2 / U_1 \times 100(\%) \tag{5-3}$$

式中 $U_1$——三相电压的正序分量方均根值，V；

$U_2$——三相电压的负序分量方均根值，V。

电流不平衡的表达式为

$$\varepsilon I = \frac{I_2}{I_1} \times 100(\%) \tag{5-4}$$

式中 $I_1$——三相电流的正序分量方均根值，A；

$I_2$——三相电流的负序分量方均根值，A。

电网公共连接点的不平衡近似计算式为

$$\varepsilon U = 1.732 \times I_2 \times U_L / 10 / S_k \times 100(\%) \tag{5-5}$$

式中 $I_2$——电流的负序值，A；

$S_k$——公共连接点的三相短路容量，MVA；

$U_L$——线电压，kV。

4）电压变动和闪变测试结果的评判标准。电力系统公共连接点电压变动限值如表 5-6 所示。

**表 5-6　　电力系统公共连接点电压变动限值**

| *r*，*h*-1 | d，% | |
|---|---|---|
| | LV、MV | HV |
| *r*≤1 | 4 | 3 |
| 1＜*r*≤10 | 3 | 2.5 |
| 10＜*r*≤100 | 2 | 1.5 |
| 100＜*r*≤1000 | 1.25 | 1 |

电力系统公共连接点，由波动负荷引起的长时间闪变值 $P_{lt}$ 应满足表 5-7。

**表 5-7　　闪　变　限　值**

| 系统电压等级 | ≤110kV | ＞110kV |
|---|---|---|
| $P_{lt}$ | 1.0 | 0.8 |

任何一个波动负荷用户在电力系统公共连接点单独引起的电压变动和闪变值应满足 GB 12326 的要求。

5）频率测试结果按实际要求进行分析，被测点频率偏差允许值参照 GB/T 15945《电能质量 电力系统频率允许偏差》的规定执行。计算频率合格率或频率超限率时，按式（5-7）进行，即

$$频率偏差=\frac{实测频率-额定频率}{额定频率}\times100\% \tag{5-6}$$

$$频率合格率（\%）=\left[1-\frac{频率超限时间}{频率监测总时间}\right]\times100\% \tag{5-7}$$

6）电压偏差测试结果按实际要求进行分析，分析工作可采用表格或图表的形式。被测点电压偏差允许值参照 GB 12325《电能质量 供电电压允许偏差》的规定执行。计算电压合格率或电压超限率时，按式（5-8）进行，即

$$电压偏差=\frac{实测电压-额定电压}{额定电压}\times100\% \tag{5-8}$$

$$电压合格率（\%）=\left[1-\frac{电压超限时间}{电压监测总时间}\right]\times100\% \tag{5-9}$$

$$电压超限率（\%）=\frac{电压超限时间}{电压监测总时间}\times100\% \tag{5-10}$$

## 5.7 暂态过电压和暂态电流测试

### 5.7.1 测试目的及依据标准概述

在开关或断路器操作时会产生暂态过电压，其具有上升时间短、频率和幅值高的特点。暂态过电压对电气设备的不同部位，如母线支撑件、套管以及开关本身的绝缘都有很大危害，影响开关设备本身的可靠性，甚至危及相连设备变压器的绝缘性能，因此暂态过电压在绝缘水平的确定中起着决定性的作用。在启动调试过程中，设备及开关的不断切换，在电压互感器中产生较大的暂态过电流，严重时会造成电压互感器的异常损坏，为此在启动调试过程中开展暂态过电压及暂态电流的测试工作，分析暂态过电压及暂态电流是否在正常运行允许范围内，为后期变电站的正常运行提供了技术保障。

现行的依据标准有 GB/T 4703《电容式电压互感器》、GB/Z 24841《1000kV

交流系统用电容式电压互感器技术规范》及 DL/T 5292《1000kV 交流输变电工程系统调试规程》。

**5.7.2** 测试注意事项

（1）测试仪器。测试人员选取符合工作要求、处于有效期内的测试仪器，并确认仪器工作正常。测试仪器允许误差应达到 GB/T 14549 规定的 B 级或以上的标准；测试仪器采样率应达到 200kHz 以上；测试仪器精度应达到 0.2 级以上。

（2）测试条件。在系统调试过程中进行测试。所有试验设备，应在开始系统调试第一项试验前全部接入，最后一项试验结束后才拆除。

**5.7.3** 现场检测

（1）测量主变压器高压侧、高压电抗器、中性点小电抗、母线和线路末端暂态电压，测量变压器励磁涌流、线路合闸和短路暂态电流、避雷器暂态电流。记录避雷器动作次数。

（2）测量主变压器中压侧、母线暂态电压，变压器励磁电流，避雷器暂态电流。记录避雷器动作次数。

（3）测量主变压器低压侧、母线、低压电容器及其中性点、低压电抗器及其中性点暂态电压，避雷器暂态电流。记录避雷器动作次数。

## 5.8 变压器和电抗器声级及振动测试

**5.8.1** 变压器和电抗器声级及振动测试概述

变压器或电抗器发出的噪声只能用其声功率来量化，因此声功率通常用于对声源标志额定值和进行比较。声功率可通过直接测量声压级或声强级，再按规定方法来换算。IEC 60076-10 中规定了两种测量变压器声级方法，即声压法和声强法，这两种方法是建立在两种不同的物理特性基础上的。

目前的声级测量技术已经发展到能测出人耳所能感受到的空气压力变化量的水平。正常人耳朵能辨别的最小声压变化为 20μPa。将该值作为基准声级，以便其他的声级与其进行比较。人耳感受讯号的响度与人耳对该讯号频谱的敏感程度有关。现代测量仪器是通过电子网络来处理声讯号，其灵敏度随频率变化的关系与人耳类似。由此便产生了几种国际标准化计权模式，其中 A 计权网络最常用。

声强的定义为单位面积上通过的能量，单位用瓦/平方米（$W/m^2$）表示。声强是矢量，而声压是标量，且声压仅用大小来表征。声强法的基本原理是根据两个邻近放置的压敏微音器之间的中点处的声压梯度的变化，用有限差分法近似求得该处声波的质点的振动速度，瞬时声压和它相对应的瞬时质点速度之积的时间平均值便是该处的声强。将空间平均声强乘以相应的面积，便可求得变压器噪声的输出功率。

声功率是一个用来对各个声源标志额定值和进行比较用的参数。它是声源输出的一个基本说明用语，只是声源的一个绝对的物理特性，而与任何外界因素（如环境以及其到接收器的距离等）无关。目前，普遍使用的是声压法，声功率是在对声场进行特殊假定的控制条件下由声压法确定的。然而声强法可以在不理想的声场环境下进行测量，声强法的特点决定了其可在多声源环境下进行测量，稳态的背景噪声对声强法测定的声源的声功率无影响。在自由场试验条件下，声压和质点速度具有同相位，而且声压和声强存在唯一的关系式，因此，在一个理想自由场环境下，声强级测量和声压级测量具有相同的数值。

绕组和铁芯故障是变压器与并联电抗器常见的故障之一，其油箱表面的振动情况与绕组及铁芯的压紧状况、位移及变形状态密切相关，可以通过测量油箱表面的振动信号来监测绕组和铁芯的运行状况。变压器的振动是由于变压器本体（即铁芯绕组等的统称）的振动及冷却装置的振动引起的。冷却装置（风扇油泵等）的振动其频谱集中在 100Hz 以下，与本体的振动特性明显不同，可以比较容易地从变压器振动信号中分辨出来变压器本体的振动主要来源于：

（1）硅钢片的磁滞伸缩引起的铁芯振动。磁滞伸缩就是铁芯励磁时，沿磁力线方向硅钢片的尺寸要增加，而垂直于磁力线方向硅钢片的尺寸要缩小，这种尺寸的变化称为磁滞伸缩，磁滞伸缩使得铁芯随着励磁频率的变化而周期性的振动。

（2）硅钢片接缝处和叠片之间存在着因漏磁而产生的电磁吸引力，从而引起铁芯的振动。

（3）电流通过绕组时，在绕组间、线饼间、线匝间产生动态电磁力引起绕组的振动。

（4）漏磁引起油箱壁（包括磁屏蔽等）的振动，由于绕组的振动是由负载电流产生的漏磁引起的，在变压器处于额定工作磁通（通常为1～1.8T）时，铁芯的振动要远远大于绕组的振动，此时可忽略绕组的振动，其本体振动主要取决于铁芯的振动，而铁芯的振动主要取决于铁芯硅钢片的磁滞伸缩。

与变压器相比，并联电抗器的振动问题更加突出，这与其结构有关。例如单相500kV并联电抗器的铁芯是由辐射式环氧浇注的铁芯饼叠成饼间垫以特殊气隙垫块，运行中电抗器产生振动有两个原因：

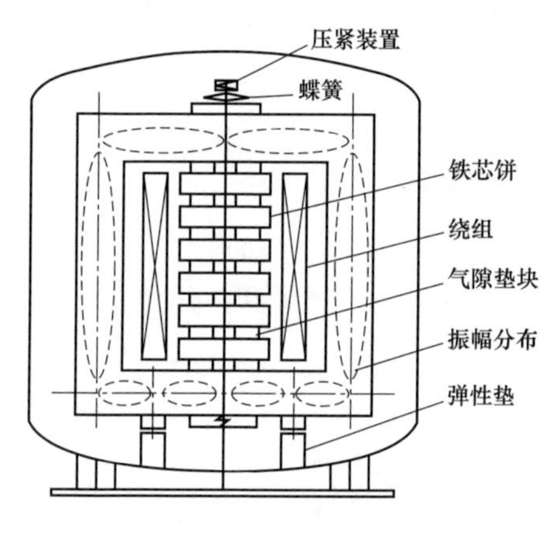

图 5-3　并联电抗器结构简图

（1）铁芯磁滞伸缩导致铁芯振动。这与变压器振动一样，图 5-3 中虚线表示并联电抗器外框回路振动幅度分布情况。

（2）电抗器绕组产生的主磁通通过由高导磁的铁芯饼和低导磁的气隙垫块组成的铁芯主柱时，铁芯饼之间会产生使磁场能量变小趋势的吸引力（麦克斯韦尔力），在麦克斯韦尔力作用下气隙垫块发生伸缩引起铁芯饼振动，这是电抗器整体产生振动的主要原因。由于麦克斯韦尔力只随电流的大小而变化，因此它的频率是电流频率的两倍，麦克斯韦尔力波形与电流波形的对比如图 5-4 所示。

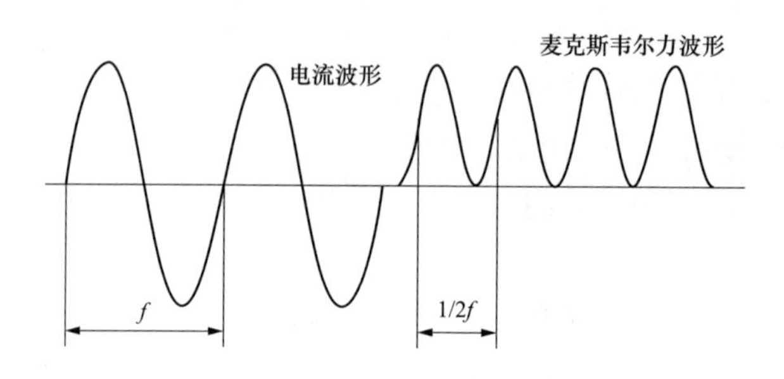

图 5-4　麦克斯韦尔力波形与电流波形对比图

### 5.8.2 测试目的及依据标准

变压器的声级水平与其电气性能指标一样，是衡量变压器制造厂设计能力和工艺水平的重要技术参数。为此，变压器的噪声水平一直受到广泛的关注，尤其是近几年来对环境保护方面的要求越来越高，变压器的噪声问题就显得尤为突出了。

变压器、电抗器运行过程中，由于磁场和电流的变化，变压器、电抗器会产生振动。通过对运行期间变压器、电抗器的振动测试，判断变压器、电抗器的振动是否达到技术要求，并为今后同类设备的设计、安装、运行等积累数据。保证变压器、电抗器的安全运行。

现行的依据标准有 IEC 60076—10《电力变压器.第 10 部分：声级测定》、GB 3096《声环境质量标准》、GB 12348《工业企业厂界环境噪声排放标准》、GB/T 1094.10《电力变压器第 10 部分：声级测定》、GB/T 1094.6《电力变压器第 6 部分：电抗器》、DL/T 1327《高压交流变电站可听噪声测量方法》、Q/GDW 104《750kV 系统用油浸式并联电抗器技术规范》及国电发〔2014〕161 号《防止电力生产重大事故的二十五项重点要求》。

### 5.8.3 测试内容

（1）变压器和电抗器带电前，测量背景噪声水平。

（2）变压器和电抗器带电，测量设备噪声声压级水平及频谱分布。

（3）每台变压器及电抗器进行多点振动测量及频谱分析。

（4）声级测量应以变压器（电抗器）本体为基准发射面。规定轮廓线距基准发射面 2m 左右，同时将依据具体的安装条件来确定。测点在规定轮廓线上油箱高度的 1/3 和 2/3 的水平面上布置，相邻测量点间距 1m，测量点布置根据实际情况进行调整。分别测量距主体变压器基准发射面 0.3m 处（不开风扇）、2m 处（开风扇）的声压级水平。

（5）振动测量应分析变压器及电抗器振动情况，尤其应对变压器及电抗器套管部位的振动情况进行测量及分析。分析局部的振动问题，在需要测试的部位安装加速度传感器，逐次连接到信号分析仪，测取最大的峰—峰振幅并对振动进行频谱分析。

### 5.8.4 测试方法及注意事项

（1）测试前应具备的条件。

1）测量仪器和校准仪器应定期检定合格，并在有效使用期限内使用，每次声级测量时，测量前、后应在测量现场进行声学校准，其前、后校准数值偏差不得大于 0.3dB（A）。

2）检测应在风速不大于 5m/s、无雨雪的良好天气下进行。

3）不得不在特殊气象条件下测量时，应采取必要措施保证测量准确性，同时注明当时所采取的措施及气象情况。

4）使测量表面位于一个不受邻近物体或环境边界反射干扰的声场内。

5）减少反射干扰以及混响效果。

（2）对仪器设备的要求。

1）加速度计灵敏度 100MV/g，频响（±10%）0.3～8000Hz，量程为±70g/pk。

2）传声器应满足 IEC 61672 中 1 级声级计的要求，灵敏度 50MV/Pa，频率 6.3Hz～20kHz，直径应不大于 13mm。

3）频谱测试设备应满足 1 级声级计要求，还至少应在中心频率为 20Hz～10kHz 的 1/3 倍频程带范围内有一致的频率响应。滤波器应满足 IEC 61260 中 1 级滤波器的要求。中心频率为 20Hz～10kHz 的各 1/3 倍频程带上的等效连续 A 声级应同时测定。

4）窄带谱测试设备在 20Hz～11200Hz 频率范围内应满足 IEC 61672 中 1 级仪器的相关要求。

声校准器在测量之前和之后立即对传声器进行一次或多次校准。该校准器应满足 GB/T15173 中 1 级仪器的要求，而且还可用于特定环境中。

（3）测试方法。

1）变压器和电抗器声级测试。试验环境应是一个在一反射面之上的近似自由场。理想的试验环境应是使测量表面位于一个基本不受邻近物体或该环境边界反射干扰的声场内。因此，反射物体（支撑面除外）应尽可能远离试品。不允许在变压器油箱内或保护外壳内进行声级测量。

反射面应是原始土地面，或是用混凝土或沥青浇注的人工地面，其面积应比测量表面在其上的投影大。

在相关的频率范围内，吸声系数应尽量小于 0.1。当在混凝土、沥青、沙子或石头地面上进行户外测量时，该要求通常能得到满足。对于声场明显不受邻近物体和环境边界反射影响的户外测量，环境修正值 $K$ 值近似等于 0。

a．声压级测量方法。应在背景噪声值近似恒定时进行测量。在即将对试品进行声级测量前，应先测出背景噪声的计权声压级。测量背景噪声时，传声器所处的高度与测量试品噪声时其所处的高度相同；背景噪声的测量点应在规定的轮廓线上。

需要注意的是，当测量点总数超过 10 个时，允许只在试品周围呈均匀分布的 10 个测量点上测量背景噪声。如果背景噪声的声级明显低于试品和背景噪声的合成声级（即差值大于 10dB），则可仅在一个测量点上进行背景噪声测量，且不需对所测出的试品的声级进行修正。

应按制造厂与用户之间的协议对试品进行供电。所允许的供电组合为：①变压器供电，冷却设备及油泵不运行；②变压器供电，冷却设备及油泵运行；③变压器供电，冷却设备不运行，油泵运行；④变压器不供电，冷却设备及油泵运行。

对于每一测点上的 A 计权声压级需予以记录。应使用仪器的快速响应指示，以便确认和避免由于暂态背景噪声而引起的测量误差。

当试品供电时，最好是经过一段时间，待试品达到稳定的运行状态后，再进行声级测量。如果有剩余直流电存在，可能在几分钟内，特殊情况下，甚至可能在几小时内，会使声级测量结果受到影响。可通过声谱中是否存在奇次谐波来确定此剩余直流电的存在。一旦试品达到稳定运行状态，建议尽可能缩短测量时间，以避免因变压器温度变化而导致声级变化。

测量完毕且在切除试品电源后，应立即重复测量背景噪声。

b．声压级计算。未修正的平均 A 计权声压级 $\overline{L}_{\text{pA0}}$，应由在试品供电时于各测点上测得的 A 计权声压级 $L_{\text{pAi}}$ 按式（5-11）计算，即

$$\overline{L}_{\text{pA0}}=10\lg\left(\frac{1}{N}\sum_{i=1}^{N}10^{0.1L_{\text{pAi}}}\right) \tag{5-11}$$

式中　$N$——测点总数；

当各 $L_{\text{pAi}}$ 值间的差别不大于 5dB 时，可用简单的算术平均值来计算。此平均值与按式（5-11）计算出的值之差不大于 0.7dB。

背景噪声的平均 A 计权声压级 $\overline{L}_{\text{bgA}}$，应根据试验前、后的各测量值分别

按式（5-12）计算，即

$$\overline{L}_{\mathrm{bgA}}=10\lg\left(\frac{1}{M}\sum_{i=1}^{M}10^{0.1L_{\mathrm{bgA}i}}\right) \tag{5-12}$$

式中　$M$——测点总数；

$L_{\mathrm{bgA}i}$——各测点上测得的背景噪声A计权声压级。

如果试验前、后背景的平均声压级之差大于3dB，且较高者与未修正的平均A计权声压级之差小于8dB，则本次测量无效，应重新进行试验，但当未修正的平均A计权声压级小于保证值时除外，此时应认为试品符合声级保证值的要求。这种情况应在试验报告中予以记录。如果这两个背景噪声平均A计权声压级中的较高者，与未修正的平均A计权声压级之差小于3dB，则本次测量无效，应重新进行试验，但当未修正的平均A计权声压级小于保证值时除外。此时应认为试品符合声级保证值的要求。这种情况应在试验报告中予以记录。此外，虽然标准允许试品与背景的合成声级同背景声级之间有较小差值，但仍需尽力使其差值不小于6dB。当背景声级与合成声级之差小于3dB时，应考虑用其他的测量方法进行测量。

上述要求概括于表5-8中。

**表5-8　　　　试验接受准则**

| $\overline{L}_{\mathrm{pA0}}$ 与较高的 $\overline{L}_{\mathrm{bgA}}$ 之差（dB） | 试验前的 $\overline{L}_{\mathrm{bgA}}$ 与试验后的 $\overline{L}_{\mathrm{bgA}}$ 之差（dB） | 结论 |
|---|---|---|
| ≥8 | — | 接受 |
| <8 | <3 | 接受 |
| <8 | <3 | 重新试验 |
| <3 | — | 重新试验 |

注　未修正的平均A计权声压级小于保证值，则应认为试品符合声级保证值得要求。这种情况应在试验报告中予以记录。

修正的平均A计权声压级 $\overline{L}_{\mathrm{pA}}$ 应按式（5-13）计算，即

$$\overline{L}_{\mathrm{pA}}=10\lg(10^{0.1\overline{L}_{\mathrm{pA0}}}-10^{0.1\overline{L}_{\mathrm{bgA}}})-K \tag{5-13}$$

式中　$\overline{L}_{\mathrm{bgA}}$——两个计算出的背景噪声平均A计权声压级中的较小者。

在本部分中，环境修正值 $K$ 的最大允许值为7dB。

在电源的谐波频率下，变压器产生纯音调，因此可能会出现驻波影响声

压级测量的情况。此时采用简单的修正系数尚不完善，因此只要可能，应在不必对环境做修正的场所进行测量。

c．测量注意事项。应避免在恶劣的气象条件（如温度有变化、风速有变化、出现凝露或高湿度）下进行声级测量。

2）变压器和电抗器振动测试。良好状态变压器（并联电抗器）振动的特征向量可作为运行原始记录留用，记录的特征向量包括绕组和铁芯振动信号的频谱、功率谱、能量谱等。通过分析，特征向量的变化能够反映出变压器（并联电抗器）绕组及铁芯的压紧状况以及绕组的位移及变形情况。因此通过监测可以及时地给出有关变压器铁芯及绕组状况的指示，一旦变压器（并联电抗器）发生故障，可由当前特征向量与原始记录比较就可迅速判断出来。

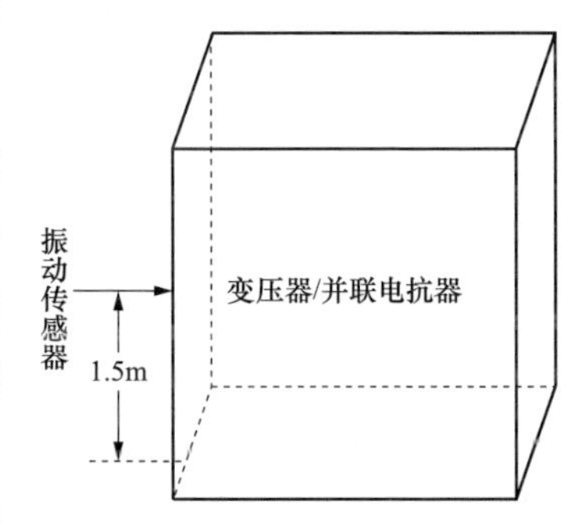

图 5-5　振动传感器布置位里图

振动传感器选用集成电荷放大器的压电式加速度传感器或速度传感器，将振动信号转换成正比的电压信号，直接通过数据采集卡存储在计算机中。图 5-5 为变压器（并联电抗器）振动测点布置图，图 5-6 为振动分析采集系统。

为简单方便更换传感器位置，采用永磁体吸附振动传感器，将其粘贴在变压器（并联电抗器油箱表面。在测试过程中分别在低压侧、高压侧和两侧面取振动测点，共选取 8 个振动测点。

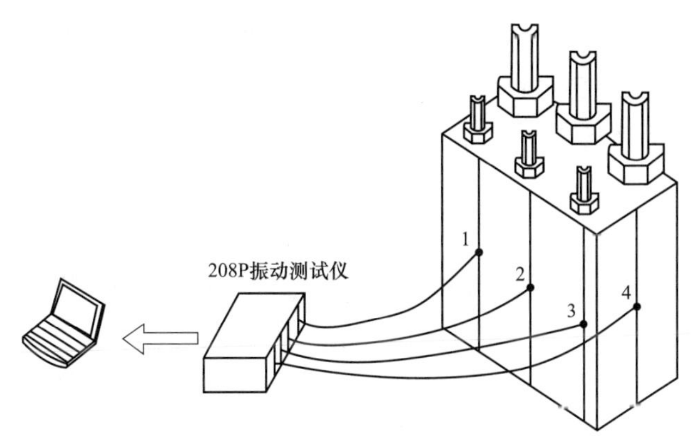

图 5-6　振动测试接线图

## 5.9 架空地线感应电压测试

### 5.9.1 架空地线感应电压测试及依据标准概述

架空地线长距离对地绝缘，线路运行时地线上会产生感应电压；尤其当线路发生接地短路，出现故障电流时，感应电压会较高。输电线路架空地线与输电回路导线的空间位置不对称，输电回路通过电磁和静电耦合在地线上产生感应电压。输电线路架空地线上较大的感应电压会产生地线损耗，影响地线运行寿命等不利后果。

Q/GDW 178《1000kV 交流架空输电线路设计暂行技术规定》规定，采用地线绝缘运行方式时，应限制地线上的感应电压和电流，并选用合适的放电间隙，以保证地线的安全运行。架空地线感应电压是输电线路的重要参数，涉及线路的绝缘、放电间隙等。

系统调试期间对架空地线进行感应电压测试，通过测试得到架空地线感应电压水平。测试并掌握架空地线感应电压水平对特高压交流线路的设计和安全运行具有重要意义，为交流线路提供基础参数。

现行的依据标准有 GB 50150《电气装置安装工程 电气设备交接试验标准》、GB 14285《继电保护和安全自动装置技术规程》、DL/T 1179《1000kV 交流架空输电线路工频参数测量导则》、DL/T 559《220kV～750kV 电网继电保护装置运行整定规程》、Q/GDW 1157《750kV 电力设备交接试验规程》、Q/GDW 11090《输电线路参数频率特性测量导则》、Q/GDW 178 《1000kV 交流架空输电线路设计暂行技术规定》及 Q/GDW 1799.1—2013《国家电网公司电力安全工作规程变电部分)》被测线路设计图纸、参数及相关资料。

### 5.9.2 现场测试注意事项

（1）测试前应具备的条件。

1）天气良好。测试过程中天气良好，无大雨、浓雾或大风等影响测试安全和测试准确性。

2）设备良好。线路相关联的线路开关、隔离开关、接地刀闸等设备状态良好，操作可靠。

3）线路具备试验条件。在开始测试工作前，确保线路工作已完成，其变电站侧应与系统断开，已与系统断开的线路经检查无异物，线路上无人工作。使用线路接地刀闸将其接地，即保持隔离开关及断路器断开，接地刀闸闭合。

4）符合要求的试验电源。一般为三相电源 380V/50A。

5）安全措施到位。相关设备应悬挂“线路有人工作，禁止合闸”标志牌。线路参数测试现场周围（包括接地极侧）设置围栏，禁止无关人员出入。试验接地点应不少于 2 点，并连接牢固可靠。

6）施工单位配合人员到位。试验期间，需安装单位安排登高人员在变电站侧配合拆接试验一次接线。考虑到输电线路架设高度较高，准备较长的电流信号、电压信号引下线，长度约为 50m，共 3 根及相应的线夹。

（2）对仪器设备的要求。测试人员选取符合工作要求、处于有效期内的测试仪器，并确认仪器工作正常。采用抗干扰绝缘测试装置（不确定度：$U_{rel}$=0.5%，$k$=2）测试架空线路感应电压。

（3）安全措施。为确保测试工作安全、顺利地进行，必须落实安全措施，防止发生任何影响人身、设备的不安全现象。

1）办理工作票。测试工作必须按规定办理相应的工作票和操作票，并做好安全措施。

2）许可后进入现场。待线路全部检查工作结束，得到工作许可后方可进入现场进行测试工作。

3）严禁接触被试线路。测试期间严禁任何人员登塔或接触被试线路工作。

4）天气良好。测试过程中天气良好，无大雨、浓雾或大风等影响测试安全现象。

5）安全警示。测试现场设置安全围栏及明显的高压警示标志，与测试无关的人员不得随意进出测试现场。试验加压区域及高压设备周围严禁非测试人员接近。所有人员不得随意接近其他运行中的高压电气设备和线路。

6）服从指挥。进行测试工作时，必须听从现场指挥和测试负责人的指挥，以加压侧变电站为主测试点，以配合变电站侧为配合测试点。配合变侧工作时，要按照测试技术方案，听从加压侧变电站主测试点现场指挥，严格配合加压变电站的测试工作。为确保安全，测试指挥在下达各项准备、测试、结束等指令前，必须与两侧测试负责人及相关单位测试配合负责人联系落实情况，在得到确切答复后方可下令。

7）保证联系畅通。测试过程中必须保持各参加测试单位、部门的紧密联系，尤其是加压侧变电站和配合侧变电站两测试点的通讯联系。测试过程中发生任何影响测试工作的情况，有关单位的测试配合负责人必须及时向现场测试指挥紧急汇报，由现场测试指挥下令暂时终止试验，待问题查明处理完毕，符合试验条件后下令恢复测试工作。

8）防止触电和线路感应电伤人。测试过程中严防线路感应电压伤人，任何改接线操作必须先将测试电源断开、被试线路接地后方可进行。

危险点分析与预控措施如表 5-9 所示。

**表 5-9　　危险点分析与预控措施**

| 序号 | 危险点预想 | 预　防　措　施 |
|---|---|---|
| 1 | 测试仪器接入电源电压不符合要求 | 用万用表测试被接入电源电压，应为 220V |
| 2 | 无票作业，违规进入现场和进行试验 | 进行测试工作时，必须按规定办理相应的一种工作票，并做好安全措施 |
| 3 | 仪器操作有误 | 严格按照使用说明书操作，不得背诵操作 |
| 4 | 走错间隔 | 认真核对间隔名称、编号，防止走错间隔 |
| 5 | 试验现场其他人员较多，安全难以控制 | 试验现场装设安全围栏，设立”高压危险”警示标志，试验过程中设专人监护，严禁与试验无关的人员进入围栏和接近试验设备 |

### 5.9.3　测试方法

#### 5.9.3.1　测试接线

感应电压测试接线示意图如图 5-7 所示。

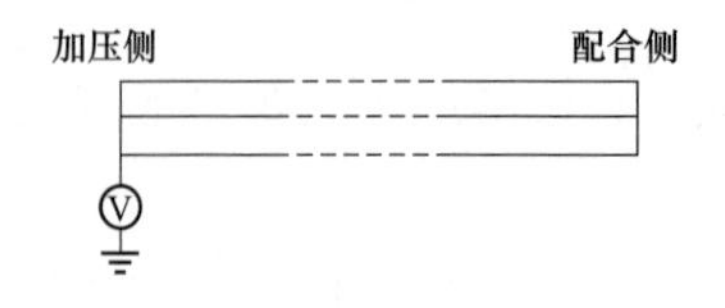


图 5-7　感应电压测试接线示意图

#### 5.9.3.2　测试步骤

（1）线路引下。如图 5-7 所示，合线路两侧进出线相关接地开关，配合变电站侧线路三相短路，加压变电站侧测试引下线先行短路对地接入感应电压测量装置，感应电压测量装置量程放至最大。

（2）感应电压测量。分加压变电站侧接地开关，对感应电压进行初步测量。然后合加压变电站侧接地开关，根据感应电压初测值选择感应电压测量装置合适量程，分加压变电站侧接地开关进行准确测量。

（3）测试结束。测试完毕，合加压变电站侧接地开关。特别的，若感应电压超过 2000V，应立即合上接地开关，停止试验。待查明原因，再进行试验。

## 5.10 油样测试

现有的预防性试验方法在一般情况下，尚不能在带电时有效地发现电气设备内部的潜伏性故障，而通过气体继电器又不能知道气体的成分及每种成分的含量，还往往给出一种假象，不能真正反映出所出现的故障，甚至发生误动作。利用油中溶解气体和自由气体浓度分析的方法可以判断充油电气设备状况以及建议应进一步采取的措施。

自 20 世纪 60 年代开始，我国便开始试验研究绝缘油中溶解气体分析技术和方法。40 多年来采用该方法及时发现了大量充油电力设备内部存在的潜伏故障，由于这些潜伏性故障发现、处理及时，避免了事故发生和设备损坏。该方法具有不停电检测和能检测出缓慢发展的早期潜伏性故障等特点，已经成为提高充油设备运行可靠性和杜绝运行中发生烧损事故的有效方法之一，被广泛采用。现行的依据、标准有 GB/T 7597《电力用油（变压器油、汽轮机油）取样方法》、GB/T 17623《绝缘油中溶解气体组分含量的气相色谱测定法》、DL/T 596《电力设备预防性试验规程》、IEC 60567《从充油电气设备取气样和油样及分析自由气体和溶解气体的导则》、GB/T 17623《绝缘油中溶解气体组分含量气相色谱测定法》及 GB/T 7252《变压器油中溶解气体分析和判断导则》等。目前该分析项目还被扩大到在线监测。

### 5.10.1 油中溶解气体概述

#### 5.10.1.1 气体产生原理

（1）绝缘油的分解。绝缘油是由许多不同分子量的碳氢化合物分子组成的混合物，分子中含有 $CH_3$、 $CH_2$ 和 CH 化学基团并由 C-C 键键合在一起。由于电或热故障的结果可以使某些 C-H 键和 C C 键断裂，伴随生成少量活泼的氢原子和不稳定的碳氢化合物的自由基，这些氢原子或自由基通过复杂的化学反应迅速重新化合，形成氢气和低分子烃类气体，如甲烷、乙烷、乙烯、乙炔等，也可能生成碳的固体颗粒及碳氢聚合物。故障初期，所形成的气体溶解于油中；当故障能量较大时，也可能聚集成自由气体。碳的固体颗粒及碳氢聚合物可沉积在设备的内部。低能量故障，如局部放电，通过离子反应促使最弱的键C-H键（338kJ/mol）断裂，大部分氢离子将重新化合成氢气而积累。

乙烯是在大约为500℃（高于甲烷和乙烷的生成温度）下生成的（虽然在较低的温度时也有少量生成）。乙炔的生成一般在800～1200℃的温度，而且当温度降低时，反应迅速被抑制，作为重新化合的稳定产物而积累。因此，大量乙炔是在电弧的弧道中产生的。当然在较低的温度下（低于800℃）也会有少量的乙炔生成。

油起氧化反应时伴随生成少量的CO和$CO_2$；CO和$CO_2$能长期积累，成为显著数量。

油碳化生成碳粒的温度为500～800℃。

（2）固体绝缘材料的分解。纸、层压纸板或木块等固体绝缘材料分子内含有大量的无水右旋糖环和弱的C-O键及葡萄糖甙键，它们的热稳定性比油中的碳氢键要弱，并能在较低的温度下重新化合。聚合物裂解的有效温度高于105℃，完全裂解和碳化高于300℃，在生成水的同时生成大量的CO和$CO_2$以及少量烃类气体，同时油被氧化。CO和$CO_2$的形成不仅随温度而且随油中氧的含量和纸的湿度增加而增加。

（3）气体的其他来源。在有些可能情况下，气体不是设备故障造成的，例如油中含有水，可以与铁作用生成氢气，过热的铁芯层间油可膜裂解，也生成氢。新的不锈部件中也可能在钢加工过程中或焊接时吸附氢而又慢慢释放到油中。特别是在温度较高，油中溶解有氧时设备中某些油漆（醇酸树脂），在某些不锈钢的催化下，甚至可能生成大量的氢。某些改型的聚酞亚胺型的绝缘材料也可生成某些气体而溶解于油中。油在阳光照射下也可以生成某些气体；设备检修时暴露在空气中的油可吸收空气中的$CO_2$等，这时，如果不真空注油、油中$CO_2$的含量则与周围环境的空气有关。

另外，某些操作也可生成故障气体，例如有载调压变压器中切换开关油室的油向变压器主油箱渗漏，或极性开关在某个位置动作时，悬浮电位放电的影响，设备曾经有过故障，而故障排除后绝缘油未经彻底脱气，部分残余气体仍留在油中，或留在经油浸渍的固体绝缘中；设备油箱带油补焊；原注入的油就含有某些气体等。

这些气体的存在一般不影响设备的正常运行，但当利用气体分析结果确定设备内部是否存在故障及其严重程度时，要注意加以区分。

**5.10.1.2** 油中溶解气体

充油电力设备（以变压器为例）正常运行时，在电和热的作用下，其绝缘油和有机绝缘材料会逐渐老化并分解出少量各种低分子的烃类和一氧化碳、二氧化碳等气体。当内部发生局部过热、局部放电（电晕放电）和电弧放电等故障时，会加速上述气体的产生速度和数量。油中分解出来的气体形成气泡，在油对流、扩散时不断溶解于油中。当变压器发生严重故障时，产气量大于溶解量，便有一部分气体进入气体继电器，积到一定量时，导致气体继电器动作（轻者发出信号，重则跳闸）。通过气体继电器内部气体分析和模拟试验，发现故障性质不同、严重程度不同所产生的气体成分和气体量也有所不同。在故障的初期，由于温度低、产气量少，都将溶解在油中，气体尚不足使得气体继电器动作，如果及时分析油中气体成分、含量及发展趋势，就能及时查出变压器内部潜伏的故障类型、部位和程度。

充油设备内部潜伏性故障有几种类型，各种不同类型故障所产生的气体组成成分视故障温度高低而定。判断变压器内部潜伏性故障的主要气体有氢气（$H_2$）、甲烷（$CH_4$）、乙烷（$C_2H_6$）、乙烯（$C_2H_4$）、乙炔（$C_2H_2$）、一氧化碳（CO）、二氧化碳（$CO_2$）、氧气（$O_2$）、氮气（$N_2$）等9种气体，如表5-10所示。

**表5-10　　不同故障类型产生的气体**

| 故障类型 | 主要气体组分 | 次要气体组分 |
|---|---|---|
| 油过热 | $CH_4$、$C_2H_4$ | $H_2$、$C_2H_6$ |
| 油和纸过热 | $CH_4$、$C_2H_4$、CO、$CO_2$ | $H_2$、$C_2H_6$ |
| 油纸绝缘中局部放电 | $H_2$、$CH_4$、$C_2H_2$、CO | $C_2H_6$、$CO_2$ |
| 油中火花放电 | $H_2$、$C_2H_2$ | |
| 油中电弧 | $H_2$、$C_2H_2$ | $CH_4$、$C_2H_6$、$C_2H_4$ |
| 油和纸中电弧 | $H_2$、$C_2H_2$、CO、$CO_2$ | $CH_4$、$C_2H_6$、$C_2H_4$ |
| 进水受潮或油中有气泡 | $H_2$ | |

每种气体对判断故障的意义存在着不同作用，但又相互联系。总烃是指甲烷（$CH_4$）、乙烷（$C_2H_6$）、乙烯（$C_2H_4$）、乙炔（$C_2H_2$）这四种气体的总和。前一种气体又称作为 C1，后三种气体又称为 C2。所以总烃又可以写为 C1+C2 的总和。

**5.10.1.3** 检测周期

（1）出厂设备的检测。66kV 及以上的变压器、电抗器、互感器和套管在出厂试验全部完成后要做一次色谱分析。制造过程中的色谱分析由用户和制造厂协商决定。

（2）投运前的检测。按表 5-11 进行定期检测的新设备及大修后的设备，投运前应至少做一次检测。如果在现场进行感应耐压和局部放电试验，则应在试验后停放一段时间再做一次检侧。制造厂规定不取样的全密封互感器不做检测。

（3）投运时的检测。按表 5-11 所规定的新的或大修后的变压器和电抗器至少应在投运后一天（仅对电压 330kV 及以上的变压器和电抗器、或容量在 120MVA 及以上的发电厂升压变），4 天、10 天、30 天各做一次检测，若无异常，可转为定期检测。制造厂规定不取样的全密封互感器不做检测。套管在必要时进行检测。

（4）运行中的定期检测。对运行中设备的定期检测周期按表 5-11 的规定进行。

（5）特殊情况下的检测。当设备出现异常情况时（如气体继电器动作，受大电流冲击或过励磁等），或对测试结果有怀疑时，应立即取油样进行检测，并根据检测出的气体含量情况，适当缩短检测周期。

**表 5-11　　运行中设备的定期检测周期**

| 设备名称 | 设备电压等级和容量 | 检测周期 |
|---|---|---|
| 变压器和电抗器 | 电压 330kV 及以上<br>容量 240MVA 及以上 | 3 个月一次 |
| | 所有发电厂的升压变压器 | |
| | 电压 220kV 及以上<br>容量 120MVA 及以上 | 6 个月一次 |

续表

| 设备名称 | 设备电压等级和容量 | 检测周期 |
|---|---|---|
| 变压器和电抗器 | 电压 66kV 及以上<br>容量 8MVA 及以上 | 1 年一次 |
| | 电压 66kV 以下<br>容量 8MVA 以下 | 自行规定 |
| 互感器 | 电压 66kV 及以上 | 1～3 年一次 |

注　制造厂规定不取样的全密封互感器一般在保证期内不做检测。在超过保证期后，应在不破坏密封的情况下取样分析

### 5.10.2　取样

#### 5.10.2.1　从充油电气设备中取油样

（1）取样部位。应注意所取的油样能代表油箱本体的油。一般应在设备下部的取样阀门取油样，在特殊情况下，可由不同的取样部位取样。

（2）取样阀门。设备的取样阀门应适合全密封取样方式的要求。

（3）取样量。对大油量的变压器、电抗器等，可为 50～80mL，对少油量的设备要尽量少取，以够用为限。

（4）取样时间。应充分考虑到气体在油中扩散的影响，没有强油循环的设备，试验后应停放一段时间后再取样。

（5）取油样的容器。应使用经密封检查试验合格的玻璃注射器取油样。当注射器充有油样时，芯子能按油体积随温度的变化自由滑动，使内外压力平衡。

（6）取油样的方法。

1）从设备中取油样的全过程应在全密封的状态下进行，油样不得与空气接触，一般对电力变压器及电抗器可在运行中取油样。对需要设备停电取样时，应在停运后尽快取样。对于可能产生负压的密封设备，禁止在负压下取样，以防止负压进气。

2）设备的取样阀门应配上带有小嘴的连接器，在小嘴上接软管。取样前应排除取样管路中及取样阀门内的空气和“死油”，所用的胶管应尽可能的短，同时用设备本体的油冲洗管路（少油量设备可不进行此步骤）。取油样时油流应平缓。

#### 5.10.2.2 从气体继电器放气嘴取气样

当气体继电器内有气体聚集时，应取气样进行色谱分析。这些气体的组分和含量是判断设备是否存在故障及故障性质的重要依据之一。为减少不同组分有不同回溶率的影响，必须在尽可能短的时间内取出气样，并尽快进行分析。

（1）取气样的容器。应使用经密封检查试验合格的玻璃注射器取气样，取样前应用设备本体油润湿注射器，以保证注射器滑润和密封。

（2）取气样的方法。取气样时应在气体继电器的放气嘴上套一小段乳胶管，乳胶管的另一头接一个小型金属三通阀，与注射器连接（要注意乳胶管的内径与气体继电器的放气嘴及金属三通阀连接处要密封）。取气样时应注意不要让油进入注射器并注意人身安全。

#### 5.10.2.3 样品的保存和运输

油样和气样应尽快进行分析，为避免气体逸散，油样保存期不得超过 4 天，气样保存期应更短些。在运输过程及分析前的放置时间内，必须保证注射器的芯子不卡涩。

油样和气样都必须密封和避光保存，在运输过程中应尽量避免剧烈振荡油样和气样空运时要避免气压变化的影响。

#### 5.10.2.4 样品的标签

取样后的容器应立即贴上标签。

### 5.10.3 脱气

（1）脱气方法分类。利用气相色谱法分析油中溶解气体时，必须将溶解的气体从油中脱出来，再注入色谱仪进行组分和含量的分析。目前常用的脱气方法有溶解平衡法和真空法两种。根据取得真空的方法不同，真空法又分为水银托里拆里真空法和机械真空法两种。通用的仲裁法是水银托里拆里真空法。在线监测中也有用薄膜真空脱气法的。

机械真空法属于不完全的脱气方法，在油中溶解度越大的气体脱出率越低，而在恢复常压的过程中，气体都有不同程度的回溶。溶解度越大的，组分回溶越多。不同的脱气装置或同一装置采用不同的真空度，将造成分析结果的差异。因此使用机械真空法脱气，必须对脱气装置的脱气率进行校核。

（2）脱气装置的密封性。脱气装置应保证良好的密封性，真空泵抽气装置应接入真空计，以监视脱气前真空系统的真空度（一般残压不应高于40Pa），要求真空系统在泵停止抽气的情况下，在两倍脱气所需的时间内残压无显著上升。用于溶解平衡法的玻璃注射器应对其密封性进行检查。

（3）脱气率。为了尽量减少因脱气这一操作环节所造成的分析结果的差异，使用不完全脱气方法时，应测出所使用的脱气装置对每种被测气体的脱气率，并用脱气率将分析结果换算到油中溶解的各种气体的实际含量。各组分脱气率 $\eta_i$ 的定义是

$$\eta_i = \frac{u_{gi}}{u_{oi}} \tag{5-14}$$

式中 $u_{gi}$——脱出气体中某组分的含量，μL/L；

$u_{oi}$——油样中原有某组分的含量，μL/L；

可用已知各组分浓度的油样来校核脱气装置的脱气率。因受油的黏度、温度、大气压力等因素的影响，脱气率一般不容易测准。即使是同一台脱气装置，其脱气率也不会是一个常数，因此，一般采用多次校核的平均值。

常用的脱气方法有溶解平衡法和真空法。

1）溶解平衡法。溶解平衡法目前使用的是机械振荡方式，其重复性和再现性能实用满足要求。该方法的原理是：在恒温条件下，油样在和洗脱气体构成的密闭系统内通过机械振荡，使油中溶解气体在气、液两相达到分配平衡。通过测试气相中各组分浓度，并根据平衡原理导出的奥斯特瓦尔德（Ostwald）系数计算出油中溶解气体各组分的浓度。

奥斯特瓦尔德系数定义为

$$k_i = \frac{C_{oi}}{C_{gi}} \tag{5-15}$$

式中 $C_{oi}$——在平衡条件下，溶解在油中组分 $i$ 的浓度，μL/L；

$C_{gi}$——在平衡条件下，气相中组分 $i$ 的浓度，μL/L；

$k_i$——组分 $i$ 的奥斯特瓦尔德系数。

各种气体在矿物绝缘油中的奥斯特瓦尔德系数如表5-12所示。

表 5-12　　各种气体在矿物绝缘油中的奥斯特瓦尔德系数

| 气体 | $k_i$ | | 气体 | $k_i$ | |
|---|---|---|---|---|---|
| | 20℃ | 50℃ | | 20℃ | 50℃ |
| 氢气（$H_2$） | 0.05 | 0.05 | 二氧化碳（$CO_2$） | 1.08 | 1.00 |
| 氮气（$N_2$） | 0.09 | 0.09 | 乙炔（$C_2H_2$） | 0.20 | 0.90 |
| 一氧化碳（CO） | 0.12 | 0.12 | 乙烯（$C_2H_4$） | 0.70 | 1.40 |
| 氧气（$O_2$） | 0.17 | 0.17 | 乙烷（$C_2H_6$） | 2.40 | 1.80 |
| 甲烷（$CH_4$） | 0.43 | 0.40 | 丙烷（$C_3H_8$） | 10.0 | — |

2）真空法。真空法中，目前采用的是变径活塞泵全脱气法，即利用大气压与负压交替对变径活塞施力的特点（活塞的机械运动起了类似托普勒泵中水银反复上下移动多次扩容脱气、压缩集气的作用），借真空与搅拌作用并连续补入少量氮气（或氨气）到脱气室，使油中溶解气体迅速析出的洗脱技术。连续补入少量氮气（或氨气）可加速气体转移，克服了集气空间死体积对脱出气体收集程度的影响，提高了脱气率。基本上实现了以真空法为基本原理的全脱气。

### 5.10.4　分析方法

油中溶解气体分析采用质谱仪和气相色谱仪。目前，国内多采用气相色谱仪。

气相色谱仪应满足下列要求：

（1）色谱柱对所检测组分的分离度应满足定量分析要求。

（2）仪器基线稳定，有足够的灵敏度。对制造厂由于新设备含气量较低，所用的色谱仪灵敏度要求较高，对运行中的设备通常含气量较高，不需要和制造厂试验时同样高的灵敏度。对油中溶解气体各组分的最小检知浓度要求见表 5-13。

（3）用转化法在氢火焰离子化检测器上测定 CO、$CO_2$ 时，应对镍触媒将 CO、$CO_2$ 转化为甲烷的转化率做考察。可能影响转化率的因素是镍触媒的质量、转化温度和色谱柱容量。

表 5-13　　色谱仪的最小检知浓度

| 气体组分 | 最小检知浓度 | |
|---|---|---|
| | 出厂试验 | 运行中试验 |
| $C_2H_2$ | ≤0.1 | ≤0.1 |

续表

| 气体组分 | 最小检知浓度 | |
|---|---|---|
| | 出厂试验 | 运行中试验 |
| $H_2$ | ≤2 | ≤5 |
| CO | ≤25 | ≤25 |
| $CO_2$ | ≤25 | ≤25 |

**5.10.4.1** 气体分析步骤

（1）进样。通常使用注射器进样。应选择气密性好并经校准的注射器，以保证良好的进样体积的准确性。对怀疑有故障的设备，至少应两次进样，取其平均值。

（2）仪器的标定。用外标法对各组分进行定性和定量分析，用测量每个组分的保留时间对各组分定性，用测量其色谱峰面积或峰高进行定量。

影响色谱仪灵敏度的因素很多，为保证测试结果的准确性，应在仪器稳定的情况下，在分析的当天，用外标气样进行两次标定，取其平均值。

1）外标气样。外标气样为，由国家计量部门认证的单位专门配制并经准确标定的混合气样。对各测定组分有适当浓度（标准气样的参考浓度范围见表 5-14，在有效期内使用）。

**表 5-14　　标准混合气样的适用浓度**　　（μL/L）

| 气体组分 | 低浓度 | 高浓度 |
|---|---|---|
| 氢 | 400～800 | 1000～1500 |
| 甲烷 | 40～60 | 200～300 |
| 乙烷 | 40～60 | 200～300 |
| 乙烯 | 40～60 | 200～300 |
| 乙炔 | 40～60 | 200～300 |
| 一氧化碳 | 250～500 | 1000～1500 |
| 二氧化碳 | 1000～2000 | 5000～6000 |
| 氮（氩） | 其他 | 其他 |

注　1. 对于分析出厂和新投运的设备，及其他含量较低设备，宜使用低浓度的标准气体进行标定；对运行中的设备，一般气体含量较高，宜使用高浓度的标准气样进行标定。

2. 由于标准气体的小钢瓶的金属壁容易吸附氢，而改变标准气样中的氢浓度，因此当标准混合气样时间较长时，应自己配置氢气标准气样。

2）自配标准气样。自配标准气样是指用已知浓度的“纯”气样自行配制的“标准”气样。一般用于对氢气的标定。自配标准气样可以用特制的大容量配气瓶或100mL玻璃注射器。以载气为底气，注入定量的“纯”气，混合均匀后即可使用。配气用的所有容器及注射器的真实容积都必须用蒸馏水称重法精确校准。

配好的气样一般不宜在配气容器中长时间储存，以免因气体逸散而影响标定的准确性。

自配标准气样的浓度按下式计算

$$C_{is} = \frac{V_{is}}{V_d + V_{is}} \times 10^6 \tag{5-16}$$

式中 $C_{is}$——外标物中组分 $i$ 的浓度，μL/L；

$V_d$——自配标准气样时所用底气体积，mL；

$V_{is}$——自配标准气样时所取纯组分 $i$ 气体的体积，mL。

为了提高分析的准确度，除氢以外，一律采用混合标准气样进行标定。

用注射器进样时，仪器的标定和组分测定必须用同一注射器，并且进样体积应相同，以减少误差。

（3）色谱峰面积的测量。各组分峰面积最好用积分仪测量，也可以用测量峰高和半高峰宽来计算。为保证半高峰宽测量的准确性，应采用较快的记录纸速，并最好采用读数放大镜。如果同一组分的半高峰宽在标定气体和所分析的样品浓度范围内变化不大，则可以只测量若干个该组分的半高峰宽，以其平均值作为计算的依据。

在使用工作站积分仪测量峰面积时，应注意色谱峰处理参数设置要合理，要定期用外标气样校验保留时间。

（4）分析和结果的表示方法。油中溶解气体分析结果用在压力为101.3kPa，温度为20℃时，每升油中所含各气体组分的微升数，以μL/L表示。

气体继电器中的气体分析结果用在压力为101.3kPa，温度为20℃时，每升气体中所含各气体组分的微升数，也以μL/L表示。

分析结果的记录符号为：“0”表示未测出数据（即低于最小检知浓度）；“—”表示对该组分未作分析；实测数据记录两位有效数字。

对于脱出的气体应换算到压力为101.3kPa，温度为20℃时的体积 $V_g$。换

算公式为

$$V_g = V_g' \frac{P}{101.3} \times \frac{293}{273+t} \tag{5-17}$$

式中　$V_g$——脱出气体在压力为 101.3kPa，温度为 20℃时的体积，mL；

$V_g'$——脱出气体在试验压力下，温度为 $t$ 时的实测体积，mL；

$t$——试验时的室温，20℃；

$P$——脱出气体压力（脱气时的大气压），kPa。

对所用油样的体积也应换算到压力为 101.3kPa，温度为 20℃时的体积 $V_0$。换算公式为：

$$V_0 = V_0'[1+0.0008(20-t)] \tag{5-18}$$

式中　$V_0$——被脱气、油在温度为 20℃时的体积，mL；

$V_0'$——被脱气、油在温度为 $t$ 时的实测体积，mL；

0.0008——油样的热膨胀系数。

**5.10.4.2**　分析结果的计算

采用混合标气时，即外标物与被测组分一致时，采用下式计算各组分浓度 $C_i$，即

$$C_i = \frac{1}{\eta_i} \times \frac{V_g}{V_o} \times \frac{A_i}{A_{is}} \times C_{is} \tag{5-19}$$

式中　$C_i$——油中组分 $i$ 的浓度，μL/L；

$C_{is}$——外标物中组分 $i$ 的浓度，μL/L；

$A_i$——组分 $i$ 在积分仪上给出的峰面积，μV・S；

$A_{is}$——外标物组分 $i$ 在积分仪上给出的峰面积，μV・S；

$V_g$——脱出气体在压力为 101.3kPa，温度为 20℃时的体积，mL；

$V_o$——被脱气、油在温度为 20℃时的体积，mL；

（1）溶解平衡法计算方法。将室温、试验压力下平衡的气体体积 $V_g'$ 校正到 50℃、试验压力下的体积 $V_g''$ 为

$$V_g'' = V_g' \times \frac{323}{273+t} \tag{5-20}$$

式中　$V_g'$——脱出气体在试验压力下，温度为 $t$ 时的实测体积，mL；

$V_g''$——试验压力下，50℃时的平衡气体体积，mL；

将室温、试验压力下的油样体积 $V_0'$ 校正到 50℃、试验压力下的体积 $V_0''$ 为

$$V_0''=V_0'[1+0.0008(50-t)] \tag{5-21}$$

式中　$V_0''$——被脱气、油在温度 50℃时的体积，mL；

$V_0'$——被脱气、油在温度为 $t$ 时的实测体积，mL；

0.0008——油样的热膨胀系数。

油中溶解气体各组分浓度为

$$C_i=0.929\times\frac{P}{1013}\times C_{is}\frac{A_i}{A_{is}}\left(k_i+\frac{V_g''}{V_0''}\right) \tag{5-22}$$

式中　$C_i$——油中组分 $i$ 的浓度，μL/L；

$C_{is}$——外标物中组分 $i$ 的浓度，μL/L；

$A_i$——组分 $i$ 在积分仪上给出的峰面积，μV·S；

$A_{is}$——外标物组分 $i$ 在积分仪上给出的峰面积，μV·S；

$P$——脱出气体压力（脱气时的大气压），kPa。

$V_g''$——试验压力下，50℃时的平衡气体体积，mL；

$V_0''$——被脱气、油在温度 50℃时的体积，mL；

0.929——油样中溶解气体从 50℃校正到 20℃时的校正系数。

（2）真空法计算方法。按下式将在试验压力下，室温时的气体体积 $V_g'$ 校正到压力为 101.3kPa，温度为 20℃下的体积 $V_g$。

$$V_g=V_g'\frac{P}{101.3}\times\frac{293}{273+t} \tag{5-23}$$

式中　$V_g$——脱出气体在压力为 101.3kPa，温度为 20℃时的体积，mL；

$V_g'$——脱出气体在试验压力下，温度为 $t$ 时的实测体积，mL；

$t$——试验时的室温，20℃；

$P$——脱出气体压力（脱气时的大气压），kPa。

按下式将在试验压力下，室温时的油样体积 $V_0'$ 校正到压力为 101.3kPa，温度为 20℃下的体积 $V_0$。

$$V_0=V_0'[1+0.0008(20-t)] \tag{5-24}$$

式中　$V_0$——被脱气、油在温度为 20℃时的体积，mL；

$V_0'$——被脱气、油在温度为 $t$ 时的实测体积，mL；

0.0008——油样的热膨胀系数。

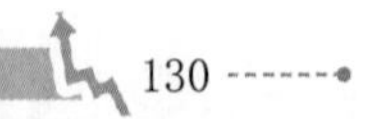

油中溶解气体各组分的浓度 $C_i$ 为

$$C_i = \frac{V_g}{V_0} \times \frac{A_i}{A_{is}} \times C_{is} \tag{5-25}$$

式中 $C_i$——油中组分 $i$ 的浓度，μL/L；

$C_{is}$——外标物中组分 $i$ 的浓度，μL/L；

$A_i$——组分 $i$ 在积分仪上给出的峰面积，μV・S；

$A_{is}$——外标物组分 $i$ 在积分仪上给出的峰面积，μV・S；

$V_g$——脱出气体在压力为 101.3kPa，温度为 20℃时的体积，mL；

$V_0$——被脱气、油在温度为 20℃时的体积，mL。

（3）气体继电器中气体浓度的计算方法。分析气体继电器中游离气体时，采用下式计算各组分气体浓度 $C_{ig}$，即

$$C_{ig} = \frac{A_i}{A_{is}} \times C_{is} \tag{5-26}$$

式中 $C_{ig}$——被测气体中组分 $i$ 的浓度，μL/L；

$C_{is}$——外标物中组分 $i$ 的浓度，μL/L；

$A_i$——组分 $i$ 在积分仪上给出的峰面积，μV・S；

$A_{is}$——外标物组分 $i$ 在积分仪上给出的峰面积，μV・S。

**5.10.4.3** 试验结果

试验从取油样到取得分析结果之间操作环节较多，为了最大限度减少每个操作环节可能带来的误差，通常取两次平行试验结果的算术平均值为测定值。油中溶解气体浓度＞10μL/L 时，两次测量定值之差应小于平均值的 10%；油中溶解气体浓度≤10μL/L 时，两次测量定值之差应小于平均值的 15%，加两倍该组分气体最小检测浓度之和。

两个试验室测定值之差的相对偏差，在油中溶解气体浓度大于 10μL/L 时，应小于 15%；在油中溶解气体浓度小于等于 10μL/L 时，应小于 30%。

## 5.10.5 分析结果判断

油中溶解气体分析结果的判断，以往采用总可燃气体法，近年来为了和 IEC 统一，采用以下方法。

**5.10.5.1** 特征气体法

正常运行时，绝缘油老化过程中产生的气体主要是 CO 和 $CO_2$。在油纸

绝缘中存在局部放电时，主要气体是 $H_2$ 和 $CII_4$。在故障温度高于正常运行温度不多时，产生的主要气体是 $CH_4$，随着温度的升高，产生的气体中 $C_2H_4$ 和 $C_2H_6$ 逐渐成为主要特征。当温度高于 1000℃时，如在电弧温度的作用下，油裂解产生的气体含有较多的 $C_2H_2$。如果进水受潮或油中有气泡，则 $H_2$ 含量极大。如果故障涉及固体绝缘材料时，会产生较多的 CO 和 $CO_2$。不同故障类型产生的气体组分见表 5-10。

**5.10.5.2** 产气速率法。

当气体浓度达到表 5-15 中所述的注意值时，应进行跟踪分析，查明原因。注意值不是划分设备有无故障的唯一标准。影响电流互感器和电容型套管油中氢气含量的因素很多，有的氢气含量虽低于表 5-15 中的数值，但若增加加快，也应引起注意；有的仅氢气含量超过注意值，若无明显增加趋势，也可判断为正常。

**表 5-15　　　　油中溶解气体含量的注意值**

| 设备名称 | 气体组分 | 含量（μL/L） |
| --- | --- | --- |
| 变压器和电抗器 | 总烃 | 150 |
| | 乙炔 | 5 |
| | 氢气 | 150 |
| 互感器 | 总烃 | 100 |
| | 乙炔 | 3 |
| | 氢气 | 150 |
| 套管 | 总烃 | 100 |
| | 乙炔 | 5 |
| | 氢气 | 200 |

注　表中数值不适用于从气体继电器放气嘴取出来的气样。

但仅根据油中溶解气体绝对值含量超过“正常值”即判断为异常是很不全面的，国内外的实践经验表明，要制定出变压器油中溶解气体的正常值是很困难的，尤其是 $C_2H_2$ 含量的正常值，可低到 0.05，也可高达 330。因此，除了看油中气体组分的含量绝对值以外，还要看发展趋势，也就是看产气速率。

（1）绝对产气速率。绝对产气速率是指每运行 1h 产生某种气体的平均值，计算公式为

$$r_a = \frac{C_1 - C_2}{\Delta t} \times \frac{G}{\rho} \times 10^{-3} \tag{5-27}$$

式中 $r_a$——绝对产气速率，mL/L；

$C_1$——第一次取样测得油中某气体浓度值，$10^{-6}$；

$C_2$——第二次取样测得油中某气体浓度值，$10^{-6}$；

$\Delta t$——两次取样时间间隔，h；

$G$——总油量，t；

$\rho$——油密度，$t/m^3$。

变压器的总烃绝对产气速率的注意值为：开放式取 0.25mL/L，隔膜式取 0.5mL/L。

（2）相对产气速率，相对产气速率是指每运行一个月产生某种气体的平均值含量增加值与原有值之比的百分数的平均值，计算公式为

$$r_r = \frac{C_2 - C_1}{C_1} \times \frac{1}{\Delta t} \times 100\% \tag{5-28}$$

式中 $r_a$——相对产气速率，%/月；

$C_1$——第一次取样测得油中某气体浓度值，$10^{-6}$；

$C_2$——第二次取样测得油中某气体浓度值，$10^{-6}$；

$\Delta t$——两次取样时间间隔，月。

总烃的相对产气速率大于 10%时，应引起注意，但对总烃起始含量很低的设备，不宜采用此方法。出厂和新投运设备的油中不应含有 $C_2H_2$ 成分，其他组分也应该很低。出厂试验前后两次分析，结果不应有明显的差别。

产气速率在很大程度上依赖于设备类型、负荷情况、故障类型和所用绝缘材料的体积及其老化程度，应结合这些情况进行综合分析。判断设备状况时还应考虑到呼吸系统对气体的逸散作用。对于发现气体含量有缓慢增长趋势的设备，应适当缩短检测周期，以便监视故障发展趋势。

**5.10.5.3** 三比值法

油的热分解温度不同，烃类气体各组分的相互比例不同。任一特定的气态烃的气体率随温度而变化，在某一特定温度下，有一最大产气率，但各气

体组分达到它的最大产气率所对应的温度不同。利用产生的各种气体组分气体浓度的相对比值，作为判断产生油裂变的条件，就是目前使用的”比值法”。三比值是指五种气体（$C_2H_2$、$C_2H_4$、$C_2H_6$、$H_2$和$CH_4$）构成的三个比值（$\frac{C_2H_2}{C_2H_4}$、$\frac{C_2H_4}{C_2H_6}$、$\frac{CH_4}{H_2}$），其编码规则和判断方法见表5-16和表5-17。

**表5-16　三比值法编码规则**

| 特征气体的比值 | 比值范围编码 | | | 说明 |
|---|---|---|---|---|
| | $\frac{C_2H_2}{C_2H_4}$ | $\frac{CH_4}{H_2}$ | $\frac{C_2H_4}{C_2H_6}$ | |
| <0.1 | 0 | 1 | 0 | 例如$\frac{C_2H_2}{C_2H_4}$为1～3时，编码为1；$\frac{CH_4}{H_2}$为1～3时编码为2；$\frac{C_2H_4}{C_2H_6}$为1～3编码为1。 |
| 0.1～1 | 1 | 0 | 0 | |
| 1～3 | 1 | 2 | 1 | |
| >3 | 2 | 2 | 2 | |

**表5-17　判断故障性质的三比值法**

| 序号 | 故障性质 | 比值编码范围 | | | 典型例子 |
|---|---|---|---|---|---|
| | | $\frac{C_2H_2}{C_2H_4}$ | $\frac{CH_4}{H_2}$ | $\frac{C_2H_4}{C_2H_6}$ | |
| 0 | 无故障 | 0 | 0 | 0 | 正常老化 |
| 1 | 低能量密度的局部放电 | 0 | 1 | 0 | 含空腔中放电，这种空腔是由于不完全浸渍、气体过饱和、空吸作用或高湿度等原因造成的 |
| 2 | 高能量密度的局部放电 | 1 | 1 | 0 | 含空腔中放电，已导致固体绝缘有放电痕迹或穿孔 |
| 3 | 低能量的放电① | 1→2 | 0 | 1→2 | 不同电位的不良连接点间或悬浮电位体的连续火花放电，固体材料之间的油击穿 |
| 4 | 高能量放电 | 1 | 0 | 2 | 有工频续流的放电，绕组、线匝间或绕组对地之间的油的电弧击穿，有载分接开关的选择开关切断电流 |

续表

| 序号 | 故障性质 | 比值编码范围 | | | 典 型 例 子 |
|---|---|---|---|---|---|
| | | $\frac{C_2H_2}{C_2H_4}$ | $\frac{CH_4}{H_2}$ | $\frac{C_2H_4}{C_2H_6}$ | |
| 5 | 低于 150℃的热故障[②] | 0 | 0 | 1 | 通常是包有绝缘的导线过热 |
| 6 | 150～300℃范围内的热故障[③] | 0 | 2 | 0 | / |
| 7 | 300～700℃范围内的热故障 | 0 | 2 | 1 | 由于磁通集中引起的铁芯局部过热，热点温度依据下述情况增加：铁芯中的小热点，铁芯短路，由于涡流引起的铜过热，接头或接触不良，铁芯和外壳的环流 |
| 8 | 高于 700℃的热故障[④] | 0 | 2 | 2 | |

① 随着火花放电强度的增长，特征气体的比值有如下的增长趋势：$C_2H_2/C_2H_4$ 比值从 0.1～3 增加到 3 以上；$C_2H_4/C_2H_6$ 比值从 0.1～3 增加到 3 以上。

② 在这一情况中，气体主要来自固体绝缘的分解。这说明了 $C_2H_4/C_2H_6$ 比值的变化。

③ 这种故障情况通常由气体浓度的不断增加来反映。$CH_4/H_2$ 的值通常大约为 1。实际值大于或小于 1 与很多因素有关，如油保护系统方式，实际的温度水平和油的质量等。

④ $C_2H_2$ 含量的增加表明热点温度可能高于 1000℃。

### 5.10.5.4 平衡判据

在气体继电器中聚集有游离气体时，使用平衡判据。

所有故障的产气率均与故障的能量释放紧密相关。对于能量较低、气体释放缓慢的故障（如低温热点或局部放电），所生成的气体大部分溶解于油中，就整体而言，基本处于平衡状态；对于能量较大（如铁芯过热）造成故障气体发展较快，当产气速率大于溶解速率时，可能形成气泡。在气泡上升的过程中，一部分气体溶解于油中（并与已溶解于油中的气体进行交换），改变了所生成气体的组分和含量。未溶解的气体和油中被置换出来的气体，最终进入继电器而积累；对于有高能量的电弧性放电故障，迅速生成大量气体，所形成的大量气泡迅速上升并聚集在继电器里，引起继电器报警。这些气体几乎没有机会与油中溶解气体进行交换，因而远没有达到平衡，如果长时间留在继电器中，某些组分，特别是电弧性故障产生的乙炔，很容易溶于油中，而改变继电器里的自由气体组分，以至导致错误的判断结果。因此当气体继电器发出信号时，除应立即取气体继电器中的自由气体进行色谱分析外，还应同时取油样进行溶解气体分析，并比较油中溶解气体和继电器中的自由气体的浓度，用以判断自由气体与溶解气体是否处于平衡状态，进而可以判断故障的持续时间和气泡上升的距离。

比较方法：首先把自由气体中各组分的浓度值利用各组分的奥斯特瓦尔德系数 $k_i$，计算出油中溶解气体的理论值，或从油中溶解气体各组分的浓度值计算出自由气体的各组分的理论值，然后再与从油样分析中得到的溶解气体组分的浓度值进行比较。

计算方法为

$$C_{oi} = k \times C_{gi} \tag{5-29}$$

式中 $C_{oi}$——油溶解组分 $i$ 浓度的理论值，μL/L；

$k_i$——组分 $i$ 的奥斯特瓦尔德系数；

$C_{gi}$——继电器中自有气体中组分 $i$ 的浓度值，μL/L。

判断方法：

（1）如果理论值和油中溶解气体的实测值近似相等，可认为气体是在平衡条件下放出来的。这里有两种可能：一种是故障气体各组分浓度均很低，说明设备是正常的。应搞清这些非故障气体的来源及继电器报警的原因。另一种是溶解气体浓度略高于理论值，则说明设备存在产生气体较缓慢的潜伏性故障。

（2）如果气体继电器内的自由气体浓度明显超过油中溶解气体浓度，说明释放气体较多，设备内部存在产生气体较快的故障，应进一步计算气体的增长率。

（3）判断故障类型的方法，原则上和油中溶解气体相同，但是如上所述，应将自由气体浓度换算为平衡状况下的溶解气体浓度，然后计算比值。

#### 5.10.5.5 其他判断方法

除上述主要判别方法外，还存在无编码比值法、TD 图判断法、总烃安伏曲线法、故障热点温度估算方法以及综合判断方法。

总之，色谱分析的结果应重视，但也不能只凭一次分析进行处理，应综合分析后，才能得出确定处理方案。

## 5.11 紫外红外测试

### 5.11.1 紫外测试

目前，各行业检测技术日新月异，结合电气试验特点，有针对性引进其他行业的先进检测技术，是电气试验人员的职责，同时对试验人员素质也提出了更高的要求。

紫外成像检测技术具有不接触、不受高频干扰、灵敏度高的优点，而且不受交流条件和人为因素限制，很适用于电力设备的放电检测工作，应用前景广泛。现行的依据、标准有 DL/T 345—2010《带电设备紫外诊断技术应用导则》。

根据电场强度不同，高压电气设备放电会产生电晕、闪络或电弧等。放电过程中。空气中的电子不断获得和释放能量（即放电），便会发出紫外线。紫外线成像技术就是利用这个原理，接收设备放电时产生的紫外信号，经过处理后并与可见光影像重叠，显示在仪器的屏幕上，达到确定电晕放电的位置和强度的目的，从而为进一步评估设备的运行情况提供更可靠的依据。

根据国内外多年紫外成像技术研究和实践，紫外成像技术主要功能为：①检测悬挂式绝缘子串中的零值绝缘子；②检测电晕放电和表面局部放电的来源；③检测支柱绝缘子上的微观裂纹；④评估绝缘子的表面电导（污秽程度）；⑤判定发电机定子线棒绝缘缺陷；⑥检测运行中电力设备外绝缘了闪络痕迹；⑦评估高压带电设备布局、结构、安装工艺、设计是否合理；⑧清晰观察到由于高压输电线断股及线径过小而引起的电晕放电；⑨找出干扰通信线路的高压输电线路放电部位；⑩快速发现高压输变电设备上可能搭接的导电物体，如金属丝；⑪发电机定子绕组端部电晕检测。

电力设备在运行中，由于电压、热、化学、机械振动及其他因素的影响，其绝缘性能会出现劣化，甚至失去绝缘特性，造成事故。这就要求运行部门的电气试验人员通过电气试验，在设备运行中了解掌握设备绝缘情况，以便在故障发展的初期就能准确及时地发现并处理。同时因试验现场环境复杂，为加强电力生产现场管理，保证人身、电网和设备安全，对电气试验现场检测作出严格要求是很有必要的。

（1）试验人员的要求。应用紫外成像仪对带电设备电晕放电检测是一项带电检测技术，从事检测技术的试验人员应具备一定的条件。如了解紫外成像仪的基本工作原理、技术参数和性能，掌握仪器的操作程序和测试方法；通过紫外成像检测技术的培训，熟悉应用紫外成像仪对带电设备电晕检测的基本技术要求；了解被检测设备的结构特点、外部接线、运行状况和导致设备缺陷的基本因素；具有一定现场工作经验，熟悉并能严格遵守电力生产和工作现场的有关安全规程及规定。

（2）安全、检测环境要求。

1）在安全方面。对带电设备进行紫外成像检测应严格遵守 DL 408《电业安全工作规程（发电厂和变电所电气部分）》和 DL 409《电业安全工作规程（电力线路部分）》的要求；同时在对带电设备进行紫外成像检测时，应严格遵守发电厂、变电站及线路巡视要求；此外，在对带电设备进行紫外成像检测时，应设专人监护，监护人必须在工作期间始终行使监护职责，不得擅离岗位或兼任其他工作。

2）对检测试验现场，除需要满足上述安全条件外，对检测环境条件也作了如下规定。

一般检测要求：被检设备是带电设备，应尽量避开影响检测的遮挡物；不应在有雷电和中（大）雨的情况下进行检测；风速宜不大于 5m/s。

准确检测在一般检测基础上要求风速宜不大于 1.5m/s；尽量减少或避开电磁干扰或其他干扰源对仪器测量的影响。

风速鉴别表见表 5-18。

**表 5-18　　风速鉴别表**

| 风力等级 | 风的名称 | 相当风速（m/s） | 陆地物征象 |
|---|---|---|---|
| 0 | 无风 | 0～0.2 | 静、烟直立 |
| 1 | 软风 | 0.3～1.5 | 烟能表示方向，但风向标不能转动 |
| 2 | 轻风 | 1.6～3.3 | 人面感觉有风，树叶有微响，风向标能转动 |
| 3 | 微风 | 3.4～5.4 | 树叶及微枝摇动不息，旌旗展开 |
| 4 | 和风 | 5.5～7.9 | 能吹起地面尘土和纸张，树的小枝摇动 |

续表

| 风力等级 | 风的名称 | 相当风速（m/s） | 陆地物征象 |
|---|---|---|---|
| 5 | 清风 | 8.0～10.7 | 有叶的小树摇动，内陆的水面有小波 |
| 6 | 强风 | 10.8～13.8 | 大树枝摇动，电线呼呼有声，举伞困难 |
| 7 | 疾风 | 13.9～17.1 | 全树摇动，大树枝弯下来，逆风步行不便 |
| 8 | 大风 | 17.2～20.7 | 可折毁树枝，人向前行感觉阻力大 |
| 9 | 烈风 | 20.8～24.4 | 烟囱及平房屋顶受损，小屋被破坏 |
| 10 | 狂风 | 24.5～28.4 | 可使树木拔出或将建筑物摧毁 |
| 11 | 暴风 | 28.5～32.6 | 陆上很少，有则必有重大损失 |
| 12 | 飓风 | 32.7～36.9 | 陆上极少，其摧毁力极大 |

（3）紫外检测仪器要求。紫外成像仪应操作简单，携带方便，图像清晰、稳定，具有较高的分辨率和动、静态图像存储功能，在移动巡检时，不出现拖尾现象，对设备的检测准确且不受环境中电磁场的干扰。

目前常用的仪器主要有数字式紫外成像仪、紫外电子光学成像仪。

数字式紫外成像仪是采用紫外光图像与可见光图像叠加，能实时显示设备电晕放电状态和在一定区域内紫外线光子的数值，具有光子数计数功能，能避免太阳光中紫外线的干扰，在日光下也能观测电晕。紫外电子光学成像仪则能实时显示电晕放电位置和放电形态，抗干扰能力较强，操作简便，宜在夜晚或阴天检测。

目前国内常用的紫外线成像仪有俄罗斯产 FiliIV-6 型、美国产 Coronascop 型、以色列产 DayCor 型、南非产 CroCAM 型等。

（4）现场检测工作。在发生外绝缘局部放电过程中，周围气体被击穿而电离，气体电离后放射光波的频率与气体的种类有关，空气中的主要成分是氮气，氮气在局部放电的作用下电离，电离的氮原子在复合时发射的光谱（波长 $\lambda$=280～400nm）主要落在紫外光波段。利用紫外成像仪接受放电产生的太阳日盲区内的紫外信号，经过处理与可见光图像叠加，从而确定电晕位置和强度。

导电体表面电晕放电有下列情况：①由于设计、制造、安装或检修等原因，形成的锐角或尖端；②由于制造、安装或检修等原因，造成表面粗糙；

③运行中导线断股（或散股）；④均压、屏蔽措施不当；⑤在高电压下，导电体裁面偏小；⑥悬浮金属物体产生的放电；⑦导电体对地或导电体间间隙偏小；⑧设备接地不良。

绝缘体表面电晕放电有下列情况：①在潮湿情况下，绝缘子表面破损或裂纹；②在潮湿情况下，绝缘子表面污秽；③绝缘子表面不均匀履冰；④绝缘子表面金属异物短接；⑤发电机线棒表面防晕措施不良、绝缘老化、绝缘机械损伤。

运行带电设备的紫外检测周期应根据带电设备的重要性、电压等级环境条件因素确定，如表 5-19 所示。

**表 5-19　　　　带电设备紫外检测周期**

| 序号 | 运行带电设备 | 检　测　周　期 |
| --- | --- | --- |
| 1 | 一般的 500（330）kV 及以上变电设备 | 每年不少于 1 次 |
| 2 | 重要的 500（330）kV 及以上运行环境恶劣或设备老化严重的变电站 | 在每年不少于 1 次的基础上，可适当缩短检测周期 |
| 3 | 500（330）kV 及以上输电线路 | 视重要程度，在有条件的情况下，宜 1～3 年 1 次 |
| 4 | 重要的新建、改扩建和大修的带电设备 | 宜在投运后 1 月内进行检测 |

除上述情况外，特殊情况下，如带电设备出现电晕放电异常、冰雪天气（特别是冻雨）、在污秽严重且大气湿度大于 90%，宜及时检测。

紫外成像仪检测的单位时间内光子数与带电设备电晕放电量具有一致的变化趋势和统计规律，随着电晕放电强烈，单位时间内的光子数增加并出现饱和现象，若出现饱和则要在降低其增益后再检测。

带电设备电晕放电从连续稳定形态向刷状放电过渡，刷状放电呈间歇性爆发形态。在现场试验时，大气湿度和大气气压对带电设备的电晕放电有影响，现场需记录大气环境条件，但对此不做修正。对于检测距离而言，因紫外光检测电晕放电量的结果与检测距离呈指数衰减关系，在实际测量中根据现场需要进行校正，按照 5.5m 标准距离检测，电晕电量与紫外光检测距离校正遵循以下公式：

$$y_1 = 0.033x_2^2 y_2 \exp(0.4125 - 0.075x_2) \qquad (5\text{-}30)$$

式中　$x_2$——检测距离，m；

$y_2$——在 $x_2$ 距离时紫外光检测的电晕放电量；

$y_1$——换算到5.5m标准距离时的电晕放电量。

现场检测时的主要流程有：

1）增益设置。一般情况下，开机后设置增益为最大。

2）调整增益、焦距。根据光子数的饱和情况，逐渐调整增益；调节焦距，直至图像清晰度最佳。

3）扫描检测。图像稳定后进行检测，对所测设备进行全面扫描，发现电晕放电部位进行精确检测。

现场测试时，应使紫外成像仪观测电晕放电部位在同一方向或同一视场内观测电晕部位，选择检测的最佳位置，避免其他设备放电干扰。在安全距离允许范围内，在图像内容完整情况下，尽量靠近被测设备，使被测设备电晕放电在视场范围内最大化，记录此时紫外成像仪与电晕放电部位距离，紫外检测电晕放电量的结果与检测距离呈指数衰减关系，在测量后需要进行校正。在一定时间内，紫外成像仪检测电晕放电强度以多个相差不大的极大值的平均值为准，并同时记录电晕放电形态、具有代表性的动态视频过程、图片以及绝缘体表面电晕放电长度范围。若存在异常，应出具检测报告。

此外，在现场检测时，应充分利用紫外光检测仪器的有关功能，以达到最佳检测效果，如增益调整、焦距调整、检测方式等功能。紫外检测应记录仪器增益、环境湿度、测量距离等参数。

在进行导电体表面电晕异常放电检测时，需要检测单位时间内多个相差不大的光子数极大值的平均值；观测电晕放电形态和频度。

在进行绝缘体表面电晕异常放电检测时，需要检测单位时间内多个相差不大的光子数极大值的平均值；观测电晕放电形态和频度；观测电晕放电长度范围。

当带电设备外绝缘出现高频度、间歇性爆发的电晕放电并短接部分干弧距离后，应重新校核和评估带电设备外绝缘耐受水平。

带电设备电晕放电检测及诊断方法主要有：①图像观察法，主要根据带电设备电晕状态，对异常电晕的属性、发生部位和严重程度进行判断和缺陷定级；②同类比较法，通过同类型带电设备对应部位电晕放电的紫外图像或紫外计数进行横向比较，对带电设备电晕放电状态进行评估。

（5）缺陷类型的确定及处理方法。紫外检测发现的设备电晕放电缺陷同其他设备缺陷一样，应纳入设备缺陷管理制度的范围，按照设备缺陷管理流程进行处理。根据电晕放电缺陷对带电设备或运行的影响程度，一般分成三类。

1）第一类：指设备存在的电晕放电异常，对设备产生老化影响，但还不会引起事故，一般要求记录在案，注意观察其缺陷的发展。

2）第二类：指设备存在的电晕放电异常突出，或导致设备加速老化，但还不会马上引起事故。应缩短检测周期并利用停电检修机会，有计划安排检修，消除缺陷。

3）第三类：指设备存在的电晕放电严重，可能导致设备迅速老化或影响设备正常运行，在短期内可能造成设备事故，应尽快安排停电处理。

### 5.11.2 红外测试

红外成像技术能检测大部分热故障，而且不需要停电，并能分辨最高热点，同时具有非接触、安全、准确，使用方便和实时等优点。现行的依据、标准有 DL/T 664《带电设备红外诊断应用规范》。

根据辐射理论，一切温度高于绝缘零度的物体，每时每刻都会向外辐射人眼看不见的红外线，也同时发射能量。物体温度越高发射的能量越大，根据斯蒂芬尔兹量定律，辐射能量表示为

$$W = \varepsilon\delta AT^4 \tag{5-31}$$

式中 $W$——发热体发射的功率；

$\varepsilon$——发射体的黑度；

$\delta$——玻尔兹曼常数；

$A$——发射体表面积；

$T$——发射体的绝对温度，K。

由上式可知，只要知道发射体表面的发射率，检测出红外辐射能量后，就可推断出发射体的温度。

当带电设备有了热故障，其特点是以过热点的最高温度，形成一个特定场，并向外辐射能量，通过红外成像仪的扫描系统，可以把这一热场直观地反映出来，根据这个热像图，很容易找出热场中温度最高点，这个温度最高

点就是热故障点。随着对此理论的深入研究和现场经验的积累，红外成像技术在电力系统中应用广泛。图 5-8 所示为红外探测器成像原理示意图。

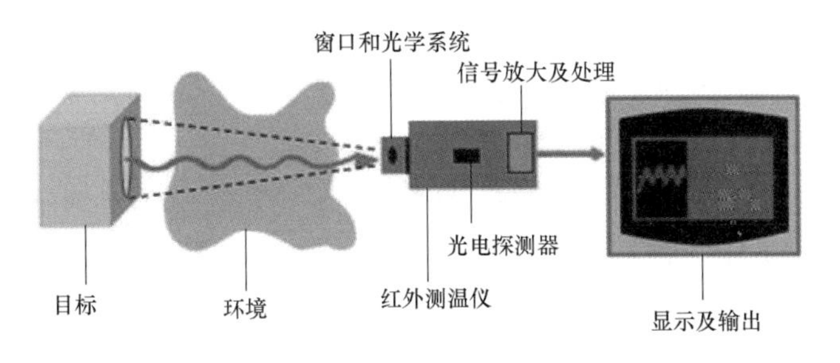


图 5-8　探测器成像原理示意图

红外检测属于设备带电检测，检测人员应具备的能力有：熟悉红外诊断技术的基本原理和诊断程序，了解红外热像仪的工作原理、技术参数和性能，掌握热像仪的操作程序和使用方法；了解被检测设备的结构特点、工作原理、运行状况和导致设备故障的基本因素；熟悉相关标准，接受过红外热像检测技术培训，并经相关机构培训合格；具有一定的现场工作经验，熟悉并能严格遵守电力生产和工作现场的有关安全管理制定。

在安全方面，对带电设备进行红外成像检测应严格遵守 DL 408 和 DL 409 的要求；应严格遵守发电厂、变电站及线路巡视要求；应设专人监护，监护人必须在工作期间始终行使监护职责，不得擅离岗位或兼任其他工作。

对检测试验现场，除需要满足上述安全条件外，对检测环境条件也作了如下规定：

（1）一般检测要求。被检设备是带电设备，应尽量避开影响检测的遮挡物；环境温度一般不低于 5℃，相对湿度一般不大于 85%；天气以阴天、多云为宜，夜间图像质量为佳；不应在雷、雨、雾、雪等气象条件下进行，检测时风速一般不大于 5m/s，现场观察可参照表 5-19；户外晴天要避开阳光直接照射或反射进入仪器镜头，在室内或晚上检测时，应避开灯光的直射，宜闭灯检测；检测电流致热型设备，最好在高峰负荷下进行。否则，一般应在不低于 30%的额定负荷下进行，同时应充分考虑小负荷电流对测试结果的影响。

（2）精确检测要求：除须满足一般检测的环境要求外，还要求风速一般不大于 0.5m/s；设备通电时间不小于 6h，最好在 24h 以上；检测期间天气为阴天、夜间或晴天日落 2h 后；被检测设备周围应具有均衡的背景辐射，应尽量避开附近热辐射源的干扰，某些设备被检测时，还应避开人体热源等的红外辐射；避开强电磁场，防止强电磁场影响红外热像仪的正常工作。

红外检测仪器主要有以下几种类型。

1）便携式红外热像仪。能满足精确检测的要求，测量精度和测温范围满足现场测试要求，性能指标较高，具有较高的温度分辨率及空间分辨率，具有大气条件的修正模型，操作简便，图像清晰、稳定，有目镜取景器，分析软件功能丰富。

2）手持（枪）式红外热像仪。能满足一般检测的要求，有最高点温度自动跟踪，采用 LCD 显示屏，可无取景器，操作简单，仪器轻便，图像比较清晰、稳定。

3）线路适用型红外热像仪。满足红外热像仪的基本功能要求，配备有中、长焦距镜头，空间分辨率达到使用要求。当采用飞机巡线检测时，红外热成像仪应具备普通宽视野镜头和远距离窄视野镜头，并且可由检测人员根据要求方便切接。

4）在线型热像仪。将热像探头固定在被检测设备附近，进行在线测试，并将信号反馈到主控系统。要求有外部供电接口，连续稳定工作时间长，并能满足全天候的环境使用条件，其信号和接口可根据系统要求定制。

红外成像技术测温有专用名词，个别专用名词和一般技术虽然名称相同，但含义有所区别。为顺利开展相关现场检测工作和正确理解相关术语，以下对红外成像技术测温有专用名词作出解释。

温升：被测设备表面温度和环境温度参照体表面温度之差。

一般检测：适用于用红外热像仪对电气设备进行大面积检测。

精确检测：主要用于检测电压致热型和部分电流致热型设备的内部缺陷，以便对设备的故障进行精确判断。

电压致热型设备：由于电压效应引起发热的设备。

电流致热型设备：由于电流效应引起发热的设备。

结合致热型设备：既有电压效应，又有电流效应，或者电磁效应引起发热的设备。

检测周期应根据电气设备在电力系统中的作用及重要性，并参照设备的电压等级、负荷电流、投运时间、设备状况等决定，如表 5-20 所示。

**表 5-20　　变（配）电设备红外检测周期**

| 序号 | 运行带电设备 | 检　测　周　期 |
| --- | --- | --- |
| 1 | 一般的 220kV 及以上交（直）流变电设备 | 每年不少于 2 次（其中一次可在大负荷前，另一次可在停电检修及预试前） |
| 2 | 110kV 及以下重要变（配）电站设备 | 每年 1 次 |
| 3 | 330kV 及以上变压器、断路器、套管、避雷器、电压互感器、电流互感器、电缆头等电压致热型设备 | 宜每年进行 1 次精确检测 |
| 4 | 重要的新建、改扩建和大修的电气设备 | 宜在投运后 1 月内（但至少在 24h 以后）进行检测，并建议对变压器、断路器、套管、避雷器、电压互感器、电流互感器、电缆终端等进行精确检测，对原始数据及图像进行存档 |
| 5 | 运行环境恶劣、陈旧或有缺陷的设备 | 大负荷运行期间、系统运行方式改变且设备负荷突然增加等情况下，需对电气设备增加检测次数 |

注　有条件的单位可开展 220kV 及以下设备的精确检测并建立图库。

输电线路的检测一般在大负荷前进行。对正常运行的 500kV 及以上架空线路和重要的 220（330）kV 架空线路接续金具，每年宜检测一次；110kV 线路和其他的 220（330）kV 线路，可每两年进行一次。新投产和做相关大修后的线路，应在投运带负荷后不超过 1 个月内（但至少 24h 以后）进行一次检测。对于线路上的瓷绝缘子及合成绝缘子，有条件和经验的也可进行检测。对正常运行的线路设备，主要是电缆终端，110kV 及以上电缆每年不少于两次；35kV 及以下电缆每年至少一次。对重负荷线路，运行环境差时应适当缩短检制周期；重大事件、重大节日、重要负荷以及设备负荷突然增加等特殊情况应增加检测次数。

旋转电机运行中的检测主要包括碳刷及出线母线的检测，可每年一次，或在机组检修前。进行定子铁芯损耗试验时，应使用红外热像仪进行温度分布测量。必要时可利用红外热像仪进行定子绕组接头的开焊、断股缺陷的查找，以及用于线棒通流试验的检查。

（1）现场检测。

1）一般检测。仪器在开机后需进行内部温度校准，待图像稳定后即可开始工作。

一般先远距离对所有被测设备进行全面扫描，发现有异常后，再有针对性地近距离对异常部位和重点被测设备进行准确检测。

仪器的色标温度量程宜设置在环境温度加10K～20K左右的温升范围。

有伪装彩色显示功能的仪器，只选择彩色显示方式，调节图像使其具有清晰的温度层次显示，并结合数值测温手段，如热点跟踪、区域温度跟踪等手段进行检测。

应充分利用仪器的有关功能，如图像平均、自动跟踪等，以达到最佳检测效果。

环境温度发生较大变化时，应对仪器重新进行内部温度校准，校准方法按仪器的说明书进行。

作为一般检测，被测设备的辐射率一般取0.9左右。

2）精确检测。检测温升所用的环境温度参照体应尽可能选择与被测设备类似的物件，且最好能在同一方向或同一视场中选择。

在安全距离允许的条件下，红外仪器宜尽量靠近被测设备，使被测设备（或目标）尽量充满整个仪器的视场，以提高仪器对被测设备表面细节的分辨能力及测温准确度，必要时，可使用中、长焦距镜头目。

线路检测一般需使用中、长焦距镜头。

为了准确测温或方便跟踪，应事先设定几个不同的方向和角度，确定最佳检测位置，并可做上标记，以供今后的重测用，提高互比性和工作效率。

正确选择被测设备的辐射率，特别要考虑金属材料表面氧化对选取辐射率的影响。

将大气温度、相对湿度、测量距离等补偿参数输入，进行必要修正，并选择适当的测温范围。

记录被检设备的实际负荷电流、额定电流、运行电压，被检物体温度及环境参照体的温度值。

（2）判断方法。

1）表面温度判断法。主要适用于电流致热型和电磁效应引起发热的设

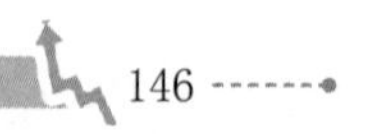

备。根据测得的设备表面温度值，对照 GB/T 11022《高压开关设备和控制设备标准的共用技术要求》中高压开关设备和控制设备各种部件、材料及绝缘介质的温度和温升极限的有关规定，结合环境气候条件、负荷大小进行分析判断。

2）同类比较判断法。根据同组三相设备、同相设备之间及同类设备之间对应部位的温差进行比较分析。对于电压致热型设备，应结合图像特征判断法进行判断；对于电流致热型设备，应结合相对温差判断条件进行判断。

3）图像特征判断法。主要适用于电压致热型设备。根据同类设备的正常状态相异常状态的热像图，判断设备是否正常。注意应尽量排除各种干扰因素对图像的影响，必要时结合电气试验或化学分析的结果，进行综合判断。

4）相对温差判断法。主要适用于电流致热型设备。特别是对小负荷电流致热型设备，采用相对温差判断法可降低小负荷缺陷的漏判率。

5）档案分析判断法。分析同一设备不同时期的温度场分布，找出设备致热参数的变化，判断设备是否正常。

6）实时分析判断法。在一段时间内使用红外热像仪连续检测某被测设备，观察设备温度随负载、时间等因素变化的方法。

（3）缺陷类型的确定及处理方法。红外检测发现的设备过热缺陷应纳入设备缺陷管理制度的范围，按照设备缺陷管理流程进行处理。根据过热缺陷对电气设备运行的影响程度分为以下三类：

1）一般缺陷。指设备存在过热，有一定温差，温度场有一定梯度，但不会引起事故的缺陷。这类缺陷一般要求记录在案，注意观察其缺陷的发展，利用停电机会检修，有计划地安排试验检修，消除缺陷。对于负荷率小、温升小但相对温差大的设备，如果负荷有条件或机会改变时，可在增大负荷电流后进行复测，以确定设备缺陷的性质，当无法改变时，可暂定为一般缺陷，加强监视。

2）严重缺陷。指设备存在过热，程度较重，温度场分布梯度较大，温差较大的缺陷。这类缺陷应尽快安排处理。对电流致热型设备，应采取必要的措施，如加强检测等，必要时降低负荷电流；对电压致热型设备，应加强监测并安排其他测试手段，缺陷性质确认后，立即采取措施消缺。

3）危急缺陷。指设备最高温度超过 GB/T 11022 规定的最高允许温度的缺陷。这类缺陷应立即安排处理。对电流致热型设备，应立即降低负荷电流或立即消缺；对电压致热型设备，当缺陷明显时，应立即消缺或退出运行，如有必要，可安排其他试验手段，进一步确定缺陷性质。

电压致热型设备的缺陷一般定为严重及以上的缺陷。

## 5.12　继电保护校核

电力系统继电保护的功能是在合理的电网结构前提下，保证电力系统和电力设备的安全运行。继电保护装置应符合可靠性、选择性、灵敏性和速动性的要求。当确定其配置和构成方案时，应综合考虑以下几个方面，并结合具体情况，处理好上述“四性”的关系：

（1）电力设备和电力网的结构特点和运行特点；

（2）故障出现的概率和可能造成的后果；

（3）电力系统的近期发展规划；

（4）相关专业的技术发展状况；

（5）经济上的合理性；

（6）国内和国外的经验；

继电保护装置是保障电力系统安全、稳定运行不可或缺的重要设备。确定电力网结构、厂站主接线和运行方式时，必须与继电保护装置的配置统筹考虑，合理安排。继电保护装置的配置要满足电力网结构和厂站主接线的要求，并考虑电力网和厂站运行方式的灵活性。

### 5.12.1　继电保护的一般性规定

电力系统中的电力设备和线路，应装设短路故障和异常运行法保护装置。电力设备和线路短路故障的保护应有主保护和后备保护，必要时可增设辅助保护。

主保护是满足系统稳定和设备安全要求，能以最快速度有选择地切除被保护设备和线路故障的保护。后备保护是主保护或断路器拒动时，用以切除故障的保护，后备保护可分为远后备保护和近后备保护两种方式。远后备是当主保护或断路器拒动时，由相邻电力设备或线路的保护实现后备。近后备是当主保护拒动时，由该电力设备或线路的另一套保护实现后备的保护；当断路器拒动时，由断路器失灵保护来实现的后备保护。辅助保护是为补充主保护和后备保护的性能或当主保护和后备保护退出运行增设的简单保护。异常运行保护是反应被保护电力设备或线路异常运行状态的保护。

继电保护装置应满足可靠性、选择性、灵敏性和速动性的要求。

可靠性是指保护该动作时应动作，不该动作时不动作。为保证可靠性，宜选用性能满足要求、原理尽可能简单的保护方案，应采用由可靠的硬件和软件构成的装置，并应具有必要的自动检测、闭锁、告警等措施，以及便于整定、调试和运行维护。

选择性是指首先由故障设备或线路本身的保护切除故障，当故障设备或线路本身的保护或断路器拒动时，才允许由相邻设备、线路的保护或断路器失灵保护切除故障。为保证选择性，对相邻设备和线路有配合要求的保护和同一保护内有配合要求的两元件（如起动与跳闸元件、闭锁与动作元件），其灵敏系数及动作时间应相互配合。当重合于本线路故障，或在非全相运行期间健全相又发生故障时，相邻元件的保护应保证选择性。在重合闸后加速的时间内以及单相重合闸过程中发生区外故障时，允许被加速的线路保护无选择性。在某些条件下必须加速切除短路时，可使保护无选择动作，但必须采取补救措施，例如采用自动重合闸或备用电源自动投入来补救。发电机、变压器保护与系统保护有配合要求时，也应满足选择性要求。

灵敏性是指在设备或线路的被保护范围内发生故障时，保护装置具有的正确动作能力的裕度，一般以灵敏系数来描述。灵敏系数应根据不利正常（含正常检修）运行方式和不利故障类型（仅考虑金属性短路和接地故障）计算。

速动性是指保护装置应能尽快地切除短路故障，其目的是提高系统稳定性，减轻故障设备和线路的损坏程度，缩小故障波及范围，提高自动重合闸和备用电源或备用设备自动投入的效果等。

继电保护一般性规定如下。

（1）在制订保护配置方案时，对两种故障同时出现的稀有情况，可仅保证切除故障。在各类保护装置接于电流互感器二次绕组时，应考虑到既要消除保护死区，同时又要尽可能减轻电流互感器本身故障时所产生的影响。

当采用远后备方式时，在短路电流水平低且对电网不致造成影响的情况下（如变压器或电抗器后面发生短路，或电流助增作用很大的相邻线路上发生短路等），如果为了满足相邻线路保护区末端短路时的灵敏性要求，将使保护过分复杂或在技术上难以实现时，可以缩小后备保护作用的范围。必要时，可加设近后备保护。

（2）电力设备或线路的保护装置，除预先规定的以外，都不应因系统振荡引起误动作。有独立选相跳闸功能的线路保护装置发出的跳闸命令，应能直接传送至相关断路器的分相跳闸执行回路。使用于单相重合闸线路的保护装置，应具有在单相跳闸后至重合前的两相运行过程中，健全相在故障时快速动作三相跳闸的保护功能。

对技术上无特殊要求及无特殊情况时，保护装置中的零序电流方向元件应采用自产零序电压，不应接入电压互感器的开口三角电压。

保护装置在电压互感器二次回路一相、两相或三相同时断线、失压时，应发告警信号，并闭锁可能误动作的保护。保护装置在电流互感器二次回路不正常或断线时，应发告警信号，除母线保护外，允许跳闸。

（3）超高压电网的线路保护，其振荡闭锁应满足如下要求。①系统发生全相或非全相振荡，保护装置不应误动作跳闸；②系统在全相或非全相振荡过程中，被保护线路如发生各种类型的不对称故障，保护装置应有选择性地动作跳闸，纵联保护仍应快速动作；③系统在全相振荡过程中发生三相故障，故障线路的保护装置应可靠动作跳闸，并允许带短延时。

### 5.12.2 电压回路的校核

#### 5.12.2.1 电压回路的相位及幅值校核

测量电压互感器各二次电压回路的电压幅值、相位，并与用于定相的电压互感器进行比对校核，应符合继电保护的设计要求，试验的测试结果应符合 GB/T 14285《继电保护和安全自动装置技术规程》的相关要求。

电压互感器的二次回路只允许有一点接地，接地点宜设置在控制室内。独立的、与其他互感器无电联系的电压互感器也可以在开关场实现一点接地。为保证接地可靠，各电压互感器的中性线不得接有可能断开的开关或熔断器等。

已在控制室一点接地的电压互感器二次绕组，必要时可在开关场将二次绕组中性点经放电间隙或氧化锌阀片接地，应经常维护检查防止出现两点接地的情况。

来自电压互感器二次的四根开关场引出线中的零线和电压互感器三次的两根开关场引出线中的N线必须分开，不得共用。

**5.12.2.2** 保护用电压互感器的要求

保护用电压互感器应能在电力系统故障时将一次电压准确传变至二次侧，传变误差及暂态响应应符合DL/T 866《电流互感器和电压互感器选择及计算规程》的有关规定。电磁式电压互感器应避免出现铁磁谐振。

电压互感器的二次输出额定容量及实际负荷应在保证互感器准确等级的范围内。双断路器接线按近后备原则配备的两套主保护，应分别接入电压互感器的不同二次绕组；对双母线接线按近后备原则配置的两套主保护，可以合用电压互感器的同一二次绕组。

电压互感器的一次侧隔离开关断开后，其二次回路应有防止电压反馈的措施。对电压及功率调节装置的交流电压回路，应采取措施，防止电压互感器一次或二次侧断线时，发生误强励或误调节。

在电压互感器二次回路中，除开口三角线圈和另有规定者（例如自动调整励磁装置）外，应装设自动开关或熔断器。接有距离保护时，宜装设自动开关。

**5.12.3** 电流回路的校核

**5.12.3.1** 电流回路的相位及幅值校核

测量各电流回路的电流幅值，并以一相电压为参考基准，校核各回路电流的相位，应符合继电保护的设计要求。试验的测试结果应符合GB/T 14285《继电保护和安全自动装置技术规程》的相关要求。

电流互感器的二次回路必须有且只能有一点接地，一般在端子箱经端子排接地。但对于有几组电流互感器连接在一起的保护装置，如母差保护、各种双断路器主接线的保护等，则应在保护屏上经端子排接地。

**5.12.3.2** 保护用电流互感器的要求

保护用电流互感器的准确性能应符合DL/T 866《电流互感器和电压互感器选择及计算规程》的有关规定。电流互感器带实际二次负荷在稳态短路电流下的准确限值系数或励磁特性（含饱和拐点）应能满足所接保护装置动作可靠性的要求。

电流互感器在短路电流含有非周期分量的暂态过程中和存在剩磁的条件下，可能使其严重饱和而导致很大的暂态误差。在选择保护用电流互感器时，应根据所用保护装置的特性和暂态饱和可能引起的后果等因素，慎重确定互感器暂态影响的对策。必要时应选择能适应暂态要求的 TP 类电流互感器，其特性应符合 GB 16847 的要求。如保护装置具有减轻互感器暂态饱和影响的功能，可按保护装置的要求选用适当的电流互感器。

330kV 及以上系统保护、高压侧为 330kV 及以上的变压器和 300MW 及以上的发电机变压器组差动保护用电流互感器宜采用 TPY 电流互感器。互感器在短路暂态过程中误差应不超过规定值。

220kV 系统保护、高压侧为 220kV 的变压器和 100MW 级～200MW 级的发电机变压器组差动保护用电流互感器可采用 P 类、PR 类或 PX 类电流互感器。互感器可按稳态短路条件进行计算选择，为减轻可能发生的暂态饱和影响宜具有适当暂态系数。220kV 系统的暂态系数不宜低于 2，100MW 级～200MW 级机组外部故障的暂态系数不宜低于 10。

110kV 及以下系统保护用电流互感器可采用 P 类电流互感器。母线保护用电流互感器可按保护装置的要求或按稳态短路条件选用。

保护用电流互感器的配置及二次绕组的分配应尽量避免主保护出现死区。按近后备原则配置的两套主保护应分别接入互感器的不同二次绕组。

**5.12.4** 自动重合闸

据统计，架空输电线路上有 90%的故障是瞬时性的故障，如雷击、鸟害引起的故障。短路以后如果线路两端的断路器没有跳闸，虽然引起故障的原因已消失，例如雷击已过去、电击以后的鸟也掉下来，但由于有电源往短路点提供短路电流，所以电弧不会自动熄灭，故障不会自动消失。等继电保护动作将输电线路两端的断路器跳开以后，由于没有电源提供短路电流，电弧将熄灭。原先由电弧使空气电离造成的空气中大量正、负离子开始中和，此过程为去游离。等到足够的去游离时间后，空气可以恢复绝缘水平。这时如果有一个自动装置能将断路器重新合闸就可以立即恢复正常运行，显然这对保证系统安全稳定运行是十分有利的。自动重合闸装置将断路器重新合闸后，如果线路上没有故障，继电保护没有在跳闸，系统可马上恢复正常运行状态，这样重合闸就成功了。如果线路上是永久性故障，继电保护再次将断路器跳开，这样重合闸就没有成功。据统计，重合闸的成功率在80%以上。

线路自动重合闸的主要方式有三相重合闸方式、单相重合闸方式、综合重合闸方式和重合闸停用方式。在110kV及以下电压等级的输电线路上一般采用三相重合闸方式。在220kV及以上电压等级的输电线路上，一般由用户选择重合闸方式，以适应各种需要。

自动重合闸装置应符合下列基本要求：

（1）自动重合闸装置可由保护起动和/或断路器控制状态与位置不对应起动。

（2）用控制开关或通过遥控装置将断路器断开，或将断路器投于故障线路上并随即由保护将其断开时，自动重合闸装置均不应动作。

（3）在任何情况下（包括装置本身的元件损坏，以及重合闸输出触点的粘住），自动重合闸装置的动作次数应符合预先的规定（如一次重合闸只应动作一次）。

（4）自动重合闸装置动作后，应能经整定的时间后自动复归。

（5）自动重合闸装置，应能在重合闸后加速继电保护的动作。必要时，可在重合闸前加速继电保护动作。

（6）自动重合闸装置应具有接收外来闭锁信号的功能。

自动重合闸装置的动作时限应符合下列要求：

（1）对单侧电源线路上的三相重合闸装置，其时限应大于下列时间：故障点灭弧时间（计及负荷侧电动机反馈对灭弧时间的影响）及周围介质去游离时间；断路器及操作机构准备好再次动作的时间。

（2）对双侧电源线路上的三相重合闸装置及单相重合闸装置，其动作时限除应考虑上述对单侧电源线路上的三相重合闸装置时间要求外，还应考虑线路两侧继电保护以不同时限切除故障的可能性；故障点潜供电流对灭弧时间的影响。

进行单相重合闸试验时，投入线路单相重合闸功能，用人工控制跳开线路单相断路器，单相断路器动作逻辑、动作时间应符合工程设计及调度整定值要求。

在带有分支的线路上使用单相重合闸装置时，分支侧的自动重合闸装置采用分支处无电源方式和分支处有电源方式两种不同方式处理。

对分支处无电源方式，采取的处理方案为：分支处变压器中性点接地时，装设零序电流起动的低电压选相的单相重合闸装置。重合后，不再跳闸。分支处变压器中性点不接地，但所带负荷较大时，装设零序电压起动的低电压选相的单相重合闸装置。重合后，不再跳闸。当负荷较小时，不装设重合闸装置，也不跳闸。

如分支处无高压电压互感器，可在变压器（中性点不接地）中性点处装设一个电压互感器，当线路接地时，由零序电压保护起动，跳开变压器低压侧三相断路器，重合后，不再跳闸。

对分支处有电源方式所采取的是：如分支处电源不大，可用简单的保护将电源解列后，按分支处无电源方式规定处理。如分支处电源较大，则在分支处装设单相重合闸装置。

当采用单相重合闸装置时，应考虑下列问题，并采取相应措施：

（1）重合闸过程中出现的非全相运行状态，如引起本线路或其他线路的保护装置误动作时，应采取措施予以防止。

（2）如电力系统不允许长期非全相运行，为防止断路器一相断开后，由于单相重合闸装置拒绝合闸而造成非全相运行，应具有断开三相的措施，并应保证选择性。

### 5.12.5 保护装置校核

在我国，3～35kV的电网，采用中性点不接地或经消弧线圈接地方式。110kV及以上电压等级的电网，均为中性点直接接地电网。在中性点直接接地电网中，发生一点接地故障，即构成单相接地短路，将产生很大的故障电流，从对称分量角度分析，则出现了很大的零序电流，因此中性点直接接地电网又称为大接地电流电网。

在中性点直接接地电网中，线路发生接地故障占所有故障次数中的大多数，约占80%，采用专用的零序电流保护，可以提高保护的灵敏性和快速性。因此，在中性点直接接地电网中除装设反应相间故障的保护外，还装设反应接地故障的零序保护装置。

在线路人工单相短路接地试验时，检查各保护装置的启动、动作战断路器跳开、重合逻辑，应符合工程设计要求，保护装置动作时间及重合闸动作时间应符合调度整定值要求。

## 5.13 变压器空载特性测试

### 5.13.1 空载试验的目的及意义

变压器空载试验是指在变压器任意一侧绕组（一般为低压绕组）施加正弦波形、额定频率的额定电压，在其他绕组开路的情况下测量变压器空载损耗和空载电流的试验。

DL/T 596—2015《电力设备预防性试验规程》规定，对容量为3150kVA及以上的变压器应进行此项试验，测量得出的空载电流和空载损耗数值与出厂试验值相比应无明显变化。

空载试验的主要目的是发现磁路中的铁芯硅钢片的局部绝缘不良或整体缺陷，如铁芯多点接地、铁芯硅钢片整体老化等；根据交流耐压试验前后两次空载试验测得的空载损耗比较，判断绕组是否有匝间击穿情况等。

空间损耗主要是铁芯损耗，即由于铁芯的磁化所引起的磁滞损耗和涡流损耗。空载损耗还包括少部分铜损耗（空载电流通过绕组时产生的电阻损耗）和附加损耗（指铁损耗、铜损耗以外的其他损耗，如变压器引线损耗、测量线路及表计损耗等）。计算表明，变压器空载损耗中的铜损耗及附加损耗不超过总损耗的3%。

空载损耗和空载电流的大小，取决于变压器的容量、铁芯的构造、硅钢片的质量和铁芯制造工艺等。电力变压器容量在2000kVA以上时，空载电流约占额定电流0.6%～2.4%;中、小型变压器的空载电流约占额定电流的4%～16%。铁芯硅钢片采用的材质不同，其空载电流差异较大。

空载电流通常以额定电流的百分数$I_o$（%）来表示。

单相变压器$I_o$（%）为

$$I_o(\%)=\frac{I_0}{I_N}\times 100\% \tag{5-32}$$

三相变压器空载电流百分数$I_o$（%）为

$$I_o(\%)=\frac{I_o}{I_N}\times 100\% \tag{5-33}$$

$$I_o=\frac{I_{oa}+I_{ob}+I_{oc}}{3} \tag{5-34}$$

式中　$I_o$（%）——空载电流百分数；

$I_o$ ——三相空载电流的算术平均值：

$I_{oa}$、$I_{ob}$、$I_{oc}$——a、b、c 三相上测得的空载电流；

$I_N$ ——加压测量侧的额定电流。

导致变压器空载损耗和空载电流增大的原因有：

（1）变压器铁芯多点（两点以上）接地。

（2）硅钢片之间绝缘不良，或部分硅钢片之间短路。

（3）穿心螺栓或压板的绝缘损坏，上件夹和铁芯、穿心螺栓间绝缘不良，造成铁芯的局部短路。

（4）变压器绕组有匝间、层间短路，并联支路短路。

（5）硅钢片松动、劣化，铁芯接缝不严密。

### 5.13.2　空载试验的试验方法

#### 5.13.2.1　单相变压器空载试验

试验接线如图 5-9 所示，当试验电压和电流不超出仪表的额定值时，可直接将测量仪器接入测量回路。当电压、电流超过仪表额定值时，可通过电压互感器及电流互感器接入测量回路。

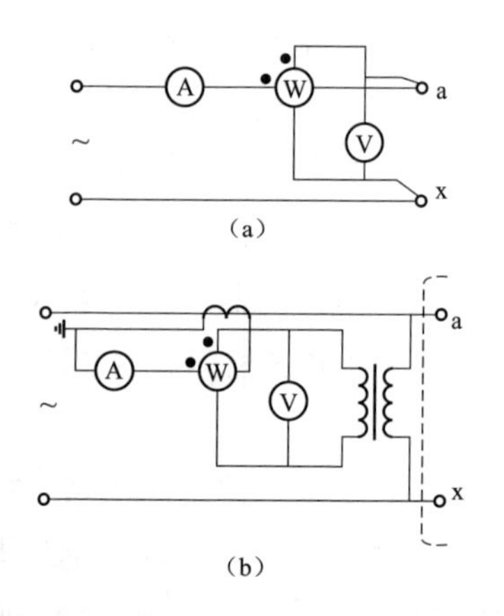


图 5-9　单相变压器空载试验接线图

（a）仪表直接接入；（b）仪表经互感器接入

#### 5.13.2.2　三相变压器空载试验

三相变压器的空载试验多采用两功率表法和三功率表法，试验接线如图 5-10 所示。

对应图 5-10（a），空载损耗 $P_0$ 与空载电流百分数 $I_0$（%）计算公式为

$$P_0=P_1+P_2$$

$$I_o(\%)=\left(\frac{I_{oa}+I_{ob}+I_{oc}}{3I_N}\right)\times 100\% \tag{5-35}$$

对应图 5-10（b），空载损耗 $P_0$ 与空载电流百分数 $I_0$（%）计算公式为

$$P_0=(P_1+P_2)k_{TV}k_{TA}$$

$$I_0(\%)=\left(\frac{I_{oa}+I_{ob}+I_{oc}}{3I_N}\right)k_{TA}\times100\% \tag{5-36}$$

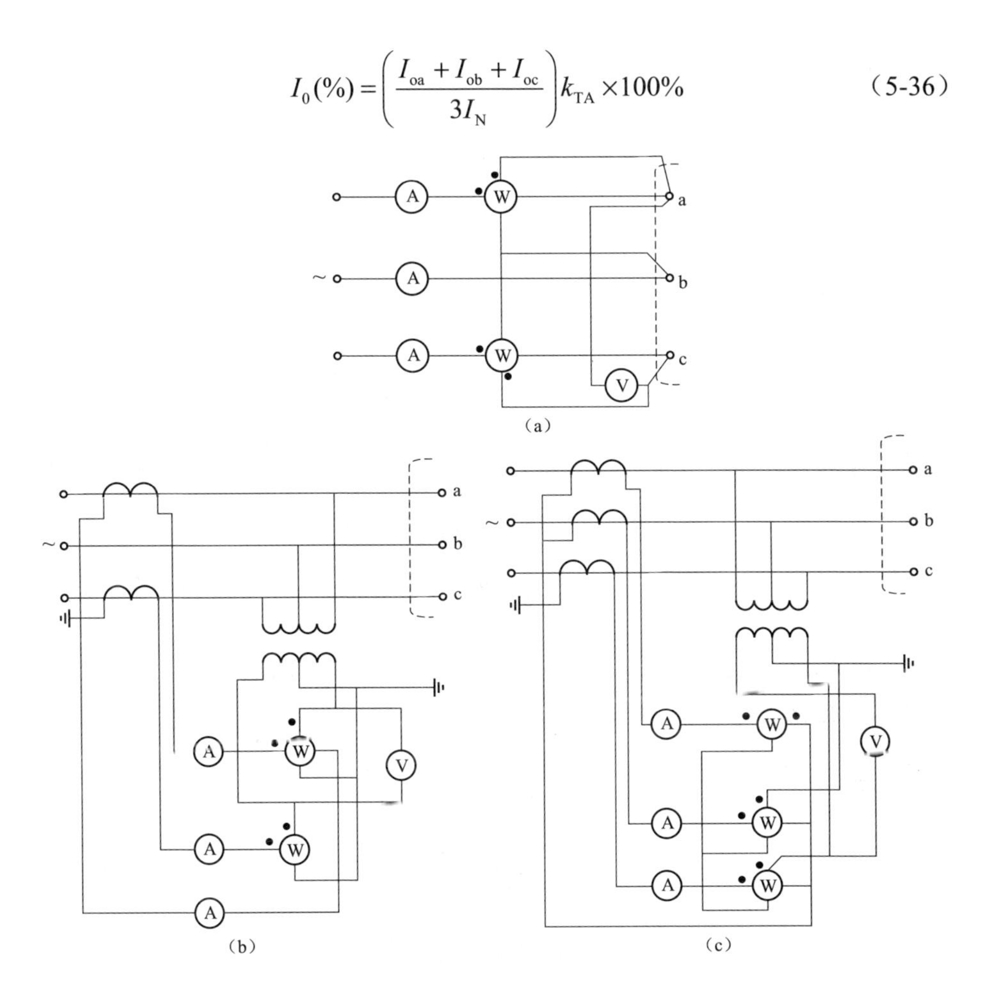


图 5-10 三相变压器空载试验接线图

(a) 两功率表法，仪表直接接入；(b) 两功率表法，仪表经互感器接入；

(c) 三功率表法，仪表经互感器接入

对应图 5-10（c），空载损耗 $P_0$ 与空载电流百分数 $I_0$（%）计算公式为

$$P_0=(P_1+P_2+P_3)k_{TV}k_{TA}$$

$$I_0(\%)=\left(\frac{I_{oa}+I_{ob}+I_{oc}}{3I_N}\right)k_{TA}\times100\% \tag{5-37}$$

式中 $P_1$、$P_2$、$P_3$——功率表测量值；

$I_{0a}$、$I_{0b}$、$I_{0c}$ ——电流表的实测值；

$I_N$——变压器测量侧的额定电流；

$k_{TV}$——测量用电压互感器的变比；

$k_{TA}$——测量用电流互感器的变比。

**5.13.2.3** 三相变压器的单相空载试验

当现场没有三相电源或变压器三相空载试验数据异常时，可进行单相空载试验。通过三相变压器的单相空载试验，对各相空载损耗的分析比较，可以了解空载损耗在各相的分布状况，对发现绕组与铁芯磁路有无局部缺陷，判断铁芯故障的部位较有效。

进行三相变压器单相空载试验时，将三相变压器中的一相依次短路，按单相变压器的空载试验接线方式接线，在其他两相上施加电压，测量空载损耗和空载电流。一相短路的目的是使该相没有磁通通过，因而也没有损耗。

（1）当施加绕组为星形接线时，施加电压 $U=2U_N/\sqrt{3}$ ，测量方法为：

第一次试验 a、b 端加压，c、0 端或 c 相上的其他绕组（如 cb 或 ca）短路，测量 $P_{0ab}$ 和 $I_{0ab}$；第二次试验 b、c 端加压，a、0 端或 a 相上的其他绕组（如 ab 或 ac）短路，测量 $P_{0bc}$ 和 $I_{0bc}$；第三次试验 a、c 端加压，b、0 端或 b 相上的其他绕组（如 ba 或 bc）短路，测量 $P_{0ac}$ 和 $I_{0ac}$。

三相空载损耗 $P_0$ 和空载电流百分数 $I_0$（%）计算公式为

$$P_0=\left(\frac{P_{0ab}+P_{0bc}+P_{0ac}}{2}\right)k_{TV}k_{TA} \tag{5-38}$$

$$I_0(\%)=\left(\frac{I_{0ab}+I_{0bc}+I_{0ac}}{3I_N}\right)k_{TA}\times 100\% \tag{5-39}$$

式中 $P_{0ab}$、$P_{0bc}$、$P_{0ac}$——功率表实测值；

$I_{0ab}$、$I_{0bc}$、$I_{0ac}$——电流表的实测值；

$k_{TV}$——测量用电压互感器的变比，若为仪表直接接入，则取值为 1；

$k_{TA}$——测量用电流互感器的变比，若为仪表直接接入，则取值为 1。

（2）当施加绕组为三角形接线（a-y、b-z、c-x 连接）时，施加电压 $U=U_N$，测量方法为：第一次试验 a、b 端加压，b、c 端短路，测量 $P_{0ab}$ 和 $I_{0ab}$；第二次试验 b、c 端加压，a、c 端短路，测量 $P_{0bc}$ 和 $I_{0bc}$；第三次试验 a、c 端加压，a、b 端短路，测量 $P_{0ac}$ 和 $I_{0ac}$。

三相空载损耗 $P_0$ 和空载电流百分数 $I_0$（%）计算公式为

$$P_0=\left(\frac{P_{0ab}+P_{0bc}+P_{0ac}}{2}\right)k_{TV}k_{TA} \tag{5-40}$$

$$I_0(\%)=\frac{0.289(I_{0ab}+I_{0bc}+I_{0ac})}{I_N}k_{TA}\times 100\% \tag{5-41}$$

式中 $P_{0ab}$、$P_{0bc}$、$P_{0ac}$——功率表实测值；

$I_{0ab}$、$I_{0bc}$、$I_{0ac}$——电流表的实测值；

$k_{TV}$——测量用电压互感器的变比，若为仪表直接接入，则取值为 1；

$k_{TA}$——测量用电流互感器的变比，若为仪表直接接入，则取值为 1。

（3）单相空载损耗系数应符合以下要求：

1）由于 BC 相的磁路与 AB 相的磁路完全对称，所以 $P_{0ab}$ 近似等于 $P_{0bc}$，实测结果 $P_{0ab}$ 与 $P_{0bc}$ 的偏差一般小于 3%，

2）由于 AC 相的磁路要比 AB 相或者 BC 相的磁路长，所以 $P_{0ac}=kP_{0ab}=kP_{0bc}$，其中 $k$ 是由该产品铁芯的几何尺寸决定的系数。对于 110～220kV 的变压器，$k$ 一般取值为 1.4～1.55；对于 35～60kV 的变压器，$k$ 一般取值为 1.3～1.4。

实测所得结果与上述要求中的任意一个不相符合时，则说明变压器有缺陷。

**5.13.2.4** 低电压下的空载试验

受试验条件的限制，现场常常需要在低电压（5%～10%的额定电压）下进行空载试验。由于施加的试验电压较低，相应的空载损耗也较小，因此需特别注意选择合适量程的仪表，以保证测量的准确度，并应考虑仪表、线路等附加损耗的影响。在低电压下得到的空载试验数据主要用于与历次空载损耗数值比较，必要时可近似换算成额定电压下的空载损耗，换算公式为

$$P_0=P_0'\left(\frac{U_N}{U'}\right)^n \tag{5-42}$$

式中 $U'$ ——试验时所加的电压；

$U_N$——额定电压；

$P_0'$——电压为 $U'$时测量得到的空载损耗；

$P_0$——换算到额定电压下的空载损耗；

$n$——系数，取决于铁芯硅钢片的种类，对热轧硅钢片，取 $n$=1.8；对冷轧硅钢片，$n$=1.9～2。

由于电源容量不足，在 80%～90%额定电压下进行空载试验时，可在70%～90%额定电压间试验不少于 5 次，并将 5 次试验所得数值在对数坐标纸上绘制为空载损耗 $P_0$ 和空载电流 $I_0$ 随电压变化的曲线，然后用外推法求出额定电压下的空载损耗 $P_0$ 和空载电流 $I_0$。

**5.13.2.5** 直接用系统电源进行的空载试验

由于设备及运输等方面的原因，电力系统运行部门在现场一般不用较大容量的调压器和变压器来进行空载试验，而直接采用系统电源进行空载试验。

用系统电源进行空载试验时，由于没有调压过程，而是系统电压直接加到变压器上，相当于投空载变压器，对系统有一定影响。因此，用这种方法进行空载试验时，应调整好各种继电保护、变压器及其他电力设备的运行方式，对变压器、线路、测量仪器设备进行细致的检查，确认无误后方可进行。

试验前先将测试仪器设备接好，将测试电流互感器用一组高压隔离开关短路，然后在系统电压下合电源开关，被试变压器将承受很高的操作过电压和很大的励磁涌流，待涌流过后，用绝缘棒拉开短路用隔离开关在进行测试。现场因条件不允许，没有高压隔离开关时，应将测量电流互感器二次侧用低压开关短路，涌流过后在拉开二次侧低压开关，防止涌流对测量仪表的冲击和损坏。

用系统电压作空载试验时，为避免涌流和磁滞等的影响，合闸后应待涌流过后和仪表读数非常稳定后在读取测试数据，不应合闸后马上读取。

系统电压一般很少恰好与试品电压相等，但相差不会太大，因此需要根据系统的实测电压与试品额定电压的差异，来分析测量数据与出厂数据的差别，判断产品是否有故障。

由于系统电源的容量足够，系统电压与额定电压接近，试验时可利用系统现有设备，不需要大容量的试验设备，试验电压波形无畸变，因而这种试验方法现场采用较多。

### 5.13.3 变压器空载电流中的电容电流成分

以前变压器的额定电压低、容量小，空载时励磁电流远大于电容电流，因此空载电流就是励磁电流，这对 220kV 及以下变压器是正确的。而 220kV 以上变压器的电容电流所占比例较大，不能将空载电流当做励磁电流。对于额定电压很高、容量很小的变压器，电容电流甚至大于励磁电流。

（1）变压器空载电流中的电容电流的产生机理。变压器空载电容电流主要是绕组对地电容和绕组间电容产生的，其值大小由对地电容量、介质常数和电压决定。变压器空载电流的电容分量如图 5-11 所示。

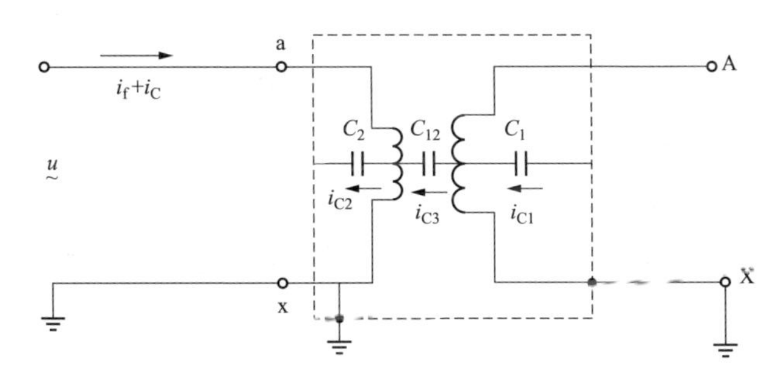


图 5-11 变压器空载电流的电容分量图

变压器空载电流由励磁电流 $i_f$ 和电容电流 $i_c$ 组成，而电容电流由高压绕组对地电容电流 $i_{c1}$、低压绕组对地电容电流 $i_{c2}$ 和高低绕组之间电容电流 $i_{c3}$ 三部分组成。

（2）变压器空载电流中的电容电流分析。变压器空载电流中各组成部分的伏安曲线如图 5-12 所示。

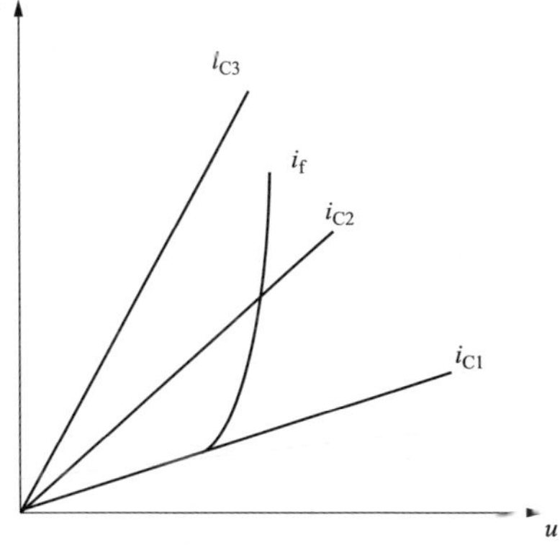


图 5-12 空载电流伏安曲线

变压器空载电流是属于电感性的，而电容电流是属于电容性的，它们的相位是相反的（相对于电压的相位）。励磁电流 $i_f$ 不是线性的，而电容电流是线性的。根据变压器额定电压不同，电容电流值大小差别很大。220kV 及以下的变压器，电容

电流 $i_c << i_f$；而对于 220kV 以上变压器，$i_c$ 相对较大，而 $i_f$ 由铁芯材料质量高，$i_f$ 值相对较小，$i_c$ 则不能忽略。对于额定电压高，额定容量又小的变压器，使 $i_c > i_f$。

**5.13.4** 空载试验的注意事项

（1）为使得测量准确，变压器空载试验所使用的测量用互感器、仪器仪表的准确度应不低于 0.5 级。

（2）空载试验使用的功率表应选用 $\cos\psi$=0.1，准确度不低于 0.5 级的低功率因数功率表。

由于交流电路中，功率与电压电流的关系可表示为 $P=UI\cos\psi$，变压器空载试验时，$\cos\psi$ 很低，用普通的功率因数表会造成电压、电流虽然可达到功率表的标准值，而读数却很小，造成测量不准确。例如 $\cos\psi$=1、倍数为 5、满刻度为 150 格的功率表，电压量程 150V，电流 5A，用此表去测量 $\cos\psi$=0.2 的大型变压器的空载损耗，当电压为 100V，电流为 5A 时，表读数却只有 100×5×0.2=10 格，即读数很小，不易准确读数。如果电压互感器的变比为 100，电流互感器的变比为 30，那么上述表计的读数每差 0.1 格（比如 10.1 读成 10）的误差为 0.1×30×100×5=1.5kW，即误差百分数为 0.1/10×100%=1%。若改用倍数为 0.5、$\cos\psi$=0.1、满刻度为 150 格的功率表同样量程档的低功率因数功率表去测量时，读数可提高到 100 格，每差 0.1 格时的误差百分数仅为 0.1/100×100%=0.1%。因此现场进行空载试验时，一般采用 $\cos\psi$=0.1、准确度为 0.2、0.5 级的低功率因数功率表。

（3）接线时必须使功率表的电流线圈和电压线圈两端子之间的电位差最小，并注意电流线圈和电压线圈的极性。极性连接正确无误后，测量出的功率是两只功率表或者三只功率表读数的代数和。功率表的指示可能是正值也可能是负值。

（4）空载试验使用的互感器的极性必须正确连接，一、二次连接相对应，二次端子与表计极性的连接相对应，不可随意连接。此外，需要注意互感器的二次端子中有一个应安全接地，对三相互感器或三只单相互感器，应是同名端、同一接地点接地。

（5）对大型变压器进行现场空载试验时，应具备事先经过上级同意的试验方案。了解变压器出厂试验时的铭牌空载损耗和空载电流百分数数值，选用合适变比和量程的互感器和仪表。直接用系统电压进行空载试验时，对于继电保护、运行方式应予以计算调整，防止发生事故。试验时，试验现场应设围栏，做好各项安全措施，指定专人负责，保证试验时人身和设备的安全。

（6）精度要求较高的空载试验、对小容量变压器进行空载试验或对大容量变压器在低电压下进行空载试验时，应考虑排除附加损耗的影响。

实际测量的损耗中，包含有功率表电压线圈、电压表本身和电缆线的损耗，对于中小型变压器，这个损耗占空载损耗的 1.5%～5%，因此必须进行校正，校正公式为

$$P_0 = P_0' - P' \tag{5-43}$$

式中 $P_0'$——包括仪表及电缆线的损耗在内的空载损耗实测值；

$P'$——仪表及电缆线的损耗。

$P'$——可以在被试变压器断开的情况下，施加试验电压，直接从功率表上读出来，也可以按下式估算，即

$$P' = U^2\left(\frac{1}{r_{\mathrm{w}}} + \frac{1}{r_{\mathrm{ad}}} + \frac{1}{r_{\mathrm{v}}}\right) \tag{5-44}$$

式中 $U$——施加试验电压，V；

$r_{\mathrm{W}}$——功率表电压线圈电阻，Ω；

$r_{\mathrm{ad}}$——附加电阻，Ω；

$r_{\mathrm{V}}$——电压表线圈电阻，Ω。

（7）进行空载试验时，试验电源应有足够的容量，试验电源容量估算公式为

$$S = S_{\mathrm{N}} \times I_0(\%) \tag{5-45}$$

式中 $S$——试验所需电源容量，kVA；

$S_{\mathrm{N}}$——被试变压器额定容量，kVA；

$I_0(\%)$——被试变压器空载电流占额定电流的百分数。

为保证获得不畸变的正弦波电压，实际选择容量时应尽量大于使用上式估算所得结果。

（8）消除剩磁影响。若变压器空载试验前进行了直流电阻测量、操作冲击试验和三相五柱式变压器零序阻抗试验，有可能产生剩磁，对空载试验

的开始阶段功率表、电流表出现异常指示，为了消除剩磁影响，可采取以下措施：

1）空载试验时施加额定电压，剩磁随空载电流的励磁方向而进入正常运行状态，所以当施加电压持续一段时间后，上述表计可恢复正常读数。

2）进行消磁处理，有条件时可利用过励磁法消磁。从空载试验电压的1/3 合闸，再缓慢升高电压，最后达到 1.1～1.15 倍的试验电压，对被试变压器进行过励，然后再把电压降到最小值，再逐渐升高到额定电压，测量空载电流和损耗。

## 5.14 并联电抗器伏安特性测试

### 5.14.1 并联电抗器伏安特性测试及依据标准概述

并联电抗器一般接在超高压输电线的末端和地之间，起无功补偿作用。用电负载大多数为感性，当感性负载较大时，会削弱或消除这种线路的末端电压升高现象。但负载是在随时变化的，当负载较小或末端开路时就会出现工频过电压。工程中解决这一问题的常用方法是在线路中并联电抗器，即并联电感。

现行的依据标准有 GB/T 1094.1《电力变压器　第 1 部分：总则》、GB/T 1094.2《电力变压器　第 2 部分：温升》、GB/T 1094.2《电力变压器　第 3 部分：绝缘水平、绝缘试验和外绝缘空气间隙》、GB/T 1094.4《电力变压器　第 4 部分：电力变压器和电抗器的雷电冲击和操作冲击试验导则》、GB/T 1094.2《电力变压器　第 6 部分：电抗器》及 GB/T 2900.15《电工术语　变压器、互感器、调压器和电抗器》

### 5.14.2 测试方法

（1）测试现场的条件。并联电抗器安装调试完毕，且试验合格，并通过验收；并联电抗器相关厂、站二次控制、保护、监测系统均已通过分系统试验，功能正常，继电保护定值已按调度要求测试整定完毕；通信系统已通过测试，可以满足继电保护、安全自动装置、系统调试时指挥、调度、测试和通信的要求；必要的系统安全稳定装置投入运行；试验期间，保证并联电抗器正常工作。本项测试应在线路零起升压试验过程中进行。

（2）仪器设备的要求。测试人员选取符合工作要求、处于校准有效期内的测试仪器，并确认仪器工作正常。测试仪器允许误差应达到 GB/T 14549《电能质量　公用电网谐波》规定的 B 级或以上的标准。

（3）试验测试接线。找出并联电抗器的二次信号，然后打开测试仪器，选择正确的接线方法，将测试仪器接入被测回路中，电压回路采用并联接法、电流回路采用串联接法，如图 5-13 所示。

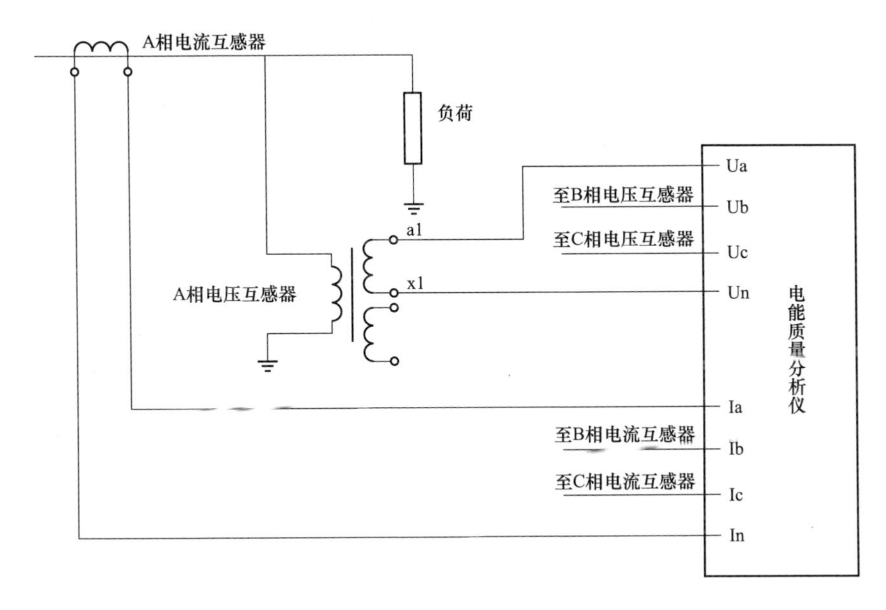


图 5-13　测试接线示意图

接线时先接测试仪器侧接线，确认测试仪器各电压电流通道正常后，再接信号源侧的接线。

如测试仪器电流输入是采用电流钳表的方式，应将电流钳表钳住被测电流导线，并注意被测的电流与电压的相位关系。同时注意电流钳表接入的方向，以确保相序、相位等读数的正确。

如测试仪器的电压、电流信号输入取自被测回路的电压互感器、电流互感器二次侧，则测试仪器应输入对应的电压互感器、电流互感器变比，确保测试仪器的读数与被测回路的一次侧实际数据相同。

接线时应特别防止被测电压互感器二次侧短路，及被测电流互感器二次侧开路。

（4）试验测试内容。

1）零起升压试验中，分别在 $0.3U_n$、$0.5U_n$、$0.7U_n$、$0.9U_n$、$0.95U_n$、$1.0U_n$、1.05（$U_n=115/\sqrt{3}$kV）下进行电抗器电压、电流测试。

2）在升压过程中，记录各级试验电压下的电压、电流数据。

3）根据试验数据，绘制电抗器伏安特性曲线。

4）根据试验数据，计算电抗器在各级电压下的阻抗。

注意：在电抗器伏安特性曲线上，1.5 倍额定电压及以下应基本为线性，即 1.5 倍额定电压下电抗值不低于 1.0 倍额定电压下电抗值的 95%。1.4 倍额定电压与 1.7 倍额定电压两点连线的斜率不应低于线性部分斜率的 50%，即

$$\frac{U_{1.7}-U_{1.4}}{I_{1.7}-I_{1.4}}\bigg/\frac{U_{1.5}}{I_{1.5}}\geqslant 0.5 \tag{5-46}$$

## 5.15 空载变压器励磁涌流测试

### 5.15.1 空载变压器励磁涌流测试及依据标准概述

纵差保护是目前变压器内部电气故障的主保护，它的理论基础是基尔霍夫电流定律，即被保护对象由电流（不管多复杂）组成。在被保护对象没有故障的情况下，不管外部系统有多大扰动，恒有端子电流相量和为 0。

但是若被保护对象是变压器，它有 $n$ 个绕组和 1 个公共铁芯，即 $n$ 条电路和 1 条公共磁路。当变压器及其所在系统正常运行时，对于大型变压器，不会影响变压器纵差保护的工作性能；当外部系统短路时，电压严重下降，励磁电流更是微不足道。但当变压器空载合闸或切除外部短路或过励磁时，励磁电流可能非常大，它将进入差动回路，其值可与外部短路电流相比拟，这势必造成保护装置的误动作。因此对励磁涌流的测试十分必要。

现行的依据标准有 GB 50150《电气装置安装工程电气设备交接试验标准》、DL/T 5292《1000kV 交流输变电工程系统调试规程》、DL/T 1040《电网运行准则》及 GB/T 2900.15《电工术语　变压器、互感器、调压器和电抗器》

### 5.15.2 测试方法

当变压器空载合闸时会产生励磁涌流，设系统电压为

$$u_1 = \sqrt{2}U_1 \sin(\omega t + \alpha) \tag{5-47}$$

由 $e = u_1 = -N_1 \dfrac{\mathrm{d}\phi}{\mathrm{d}t}$，在合闸瞬间，变压器铁芯中产生的磁通为

$$\phi = \phi_{\mathrm{m}} \left[\cos\alpha - \cos(\omega t + \alpha)\right]$$

$$\phi_{\mathrm{m}} = \frac{\sqrt{2}U_1}{w_{\mathrm{N1}}} \tag{5-48}$$

$t$=0，$\alpha = \pi/2$ 时合闸：$\phi = \phi_{\mathrm{m}} \sin\omega t$，马上进入稳态运行，没有励磁涌流。

$t$=0，$\alpha = 0$ 时合闸：$\phi = \phi_{\mathrm{m}}(1 - \cos\omega t) = \phi_{\mathrm{m}} - \phi_{\mathrm{m}} \cos\omega t = \phi' + \phi''$，从 $t$=0 经过半个周期 $t = \dfrac{\pi}{\omega}$，$\Phi$ 达到最大值，$\phi_{\max} = 2\phi_{\mathrm{m}}$。可达稳态值 2 倍，此时励磁电流可达额定励磁电流 100 倍，即

$$i_{\mathrm{f}} = 100 i_{\mathrm{oNf}}$$

而额定励磁电流约等于额定电流的 3%，即

$$i_{\mathrm{ONf}} = 3\% i_{\mathrm{N}}$$

所以，$i_{\mathrm{f}} = 3i_{\mathrm{N}}$。

如果变压器有剩磁是合闸，励磁涌流会更大，可达 10 倍额定电流。因此，在测试过程中应注意选择测试量程。

（1）测试现场条件。进行励磁涌流试验之前，应对变压器进行电气特性和绝缘特性试验，合格后方可进行试验。检查变压器本体油箱至风冷却器、净油器、储油柜、压力释放阀等的所有蝶阀，应处于全开状态，亦即所有蝶阀应处于变压器运行状态的正常位置。检查三相有载或无励磁分接开关是否准确调节到相同的分接位置，并应闭锁预操动机构。确保高压与各侧引线连接正确，接线板、紧固螺栓牢固可靠，接触良好。检查冷却系统的控制装置的动作与信号，应符合制造厂技术文件的规定。变压器送电之前，确定变压器引接电源盒响应的继电保护方案，并对变压器本身和电网的保护、控制与闭锁装置予以调试和整定，确保其动作准确、可靠。送电时，务必投入包括气体继电器在内的变压器的所有保护装置。

（2）仪器设备的要求。测试人员选取符合工作要求、处于校准有效期内的录波器，并确认仪器工作正常。测试仪器允许误差应达到 GB/T 14549 规

定的 B 级或以上的标准。

（3）试验测试接线。取变压器的二次信号，将录波器的电流线接入。接线时先接测试仪器侧接线，确认测试仪器各电流通道正常后，再接信号源侧的接线。

如测试仪器的电流信号输入取自被测回路的电流互感器二次侧，则测试仪器应输入对应的电流互感器变比，确保测试仪器的读数与被测回路的一次侧实际数据相同。

接线时应特别防止被测电流互感器二次侧开路。

（4）测试现场内容。试验过程中，在低压侧投入空载 750kV 变压器，通过录波器测量 750kV 变压器低压侧的励磁涌流，并予以记录。

同时，在高压侧投入空载 750kV 变压器过程中，通过录波器测量 750kV 变压器高压侧的励磁涌流，并予以记录。

## 5.16 短路电流测试

### 5.16.1 短路电流测试及依据标准概述

在电力系统中，相与相之间或相与地（或中性线）之间发生非正常连接（即短路）时流过的电流。其值可远远大于额定电流，并取决于短路点距电源的电气距离。随着电网规模的扩大，电网联系越来越紧密，电网的短路电流水平也不断攀升，大容量电力系统中，短路电流可达数万安。这会对电力系统的正常运行造成严重影响和后果。短路电流测试为电力系统的规划设计和运行中选择电工设备、整定继电保护、分析事故提供了有效手段。

现行的依据标准有 GB 50150《电气装置安装工程电气设备交接试验标准》、DL/T 1040《电网运行准则》、Q/GDW 655《串联电容器补偿装置通用技术要求》、Q/GDW 656《串联电容器补偿装置运行规范》、Q/GDW 657《串联电容器补偿装置检修规范》、Q/GDW 658《串联电容器补偿装置状态检修导则》、Q/GDW 659《串联电容器补偿装置状态评价导则》、Q/GDW 660《串联电容器补偿装置技术监督规定》、Q/GDW 661《串联电容器补偿装置交接试验规程》、Q/GDW 663《串联电容器补偿装置控制保护设备的基本技术条件》以及 Q/GDW 664《串联电容器补偿装置控制保护系统现场检验规程》。

### 5.16.2 测试方法

（1）测试条件。潮流分布合理，满足 *N*-1 原则；系统短路电流水平在断路器允许的遮断容量之内；按调度提供的冬大方式和相关数据计算出的各种故障（三相短路、两相相间短路、两相接地、单相接地）下、各电压等级短路电流，为人工短路电流试验做好准备；系统运行方式由运行转为检修，在主变压器隔离开关断路器侧选择合适的地方进行短路方式连接（根据现场实际情况与地网可靠连接，以试验不造成元件受伤为原则），检查各装置的保护定值是否正确，及故障录波装置工作是否正常。试验前，完成测试设备的接线工作。对断路器进行全面检查，保护动作值设为 0s 并分合一次，确保断路器能可靠动作；在隔离开关断路器侧触头装设短路接地线，按照要求选择接地线的尺寸。

（2）仪器设备的要求。测试人员选取符合工作要求、处于校准有效期内的测试仪器，并确认仪器工作正常。测试仪器允许误差应达到 GB/T 14549 规定的 B 级或以上的标准。

（3）试验测试接线。试验前，对接地试验开关进行全面检查，由专业人员在低电压下做一次短路试验，确定断路器在故障时能够可靠动作。

所测变电站加装一台便携式 PMU 装置接入短路的线路、主变压器高压侧以及低压侧三个回路的电压、电流量，并将测量回路信号串入录波器中。

（4）试验测试内容：①试验线路两侧的线路短路电流；②单相短路接地试验点的短路电弧电流；③现场的气温、气压、风速和风向等气象数据。

## 5.17 电容式电压互感器暂态响应特性测试

### 5.17.1 电容式电压互感器暂态响应特性测试及依据标准概述

电容式电压互感器是由串联电容器分压，再经电磁式互感器降压和隔离，作为表计、继电保护等的一种电压互感器，电容式电压互感器还可以将载波频率耦合到输电线，用于长途通信、远方测量、选择性的线路高频保护、遥控、电传打字等。因此和常规的电磁式电压互感器相比，电容式电压互感器除可防止因电压互感器铁芯饱和引起铁磁谐振外，在经济和安全上还有很多优越之处。

由于电容式电压互感器内部有电感和电容等惯性元件，所以和传统电磁式互感器相比，其暂态响应特性较差。在电力系统一次侧发生短路时，由于上述原因，将使二次输出电压中出现暂态分量。这些暂态分量的出现，使得二次电压不能随着一次电压的下降而下降，反应电压下降的继电器（例如距离继电器）将不能及时正确动作，尤其是在高压端线路输电系统中，对继电保护的影响更为严重。

另一方面，在系统操作出现过电压时，由于电容式电压互感器回路中存在着带铁芯的中间变压器，会使CVT的中间变压器的铁芯饱和，励磁电感呈非线性下降，将会出现CVT铁磁谐振的现象。此时如果CVT回路中的阻尼器参数不当，由于电源不断地供给能力，CVT的铁磁谐振将持续下去，从而使得二次输出电压发生严重的畸变。这种情况出现时，轻则导致电力系统继电保护误动作，重则引起系统的解列。因此，正确地分析CVT的暂态特性以及引起的对继电保护动作的影响，对提高继电保护动作的可靠性及整个电力系统的安全经济运行具有重要的现实意义。

现行的依据标准有GB 156《标准电压》、GB 1207《电磁式电压互感器》、GB/T 2900.50《电工术语　发电、输电及配电　通用术语》、GB/T 16927.1《高电压试验技术　第一部分：一般试验要求》、GB/Z 24841《1000kV交流系统用电容式互感器技术规范》以及GB/T 4703—2007《电容式电压互感器》

**5.17.2**　测试方法

（1）测试现场条件。测试应在750kV系统人工单相短路接地试验时进行。

负荷应为下列之一：

1）串联负荷，由纯电阻和感抗组成，串联后功率因数为0.8；

2）纯电阻负荷，功率因数为1。

测量绕组或其余绕组应连接实际的负荷，但不超过规定负荷的100%。

试验应在一次电压峰值时进行2次和在一次电压过零值时进行2次（偏离一次电压峰值和过零点的相位角不得超过±20°）。

（2）仪器设备的要求。测试人员选取符合工作要求、处于校准有效期内的测试仪器，并确认仪器工作正常。测试仪器允许误差应达到GB/T 14549规定的B级或以上的标准。

（3）测试内容。短路试验过程中，用示波器记录电容式电压互感器二次电压（图 5-14 的 5）。

其中，实际一次电压（$U_p$）的试验值取决于规定的电压因数 $F_v$。

1）连续运行：1.0 和 $1.2U_{pr}$；

2）短时过电压：1.5 或 $1.9U_{pr}$。

满足准确度和热性能要求的额定电压因数标准值见表 5-21。

**表 5-21　　满足准确度和热性能要求的额定电压因数标准值**

| 额定电压因数 $F_V$ | 额定时间 | 一次端子连接方式和系统接地方式 |
|---|---|---|
| 1.2 | 连续 | 中性点有效接地系统的线与地之间 |
| 1.5 | 30s | |
| 1.2 | 连续 | 带有接地故障自动跳闸的中性点非有效接地系统的线与地之间 |
| 1.9 | 30s | |
| 1.2 | 连续 | 无接地故障自动跳闸的中性点不接地系统或无接地故障自动跳闸的谐振接地系统的线与地之间 |
| 1.9 | 8h | |

注 1. 允许采用缩短的额定时间，由制造方和用户协商确定。

2. 电容式电压互感器的热性能和准确度要求以额定一次电压为基准，而其额定绝缘水平则以设备最高电压为基准。

3. 电容式电压互感器的最高运行电压，必须低于或等于设备最高电压除以或额定一次电压乘以连续工作的额定电压因数 1.2，取其较低者。

等效法试验电路如图 5-14 所示，暂态响应的要求见表 5-22，测量输入电压 $U$ 也可用 RC 分压器。

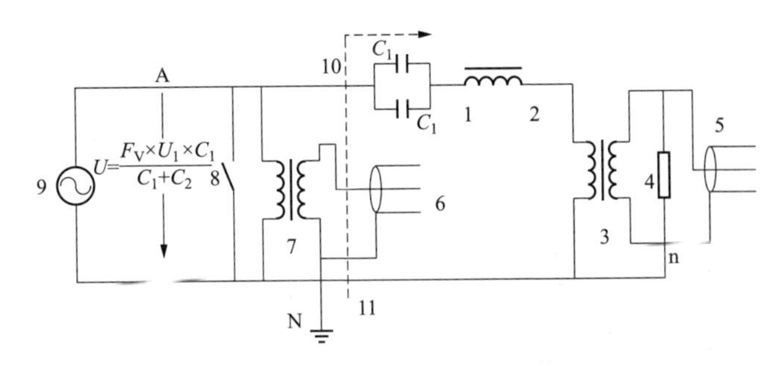


图 5-14　等效电路法的电容式电压互感器暂态响应试验电路图

1—中压端子；2—补偿电感；3—中间变压器；4—负荷；5—二次电压记录；6—一次电压记录；7—电压测量互感器；8—短路装置；9—电源；10—高压端子；11—低压端子

**表 5-22　　　　　　暂态响应级标准值**

| 时间 $T_s$（ms） | 比值 $\frac{\lvert U_s(t)\rvert}{\sqrt{2}U_s}$ | | |
|---|---|---|---|
| | 分级 | | |
| | 3PT1<br>6PT1 | 3PT2<br>6PT2 | 3PT3<br>6PT3 |
| 10 | — | ≤0T | ≤0 |
| 20 | ≤0T | ≤0T | ≤0 |
| 40 | ＜10 | ≤0 | ≤0 |
| 60 | ＜10 | ≤0T3 | ≤0 |
| 90 | ＜10 | ≤0T3 | ≤0 |

注　1．对于某一规定的级，二次电压 $U_s$（$t$）的暂态响应可能是非周期或周期性衰减，可采用可靠的阻尼装置。

2．对电容式电压互感器 3PT3 和 6PT3 暂态响应级需采用阻尼装置。

3．由制造方与用户协商确定可采用其他的比值和时间 $T_s$ 值。

4．暂态响应级的选用依据所用保护继电器的特性。

暂态响应试验的负荷见图 5-15 和图 5-16。

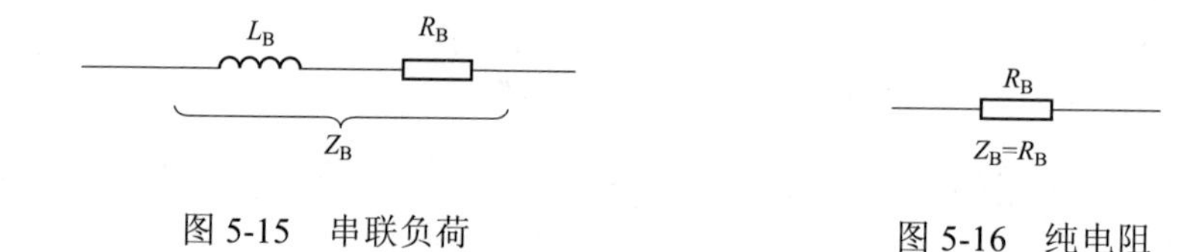


图 5-15　串联负荷　　　　图 5-16　纯电阻

暂态响应试验用的串联负荷阻抗值为

$$\lvert Z_B\rvert=\frac{U_{sr}^2}{S_r}$$

| $R_B$ | $\omega L_B$ |
|---|---|
| $0.8\lvert Z_B\rvert$ | $0.6\lvert Z_B\rvert$ |

式中　$S_r$——额定负荷，VA；

$U_{sr}$——额定二次电压，V；

$\lvert Z_B\rvert$——阻抗，Ω。

以上所列的 $R_B$ 和 $\omega L_B$ 值得到的总阻抗的功率因数为 0.8 滞后。

感抗应为线性类型，例如空心电抗。串联电阻由感抗的等效串联电阻（绕组的电阻）和单独的电阻组成。负荷的允许偏差为：$|Z_B|D$ 的偏差小于±5%，功率因数的偏差小于±0.03。

6

# 工程调试案例

## 6.1 超高压输变电工程启动调试案例

### 6.1.1 工程概况

某750kVB变电站即将投运，该变电站主要设备规模如下：

主变压器：本期1组2100MVA 765/345/63kV主变压器，变比765/（345/变比5/65%）/63kV。

750kV出线：本期4回，分别接至A变电站2回（207.946/207.971km）、C变电站2回（116.287/116.625km）。

750kV高压并联电抗器：本期共安装6组线路高压并联电抗器，其中750kVⅠ、Ⅱ线线路两端各装设1组3×80Mvar定值高压电抗器及中性点小电抗，750kVⅢ线B站侧装设1组3×80Mvar定值高压电抗器及中性点小电抗，750kVⅣ线C站侧装设1组3×80Mvar定值高压电抗器及中性点小电抗。

低压无功补偿：本期750kV主变压器低压侧装设2组120Mvar低压电容器和3组120Mvar低压电抗器。

B站交流系统接线示意图如图6-1所示。

### 6.1.2 仿真研究

为保证投运输变电工程系统调试工作的顺利进行，采用电磁暂态仿真软件对该工程的电磁暂态问题进行计算和研究，主要计算结论如下：

（1）合闸前母线电压控制策略。Ⅱ线为B站带电，从B侧合Ⅰ线时，A侧母线电压不超过775.4kV，Ⅰ线末端电压不超过796.6kV；Ⅳ线为B站带电，从B侧合Ⅰ线时，C侧母线电压不超过776.4kV，Ⅰ线末端电压不超过796.7kV。

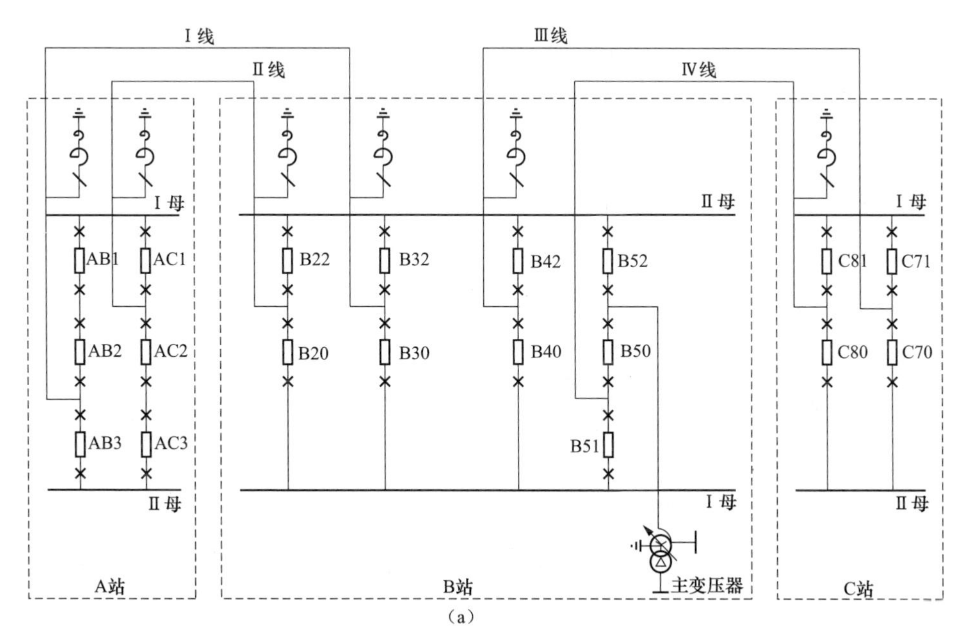


（a）

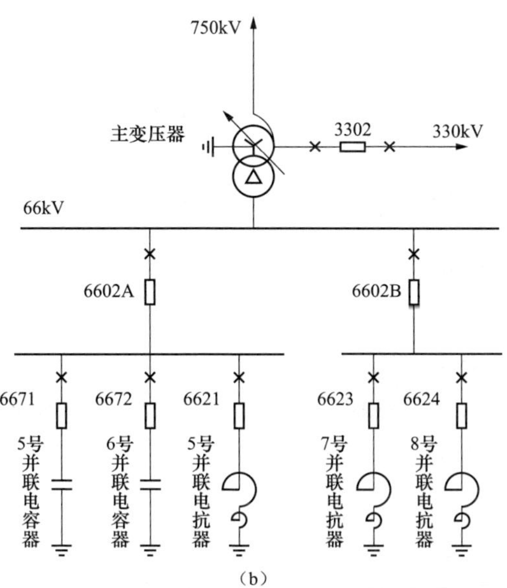


（b）

图 6-1　B 站交流系统接线示意图

（a）B 站 750kV 交流系统接线示意图；（b）B 站主变压器接线示意图

表 6-1 为合闸前后线路始末端及母线电压。

**表 6-1　　合闸前后线路始末端及母线电压**

| 操作线路 | 操作点 | 带电线路 | 合闸前首端（kV） | 合闸后首端（kV） | 合闸后末端（kV） | 合闸后 B 站（kV） |
|---|---|---|---|---|---|---|
| Ⅰ线 | A 站 | / | 789.0 | 791.8 | 796.4 | |
| | B 站 | Ⅱ线 | 775.4 | 778.1 | 796.6 | 791.6 |
| | B 站 | Ⅲ线 | 785.7 | 789.5 | 796.7 | 791.3 |
| | B 站 | Ⅳ线 | 776.4 | 780.1 | 796.7 | 791.3 |
| Ⅱ线 | A 站 | / | 788.7 | 791.8 | 796.4 | |
| | B 站 | Ⅰ线 | 775.6 | 778.4 | 797.0 | 791.6 |
| | B 站 | Ⅲ线 | 785.6 | 789.6 | 796.4 | 791.6 |
| | B 站 | Ⅳ线 | 776.5 | 780.6 | 796.7 | 791.6 |
| Ⅲ线 | C 站 | / | 797.2 | 799.5 | 796.4 | |
| | B 站 | Ⅳ线 | 782.5 | 784.8 | 799.9 | 793.8 |
| | B 站 | Ⅰ线 | 781.5 | 783.2 | 799.8 | 793.4 |
| | B 站 | Ⅱ线 | 781.9 | 783.8 | 799.8 | 793.9 |
| Ⅳ线 | C 站 | / | 791.2 | 793.4 | 799.9 | |
| | B 站 | Ⅲ线 | 795.8 | 798.2 | 794.8 | 798.0 |
| | B 站 | Ⅰ线 | 786.5 | 788.1 | 795.5 | 798.3 |
| | B 站 | Ⅱ线 | 786.4 | 788.1 | 795.1 | 798.3 |

（2）合空线操作过电压。投切空载Ⅰ、Ⅱ线最高相对地 2%统计操作过电压为 1.34（标幺值），合闸电阻吸收最大能耗为 0.66MJ，MOA 最大吸收能耗小于 0.01MJ，均在允许范围内；投切空载Ⅲ、Ⅳ线最高相对地 2%统计操作过电压为 1.39（标幺值），合闸电阻吸收最大能耗为 0.36MJ，MOA 最大吸收能耗小于 0.01MJ，均在允许范围内。

表 6-2 为 2%统计操作过电压计算结果。

**表 6-2　　2%统计操作过电压计算结果**

| 操作线路 | 2%统计过电压（标幺值） | | 中性点过电压（峰值，kV） | | 合闸电阻吸收最大能耗（MJ） |
|---|---|---|---|---|---|
| | 母线侧 | 线路侧 | 首端 | 末端 | |
| Ⅰ线 | 1.34 | 1.25 | 114.9 | 145.7 | 0.63 |

续表

| 操作线路 | 2%统计过电压（标幺值） | | 中性点过电压（峰值，kV） | | 合闸电阻吸收最大能耗（MJ） |
|---|---|---|---|---|---|
| | 母线侧 | 线路侧 | 首端 | 末端 | |
| Ⅱ线 | 1.34 | 1.24 | 122.8 | 137.8 | 0.66 |
| Ⅲ线 | 1.37 | 1.29 | 180.9 | 152.8 | 0.36 |
| Ⅳ线 | 1.39 | 1.26 | 150.9 | 180.9 | 0.36 |

（3）单相分合线路操作过电压。Ⅰ、Ⅱ线单相分合操作，高压电抗器小电抗器档位在 A-X1 档时，2%统计操作过电压母线侧最高为 1.54（标幺值），线路侧为 1.45（标幺值）；高压电抗器小电抗器档位在 A-X3 档时，2%统计操作过电压母线侧最高为 1.41（标幺值），线路侧为 1.36（标幺值）。合闸电阻吸收最大能耗为 2.24MJ，避雷器的吸收能耗小于 0.01MJ，均在允许范围内。

Ⅲ、Ⅳ线单相分合操作，高压电抗器小电抗器档位在 A-X1 档时，2%统计操作过电压母线侧最高为 1.37（标幺值）；线路侧为 1.16（标幺值）；高压电抗器小电抗器档位在 A-X3 档时，2%统计操作过电压母线侧最高为 1.35（标幺值），线路侧为 1.19（标幺值）。合闸电阻吸收最大能耗为 0.37MJ，避雷器的吸收能耗小于 0.01MJ，均在允许范围内。

表 6-3 为单相分合操作过电压。

**表 6-3　　　　单相分合操作过电压**

| 操作线路 | 小电抗器档位 | 2%统计过电压（标幺值） | | 小电抗器电压（峰值，kV） | |
|---|---|---|---|---|---|
| | | 母线侧 | 线路侧 | 首端 | 末端 |
| Ⅰ线 | A-X1 | 1.53 | 1.42 | 176.5 | 177.9 |
| | A-X3 | 1.41 | 1.29 | 151.6 | 153.9 |
| Ⅱ线 | A-X1 | 1.54 | 1.45 | 173.8 | 174.7 |
| | A-X3 | 1.41 | 1.36 | 148.1 | 156.9 |
| Ⅲ线 | A-X1 | 1.36 | 1.16 | 116.9 | 115.1 |
| | A-X3 | 1.34 | 1.19 | 120.3 | 119.7 |
| Ⅳ线 | A-X1 | 1.37 | 1.16 | 115.8 | 118.0 |
| | A-X3 | 1.35 | 1.15 | 120.3 | 123.0 |

（4）投切主变压器操作过电压。750kV 线路合环运行，由 750kV 侧合闸空载变压器时，B 站主变压器 750kV 侧及 330kV 侧最大操作过电压（0.1s 以内）分别为 1.23（标幺值）和 1.18（标幺值）；合闸 0.3s 后 750kV 侧及 330kV 侧操作过电压分别降至 1.13（标幺值）和 1.10（标幺值），无谐振过电压现象。最大合闸涌流峰值为 2603A（考虑剩磁）或 933A（无剩磁）。可见，由 750kV 侧合闸主变压器时不会发生谐振。750kV 侧合闸空载变压器结果如表 6-4 所示。

**表 6-4　　　　750kV 侧合闸空载变压器结果**

| 操作地点 | 操作前线电压（kV） | 低压电抗器容量（MVA） | 测量点 | 合闸空载变压器过电压倍数（标幺值） | | | 合闸涌流（峰值，A） | 合闸电阻能耗（MJ） |
|---|---|---|---|---|---|---|---|---|
| | | | | 0.1s 内 | 0.3s 后 | 1.0s 后 | | |
| 高压侧 | 796 | 0 | 高压侧 | 1.23 | 1.13 | 1.08 | 2603（有剩磁）<br>933（无剩磁） | 2.1 |
| | | | 中压侧 | 1.18 | 1.10 | 1.07 | | |

Ⅰ线带电，由 750kV 侧合闸空载变压器时，B 站主变压器 750kV 侧及 330kV 侧最大操作过电压（0.1s 以内）分别为 1.28（标幺值）和 1.27（标幺值）；合闸 0.3s 后 750kV 侧及 330kV 侧操作过电压分别降至 1.22（标幺值）和 1.16（标幺值），无谐振过电压现象。最大合闸涌流峰值为 2019A（考虑剩磁）或 693A（无剩磁）。可见，由Ⅰ线带电合闸空载变压器时不会发生谐振。750kV 侧合闸空载变压器结果如表 6-5 所示。

**表 6-5　　　　750kV 侧合闸空载变压器结果**

| 操作地点 | 操作前线电压（kV） | 低压电抗器容量（MVA） | 测量点 | 合闸空载变压器过电压倍数（标幺值） | | | 合闸涌流（峰值，A） | 合闸电阻能耗（MJ） |
|---|---|---|---|---|---|---|---|---|
| | | | | 0.1s 内 | 0.3s 后 | 1.0s 后 | | |
| 高压侧 | 797 | 0 | 高压侧 | 1.28 | 1.22 | 1.21 | 2019（有剩磁）<br>693（无剩磁） | 2.0 |
| | | | 中压侧 | 1.27 | 1.16 | 1.15 | | |

Ⅳ线带电，由 750kV 侧合闸空载变压器时，B 站主变压器 750kV 侧及 330kV 侧最大操作过电压（0.1s 以内）分别为 1.46（标幺值）和 1.32（标幺值）；合闸 0.3s 后 750kV 侧及 330kV 侧操作过电压分别降至 1.24（标幺值）和 1.16（标幺值），无谐振过电压现象。最大合闸涌流峰值为 2227A（考虑剩

磁）或 865A（无剩磁）。可见，由Ⅳ线带电合闸空载变压器时不会发生谐振。750kV 侧合闸空载变压器结果如表 6-6 所示。

表 6-6　　750kV 侧合闸空载变压器结果

| 操作地点 | 操作前线电压（kV） | 低压电抗器容量（MVA） | 测量点 | 合闸空载变压器过电压倍数（标幺值） | | | 合闸涌流（峰值，A） | 合闸电阻能耗（MJ） |
|---|---|---|---|---|---|---|---|---|
| | | | | 0.1s 内 | 0.3s 后 | 1.0s 后 | | |
| 高压侧 | 800 | 0 | 高压侧 | 1.46 | 1.24 | 1.17 | 2227（有剩磁）<br>865（无剩磁） | 2.1 |
| | | | 中压侧 | 1.32 | 1.16 | 1.14 | | |

由 330kV 侧合闸空载主变压器时，B 主变压器 750kV 侧及 330kV 侧最大操作过电压（0.1s 以内）分别为 1.33（标幺值）和 1.31（标幺值）；合闸 0.3s 后 750kV 侧及 330kV 侧操作过电压分别降至 1.21（标幺值）和 1.19（标幺值），无谐振过电压现象。最大合闸涌流峰值为 3688A（考虑剩磁）或 1952A（无剩磁）。可见，由 330kV 侧合闸空载主变压器时不会发生谐振。330kV 侧合闸空载变压器结果如表 6-7 所示。

表 6-7　　330kV 侧合闸空载变压器结果

| 操作地点 | 操作前线电压（kV） | 低压电抗器容量（MVA） | 测量点 | 合闸空载变压器过电压倍数（标幺值） | | | 合闸涌流（峰值，A） |
|---|---|---|---|---|---|---|---|
| | | | | 0.1s 内 | 0.3s 后 | 1.0s 后 | |
| 中压侧 | 363 | 0 | 高压侧 | 1.33 | 1.21 | 1.15 | 3688（有剩磁）<br>1952（无剩磁） |
| | | | 中压侧 | 1.31 | 1.19 | 1.14 | |

投切主变压器操作时，主变压器三侧稳态电压情况如下。

1）750kV 线路合环运行时，由 750kV 侧合闸空载变压器稳态电压。

750kV 线路合环运行合闸空载变压器，不考虑剩磁，B 站 750kV 母线电压由 796kV 最低降至 774kV，降低 22kV，降幅 2.8%；稳态电压在 2s 内恢复至 795kV，降低 1kV，降幅为 0.13%。

考虑剩磁，B 站 750kV 母线电压由 796kV 最低降至 743kV，降低 53kV，降幅 6.7%；稳态电压在 2s 内恢复至 791kV，降低 5kV，降幅为 0.63%。表 6-8 为 750kV 侧合闸空载变压器时稳态电压变化情况。

表 6-8　　750kV 侧合闸空载变压器时稳态电压变化情况

| 操作地点 | 操作前线电压（kV） | 低压电抗器容量（MVA） | 是否考虑剩磁 | 工频电压（kV） | | | | |
|---|---|---|---|---|---|---|---|---|
| | | | | 0s | 0.2s | 0.5s | 1s | 2s |
| 高压侧 | 796 | 0 | 考虑 | 743 | 771 | 779 | 794 | 791 |
| | | | 不考虑 | 774 | 786 | 794 | 794 | 795 |

2）Ⅰ线带电，由 750kV 侧合闸空载变压器稳态电压。Ⅰ线带电，由 750kV 侧合闸空载变压器，不考虑剩磁，B 站 750kV 母线电压由 797kV 最低降至 772kV，降低 25kV，降幅 3.1%；稳态电压在 2s 内恢复至 796kV，降低 1kV，降幅为 0.13%。

考虑剩磁，B 站 750kV 母线电压由 797kV 最低降至 733kV，降低 64kV，降幅 8.0%；稳态电压在 2s 内恢复至 790kV，降低 7kV，降幅为 0.88%。表 6-9 为 750kV 侧合闸空载变压器时稳态电压变化情况。

表 6-9　　750kV 侧合闸空载变压器时稳态电压变化情况

| 操作地点 | 操作前线电压（kV） | 低压电抗器容量（MVA） | 是否考虑剩磁 | 工频电压（kV） | | | | |
|---|---|---|---|---|---|---|---|---|
| | | | | 0s | 0.2s | 0.5s | 1s | 2s |
| 高压侧 | 797 | 0 | 考虑 | 733 | 768 | 794 | 791 | 790 |
| | | | 不考虑 | 772 | 786 | 795 | 796 | 796 |

3）Ⅳ线带电，由 750kV 侧合闸空载变压器稳态电压。Ⅳ线带电，由 750kV 侧合闸空载变压器，不考虑剩磁，B 站 750kV 母线电压由 800kV 最低降至 775kV，降低 25kV，降幅 3.1%；稳态电压在 2s 内恢复至 799kV，降低 1kV，降幅为 0.13%。

考虑剩磁，B 站 750kV 母线电压由 800kV 最低降至 730kV，降低 70kV，降幅 8.8%；稳态电压在 2s 内恢复至 791kV，降低 9kV，降幅为 1.1%。表 6-10 为 750kV 侧合闸空载变压器时合闸涌流结果。

表 6-10　　750kV 侧合闸空载变压器时合闸涌流结果

| 操作地点 | 操作前线电压（kV） | 低压电抗器容量（MVA） | 单位 | 合闸涌流（峰值） | | | | |
|---|---|---|---|---|---|---|---|---|
| | | | | 0.1s 内 | 0.1s 后 | 0.2s 后 | 0.4s 后 | 0.6s 后 |
| 高压侧 | 800 | 0 | A | 2227 | 2070 | 1893 | 1644 | 1504 |
| | | | 标幺值 | 0.99 | 0.92 | 0.84 | 0.73 | 0.67 |

4）由 330kV 侧合闸空载变压器稳态电压。由 330kV 侧合闸空载主变压器，不考虑剩磁，B 站 330kV 母线电压由 363kV 最低降至 343kV，降低 20kV，降幅 5.5%；稳态电压在 2s 内恢复至 362kV，降低 1kV，降幅为 0.28%。

考虑剩磁，B 站 330kV 母线电压由 363kV 最低降至 327kV，降低 36kV，降幅 9.9%；稳态电压在 2s 内恢复至 362kV，降低 1kV，降幅为 0.28%。表 6-11 为 330kV 侧合闸空载变压器时稳态电压变化情况。

**表 6-11　　330kV 侧合闸空载变压器时稳态电压变化情况**

| 操作地点 | 低压电抗器容量（MVA） | 是否考虑剩磁 | 330kV 母线 | 操作前线电压（kV） | 合闸后工频电压（kV） | | | | |
|---|---|---|---|---|---|---|---|---|---|
| | | | | | 0s | 0.2s | 0.5s | 1s | 2s |
| 中压侧 | 0 | 考虑 | B | 363 | 327 | 341 | 346 | 360 | 362 |
| | | 不考虑 | B | 363 | 343 | 351 | 359 | 362 | 362 |

由 330kV 侧合闸空载变压器，近区新能源场站将短暂（0.5s）进入低穿模式，不具备低穿能力的风机可能脱网，建议在调试期间，确保站内 SVG 在投，避免脱网。

（5）投切低压电抗器、电容器。B 站 2 号主变压器投切低压电抗器产生的过电压最大为 1.32（标幺值），在允许范围内，低于设备绝缘水平，不会造成危害。

主变压器由 330kV 侧带电时，投切 5 号电容器（$X$=2.2 时，$C$=72.7，投）产生的过电压 66kV 侧为 1.43（标幺值），在允许范围内，低于设备绝缘水平。合闸涌流最大峰值为 5376A，为额定值的 3.99 倍，且在 0.15s 内衰减至额定电流的 1.0 倍以下。

主变压器由 330kV 侧带电时，投切 6 号电容器（$X$=6.4 时，$C$=60.5，投）产生的过电压 66kV 侧为 1.24（标幺值），在允许范围内，低于设备绝缘水平。合闸涌流最大峰值为 4152A，为额定值的 3.27 倍，且在 0.15s 内衰减至额定电流的 1.4 倍以下。

主变压器由 750kV 侧带电时，投切 5 号电容器产生的过电压 66kV 侧为 1.38（标幺值），在允许范围内，低于设备绝缘水平。合闸涌流最大峰值为 5381A，为额定值的 4.00 倍，且在 0.15s 内衰减至额定电流的 2.4 倍以下。

主变压器由 750kV 侧带电时，投切 6 号电容器产生的过电压 66kV 侧为

1.19（标幺值），在允许范围内，低于设备绝缘水平。合闸涌流最大峰值为4201A，为额定值的3.31倍，且在0.15s内衰减至额定电流的2.2倍以下。

主变压器750kV/330kV合环运行时，投切5号电容器产生的过电压66kV侧为1.22（标幺值），在允许范围内，低于设备绝缘水平。合闸涌流最大峰值为5982A，为额定值的4.44倍，且在0.15s内衰减至额定电流的1.1倍以下。

主变压器750kV/330kV合环运行时，投切6号电容器产生的过电压66kV侧为1.04（标幺值），在允许范围内，低于设备绝缘水平。合闸涌流最大峰值为4279A，为额定值的3.37倍，且在0.15s内衰减至额定电流的1.9倍以下。表6-12为66kV侧投切主变压器低压电容器操作过电压结果。

**表6-12　66kV侧投切主变压器低压电容器操作过电压结果**

| 操作设备 | 带电侧 | 主变压器各侧2%统计操作过电压（标幺值） | | | 合闸涌流（峰值，A） | 涌流衰减时间（s/倍数） |
|---|---|---|---|---|---|---|
| | | 750kV | 330kV | 66kV | | |
| 5号电容器（$X$=2.2Ω，$C$=72.7μF） | 330kV侧 | 1.36 | 1.38 | 1.43 | 5376 | 0.10/1.11<br>0.15/0.99<br>0.20/0.98<br>0.25/0.97<br>0.30/0.97 |
| 6号电容器（$X$=6.4Ω，$C$=60.5μF） | 330kV侧 | 1.20 | 1.21 | 1.24 | 4152 | 0.10/1.62<br>0.15/1.36<br>0.20/1.17<br>0.25/1.04<br>0.30/0.97 |
| 5号电容器（$X$=2.2Ω，$C$=72.7μF） | 750kV侧 | 1.12 | 1.42 | 1.38 | 5381 | 0.10/2.39<br>0.15/2.36<br>0.20/2.09<br>0.25/1.95<br>0.30/1.94<br>1.00/1.00 |
| 6号电容器（$X$=6.4Ω，$C$=60.5μF） | 750kV侧 | 1.04 | 1.24 | 1.19 | 4201 | 0.10/2.21<br>0.15/2.19<br>0.20/2.19<br>0.25/2.18<br>0.30/2.14<br>1.00/0.99 |
| 5号电容器（$X$=2.2Ω，$C$=72.7μF） | 主变压器合环 | 1.06 | 1.25 | 1.22 | 5982 | 0.10/1.13<br>0.15/1.07<br>0.20/1.03<br>0.25/1.01<br>0.30/0.99 |

续表

| 操作设备 | 带电侧 | 主变压器各侧 2%统计操作过电压（标幺值） | | | 合闸涌流（峰值，A） | 涌流衰减时间（s/倍数） |
|---|---|---|---|---|---|---|
| | | 750kV | 330kV | 66kV | | |
| 6 号电容器（$X$=6.4Ω，$C$=60.5μF） | 主变压器合环 | 1.01 | 1.10 | 1.04 | 4279 | 0.10/2.01<br>0.15/1.83<br>0.20/1.77<br>0.25/1.64<br>0.30/1.43<br>1.00/0.95 |

（6）潜供电流和恢复电压。Ⅰ、Ⅱ线双回线路中，当线路高压电抗器中性点小电抗器位于 A-X3（阻抗值最大）档时，潜供电流不超过 30.9A，恢复电压不超过 169.4kV，绝缘子串长度按 8.8m 考虑，恢复电压梯度最大为 19.3kV/m，根据潜供电弧自灭时限推荐值，0.6s 的单相重合闸满足要求。

Ⅲ、Ⅳ双回线路潜供电流不超过 11.26A，恢复电压不超过 106.21kV，绝缘子串长度按 8.8m 考虑，恢复电压梯度最大为 12.1kV/m，根据潜供电弧自灭时限推荐值，0.6s 的单相重合闸满足要求。表 6-13 为潜供电流和恢复电压。

**表 6-13　　潜供电流和恢复电压**

| 线路 | 小电抗器档位 | 潜供电流（A） | | 恢复电压（kV） | | 小电抗器电压（kV） | |
|---|---|---|---|---|---|---|---|
| | | 首端 | 末端 | 首端 | 末端 | 首端 | 末端 |
| Ⅰ线 | A-X1 | 25.74 | 29.94 | 152.46 | 177.01 | 71.83 | 75.36 |
| | A-X3 | 22.61 | 27.77 | 126.26 | 154.74 | 75.78 | 78.23 |
| Ⅱ线 | A-X1 | 32.73 | 28.53 | 190.04 | 165.08 | 75.55 | 71.41 |
| | A-X3 | 30.94 | 25.68 | 169.38 | 140.14 | 80.26 | 74.18 |
| Ⅲ线 | A-X1 | 9.4 | 9.53 | 91.61 | 91.67 | / | 81.02 |
| | A-X3 | 7.3 | 7.52 | 68.02 | 69.18 | / | 84.12 |
| Ⅳ线 | A-X1 | 11.26 | 10.5 | 106.21 | 99.63 | 84.86 | / |
| | A-X3 | 9.62 | 8.38 | 89.41 | 76.12 | 88.23 | / |

（7）工频过电压。线路发生无故障或单相接地甩负荷时母线侧和线路侧最高工频过电压分别为 1.07（标幺值）和 1.27（标幺值），在允许范围内。表 6-14 为工频过电压计算结果。

表 6-14　　　　　　　　　　　工频过电压计算结果

| 线路 | 故障侧 | 故障相 | 工频过电压（标幺值） | |
|---|---|---|---|---|
| | | | 母线侧 | 线路侧 |
| Ⅰ线 | A | 无 | 0.99 | 0.99 |
| | | 单相 | 1.00 | 1.17 |
| | B | 无 | 1.00 | 1.03 |
| | | 单相 | 1.00 | 1.25 |
| Ⅱ线 | A | 无 | 0.99 | 1.01 |
| | | 单相 | 0.99 | 1.21 |
| | B | 无 | 1.00 | 1.01 |
| | | 单相 | 1.00 | 1.22 |
| Ⅲ线 | C | 无 | 0.97 | 0.98 |
| | | 单相 | 1.07 | 1.27 |
| | B | 无 | 0.99 | 0.99 |
| | | 单相 | 1.00 | 1.23 |
| Ⅳ线 | C | 无 | 0.96 | 0.96 |
| | | 单相 | 1.06 | 1.25 |
| | B | 无 | 0.99 | 1.00 |
| | | 单相 | 1.00 | 1.25 |

（8）感应电压和感应电流。A、B 站间一回线运行、输送潮流为 4000MW 时，在另一回退出线路上产生的最大静电感应电压稳态值为 78.88kV，最大静电感应电流稳态值为 16.01A，最大电磁耦合感应电压稳态值为 8.66kV，最大电磁耦合感应电流稳态值为 150.36A。

B、C 站间一回线运行、输送潮流为 4000MW 时，在另一回退出线路上产生的最大静电感应电压稳态值为 6.86kV，最大静电感应电流稳态值为 0.72A，最大电磁耦合感应电压稳态值为 0.50kV，最大电磁耦合感应电流稳态值为 12.13A。

调试期间，B 输变电工程接地开关能够满足电磁及静电感应电压、电流的要求。表 6-15 为 B 输电工程线路各侧接地开关感应电压和感应电流最大稳态值。

**表 6-15　B 输变电工程线路各侧接地开关感应电压和感应电流最大稳态值**

| 开关位置 | 电磁耦合 | | 静电耦合 | |
|---|---|---|---|---|
| | 感应电流（有效值，A） | 感应电压（有效值，kV） | 感应电流（有效值，A） | 感应电压（有效值，kV） |
| Ⅰ、Ⅱ线 A 侧 | 146.55 | 8.48 | 16.01 | 78.88 |
| Ⅰ、Ⅱ线 B 侧 | 150.36 | 8.66 | 15.83 | 77.38 |
| Ⅲ、Ⅳ线 C 侧 | 12.01 | 0.50 | 0.72 | 6.82 |
| Ⅲ、Ⅳ线 B 侧 | 12.13 | 0.50 | 0.71 | 6.86 |

（9）非全相运行过电压。A、B 站间线路发生非全相运行时，断开相和中性点小电抗器工频电压最高分别为 190kV 和 80.3kV，无工频谐振问题。

B、C 站间线路发生非全相运行时，断开相和中性点小电抗器工频电压最高分别为 106.2kV 和 88.2kV，无工频谐振问题。

以单相分合操作过电压以及潜供电流和恢复电压、非全相运行过电压水平低为依据，建议 750kV 州盘、盘凉线路高压电抗器中性点小电抗器档位均调整为阻抗最大档。表 6-16 为非全相运行电压。

**表 6-16　非全相运行电压**

| 线路 | 故障相 | 断开相最高电压（有效值，kV） | | | 小电抗器电压（有效值，kV） | | |
|---|---|---|---|---|---|---|---|
| | | A-X1 | A-X2 | A-X3 | A-X1 | A-X2 | A-X3 |
| Ⅰ线 | 单相 | 177.0 | 163.9 | 154.7 | 75.4 | 77.2 | 78.2 |
| Ⅱ线 | 单相 | **190.0** | 178.1 | 169.4 | 75.6 | 78.0 | 80.3 |
| Ⅲ线 | 单相 | 91.7 | 79.1 | 69.2 | 81.0 | 82.8 | 84.1 |
| Ⅳ线 | 单相 | **106.2** | 96.5 | 89.4 | 84.9 | 86.7 | 88.2 |

### 6.1.3　方案编制

本案例中，启动设备包括两侧变电站内的扩建的开关及其附属设备、新建输电线路，以及新建变电站内开关、母线、变压器、低压电容器、低压电抗器及站内设备的附属设备等。具体启动设备如下。

B站：B20、B22、B30、B32、B40、B42、B51、B50、B52、3302开关及其附属设备；750kV Ⅰ、Ⅱ母及其附属设备；750kV 2号主变压器及其附属设备，66kV ⅡA、ⅡB母及6602A、6602B开关，66kV1、2号低压电容器，1、2、3号低压电抗器及6621、6623、6624、6671、6672开关。

A站：C71、C70、C81、C80开关及其附属设备。

C站：AB1、AB2、AB3、AC1、AC2、AC3开关及其附属设备。

线路：750kV Ⅰ线、Ⅱ线、Ⅲ线、Ⅳ线。

根据《220kV～750kV变电站设计技术规程》，750kV系统的工频过电压水平不应超过下列数值：线路断路器的变电站侧为1.3（标幺值），线路断路器的线路侧为1.4（标幺值）[1.0（标幺值）=800/$\sqrt{2}$/$\sqrt{3}$]。

根据《220kV～750kV 变电站设计技术规程》的相关规定，750kV系统的操作过电压水平不应超过下列数值：相对地（2%）统计操作过电压为1.8（标幺值）[1.0（标幺值）=800/$\sqrt{2}$/$\sqrt{3}$]。

根据《交流电气装置的过电压保护和绝缘配合设计规范》，330kV系统的工频过电压水平不应超过下列数值：线路断路器的变电站侧为1.3（标幺值），线路断路器的线路侧为1.4（标幺值）[1.0（标幺值）=363/$\sqrt{2}$/$\sqrt{3}$]。

根据《交流电气装置的过电压保护和绝缘配合设计规范》，330kV系统的操作过电压水平不应超过下列数值：相对地（2%）统计操作过电压为2.2（标幺值）[1.0（标幺值）=363/$\sqrt{2}$/$\sqrt{3}$]。

根据《标称电压1000V以上交流电力系统用并联电容器》，投切电容器时由开关操作引起的过电流峰值应限制到最大为100IN（均方根值）。

根据提供的相关设备技术协议以及《220kV～750kV 变电站设计技术规程》《交流电气装置的过电压保护和绝缘配合设计规范》《220kV～750kV 油浸式电力变压器使用技术条件》《330kV～750kV油浸式并联电抗器使用技术条件》《标称电压1000V以上交流电力系统用并联电容器》《高压交流断路器》《高压交流隔离开关和接地开关》，本期工程各主要750kV设备的标准绝缘水平参数见表6-17，各主要330kV设备的标准绝缘水平参数见表6-18。各主要66kV设备的标准绝缘水平参数见表6-19。

表 6-17　　750kV 主设备的标准绝缘水平参数

| 系统电压（kV） | | 设备名称 | 额定雷电冲击耐受电压（峰值，kV） | 额定操作冲击耐受电压（峰值，kV） | 工频 1min 耐受电压（有效值，kV） |
|---|---|---|---|---|---|
| 标称电压 | 最高电压 | | | | |
| 750 | 800 | 变压器高压侧 | 1950 | 1550 | 900 |
| | | 断路器 | 2100 | 1550 | 960 |
| | | 并联电抗器 | 2100 | 1550 | 900 |
| 750 | 800 | 高抗中性点 | 480 | 398.4* | 200 |
| | | 中性点小电抗 | 480 | 398.4* | 200 |

* 此数据参照《高压输变电设备的绝缘配合使用导则》中规定，3～220kV 设备的耐受操作冲击电压的能力为雷电冲击的 0.83 倍。

注　若考虑进行海拔修正，上述数据需乘以 1.025。

表 6-18　　330kV 主设备的标准绝缘水平参数

| 系统电压（kV） | | 设备名称 | 额定雷电冲击耐受电压（峰值，kV） | 额定操作冲击耐受电压（峰值，kV） | 工频 1min 耐受电压（有效值，kV） |
|---|---|---|---|---|---|
| 标称电压 | 最高电压 | | | | |
| 330 | 363 | 变压器中压侧 | 1175 | 950 | 510 |
| | | 断路器 | 1175 | 950 | 510 |
| | | 隔离开关 | 1175 | 950 | 510 |

注　若考虑进行海拔修正，上述数据需乘以 1.025。

表 6-19　　66kV 主设备的标准绝缘水平参数

| 额定电压（kV） | | 设备类别 | 额定雷电冲击耐受电压（峰值，kV） | 工频 1min 耐受电压（有效值，kV） |
|---|---|---|---|---|
| 标称电压 | 最高电压 | | | |
| 66 | 72.5 | 变压器 | 350 | 150 |
| | | 断路器 | 325 | 155 |

主要试验项目如下：

（1）投切主变压器及投切低压电容器、电抗器试验。投切主变压器试验常与投切低压电容器、电抗器试验一并进行。变压器高压侧及中压侧断路器投切主变压器的能力都应得到考核。为提高试验效率，投切低容、低抗试验可穿插在投切主变压器试验之间进行。试验的主要目的为：考核相关设备绝缘是否完好；考核开关投切主变压器的能力；测量投切主变压器的过电压；检验主变压器耐受冲击合闸的能力；监测试验过程中相关避雷器的动作情况；测量投切低压电容器、电抗器时的操作过电压。

（2）投切空载线路及系统合环试验。空载线路合闸时，线路各点电压将从零过渡到考虑电容效应后的工频稳态电压值；空载线路开断时，线路各点电压将从工频稳态电压值过渡到零。在过渡过程中将出现操作过电压。因此工程启动调试要进行投切空载线路试验，试验的主要目的为：考核750kV出线及相关设备绝缘是否完好；考核开关投切Ⅰ、Ⅱ线的能力；测量投切750kV空线时的线路过电压；监测试验过程中相关避雷器的动作情况；测量750kV侧合环的角差、压差。

（3）系统合环运行。为缩短新建输变电工程的投运周期，工程启动调试的全部试验项目完成后，新建工程常按照安排的运行方式直接进入合环运行状态。

### 6.1.4 工程调试及测试

B站750kV输变电工程系统调试主要包括以下调试项目：投切750kV空载线路试验；B站750kV交流场带电试验；B站投切空载变压器试验；B站投切66kV低压电容器、电抗器试验；750kV线路合、解环试验。根据6.1.3中的技术要求，具体试验步骤的安排以及试验结果、试验详情如下。

（1）B站330kV侧投切2号主变压器试验。本阶段试验的主要内容为：从330kV侧投切2号主变压器；投切低容、低抗。

试验主要操作步骤为：B站3302开关闭合，对2号主变压器进行充电；随后，将66kV侧的低容、低抗分别投切3次，记录分析变压器两侧电压情况，试验结束后6602A、6602B开关断开；试验结束后，B站3302开关运行转冷备。

试验中各操作过程中电压变化记录如表6-20～表6-22所示，表中“/”表示未测到此项数据，“—”表示过电压小于1.0（标幺值）。

表 6-20　　B 站投切 2 号空载变压器操作过电压测试结果

| 测试项目 | 主变压器侧 | 操作过电压（标幺值） | | | 励磁涌流 | | | | | |
|---|---|---|---|---|---|---|---|---|---|---|
| | | | | | 电流幅值（A） | | | 与额定电流比值 | | |
| | | A | B | C | A | B | C | A | B | C |
| 330kV 合空载变压器 | 750kV 侧 | 1.32 | 1.12 | 1.37 | / | / | / | / | / | / |
| | 330kV 侧 | 1.17 | 1.28 | 1.19 | 3275 | 5063 | 4468 | 0.66 | 1.02 | 0.90 |

表 6-21　　B 站投切 66kV 低压电容器、电抗器暂态电压测试结果

| 测试项目 | 主变压器充电侧 | 开关 | 最大操作过电压（标幺值） | | | 合闸涌流峰值（A） |
|---|---|---|---|---|---|---|
| | | | A | B | C | |
| 投 5 号低压电容器 | 330kV 侧 | B 站 6671 | 1.11 | 1.14 | 1.13 | 5452 |
| 投 6 号低压电容器 | 330kV 侧 | B 站 6672 | 1.04 | 1.00 | 1.02 | 4080 |
| 投 5 号低压电抗器 | 330kV 侧 | B 站 6621 | — | — | — | / |
| 投 7 号低压电抗器 | 330kV 侧 | B 站 6623 | — | — | — | / |
| 投 8 号低压电抗器 | 330kV 侧 | B 站 6624 | — | — | — | / |

表 6-22　　B 站投切 66kV 低压电容器、电抗器稳态电压测试结果

| 测试项目 | 主变压器充电侧 | 750kV 母线电压（kV） | | | 330kV 母线电压（kV） | | |
|---|---|---|---|---|---|---|---|
| | | 操作前 | 操作后 | 电压变化 | 操作前 | 操作后 | 电压变化 |
| 投 5 号低压电容器 | 330kV 侧 | 790.4 | 794.2 | +3.8 | 356.6 | 359.4 | +2.8 |
| 投 6 号低压电容器 | 330kV 侧 | 790.6 | 793.4 | +2.8 | 355.5 | 358.1 | +2.6 |
| 投 5 号低压电抗器 | 330kV 侧 | 789.7 | 784.9 | −4.8 | 356.6 | 354.2 | −2.4 |
| 投 7 号低压电抗器 | 330kV 侧 | 789.5 | 786.1 | −3.4 | 356.2 | 354.2 | −2.0 |
| 投 8 号低压电抗器 | 330kV 侧 | 789.6 | 787.8 | −2.6 | 356.9 | 355.4 | −1.5 |

注　以上测试均在 B 站未投入其他 66kV 无功补偿装置条件下进行。

通过 B 站 330kV 侧投切 2 号主变压器试验结果分析可知：B 站 330kV 断路器投切空载 2 号变压器性能正常；B 站 330kV 侧投切空载变压器时，未发现谐振现象，投空载变压器时励磁涌流最大为 5063A；投空载变压器时 330kV 侧最大操作过电压为 1.28（标幺值），750kV 侧最大操作过电压为 1.37（标幺值）；B 站投切 66kV 低压电容器、电抗器时，操作过电压水平较低。

试验的部分试验录波波形如图 6-2 所示。

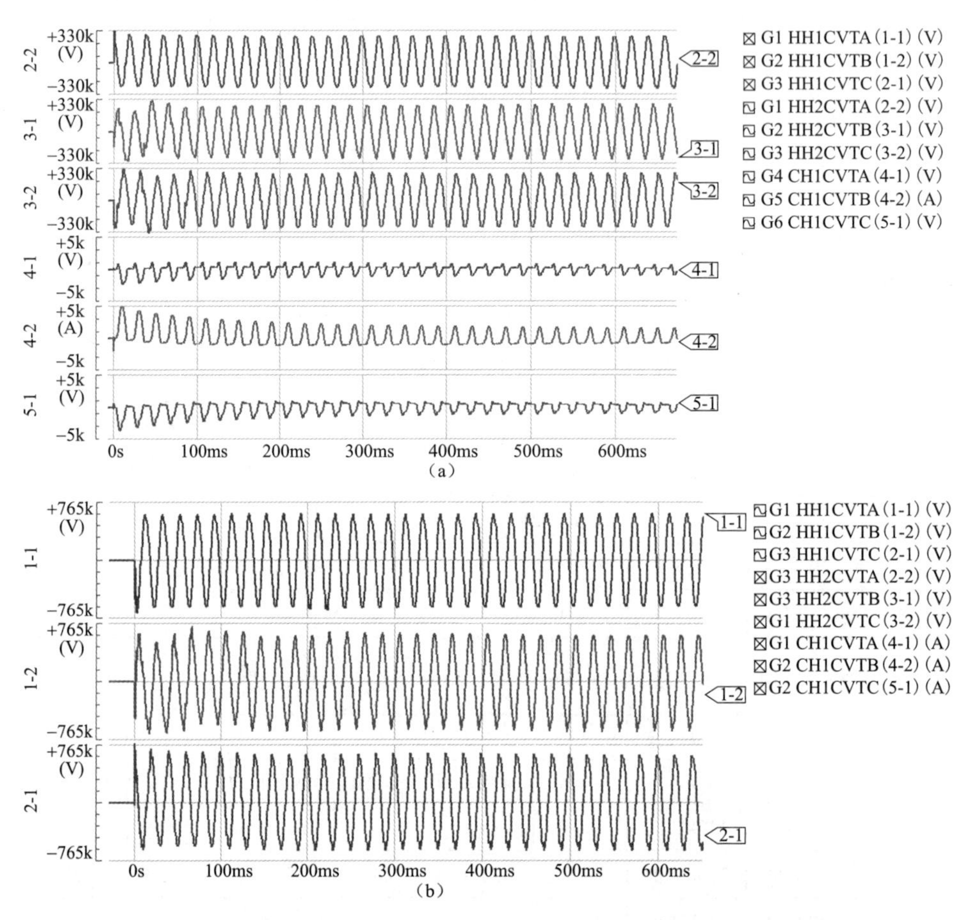


图 6-2　B 站 330kV 侧合闸空载 2 号主变压器过电压及励磁涌流波形

（a）330kV 侧电压及励磁涌流波形；（b）750kV 侧电压波形

（2）A 站投切 750kV 空载 Ⅰ、Ⅱ线试验。本阶段试验的主要内容为：从 A 站对 Ⅰ、Ⅱ线充电。

试验主要操作步骤为：首先 Ⅰ、Ⅱ线两侧线路高压电抗器转运行；分别经 A 站 AB3、AB2 开关对 750kV Ⅰ线各充电一次，记录数据后断开；然后经 A 站 AC2、AC1 开关对 750kV Ⅱ线各充电一次，经 A 站 AC1 开关充电结束后开关保持闭合，为下一阶段试验做准备。A 站投切 750kV 空载 Ⅰ、Ⅱ线试验操作示意图见图 6-3。

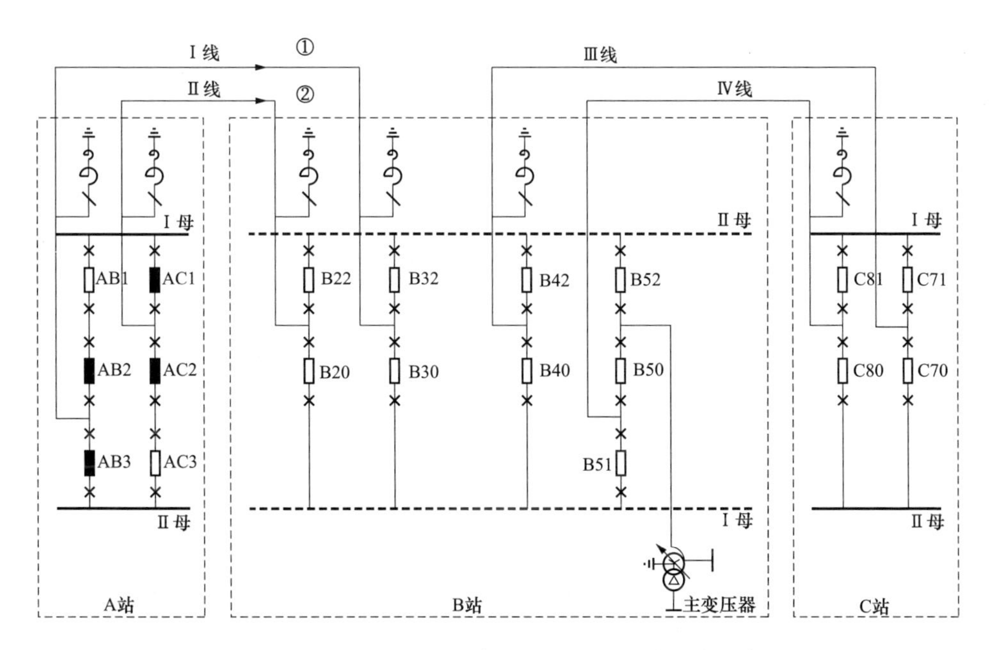


图 6-3　A 站投切 750kV 空载Ⅰ、Ⅱ线试验操作示意图

试验中各操作过程中电压变化记录如表 6-23 和表 6-24 所示，表中“\”表示未测到此项数据，“—”表示过电压小于 1.0（标幺值）。

**表 6-23　　投切 750kV 空载线路操作过电压测试结果**

| 测试项目 | 750kV 线路操作过电压（标幺值） | | |
|---|---|---|---|
| | A | B | C |
| A 站侧合空载Ⅰ线 | 1.02 | 1.05 | 1.00 |
| A 站侧合空载Ⅱ线 | 1.01 | 1.08 | 1.00 |

**表 6-24　　投切 750kV 空载线路稳态电压测试结果**

| 测试项目 | 首端母线电压（kV） | | 线路末端电压（kV） | 首端母线电压压升（kV） | 首末端电压压差（kV） |
|---|---|---|---|---|---|
| | 操作前 | 操作后 | | | |
| A 站侧合空载Ⅰ线 | 777.8 | 779.3 | 783.4 | 1.5 | 4.1 |
| A 站侧合空载Ⅱ线 | 780.0 | 781.9 | 786.3 | 1.9 | 4.4 |

通过 A 站投切空载Ⅰ、Ⅱ线试验结果分析可知：A 站 750kV 断路器投切空载Ⅰ、Ⅱ线性能正常；A 站投切空载Ⅰ、Ⅱ线时，B 侧最大操作过电压为

1.08（标幺值），在正常范围内。

部分试验录波波形如图 6-4 和图 6-5 所示。

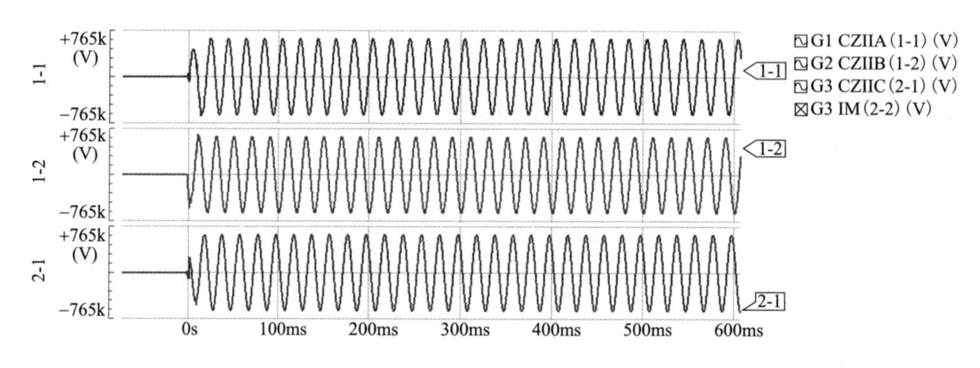


图 6-4　A 侧合闸 750kV 空载Ⅰ线电压波形

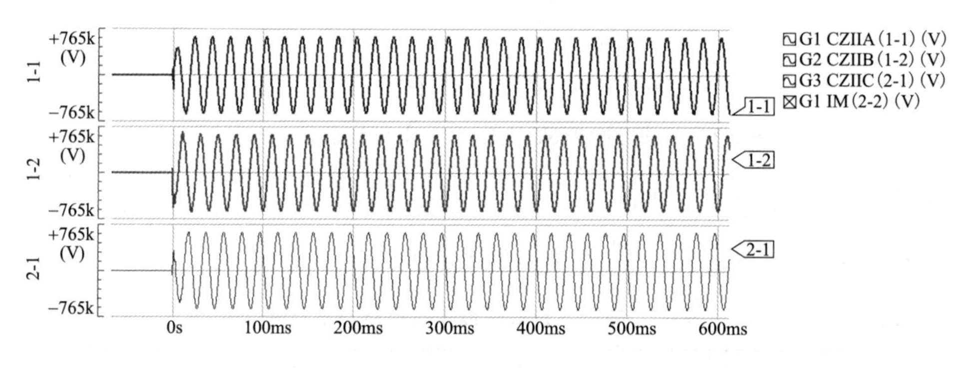


图 6-5　A 侧合闸 750kV 空载Ⅱ线电压波形

（3）B 站投切 750kV 空载线路及 2 号主变压器试验。本阶段试验的主要内容为：从 A 侧对Ⅱ线与Ⅲ线、Ⅱ线与Ⅳ线组成的长线路充电；从 A 侧经Ⅱ线对 2 号主变压器充电 2 次。B 站投切 750kV 空载线路及 2 号主变压器试验操作示意图见图 6-6。

试验主要操作步骤为：首先闭合 B 站 B20、B22 开关，对 750kVⅠ、Ⅱ母充电；然后分别经 B 站 B40、B22 开关对Ⅲ线充电各充电一次，记录数据后断开；接着闭合 B 站 B51 开关，对Ⅳ线充电，记录数据后断开；闭合 B 站 B52 开关，对 2 号主变压器进行充电；之后闭合 B 站 6602B、6624 开关，投 66kV8 号电抗器，记录数据后断开；最后闭合 B 站 B52 开关对 2 号主变压器投切 2 次，试验结束后 B 站 B52、B20、B22 开关和 A 站 AC1 开关断开。

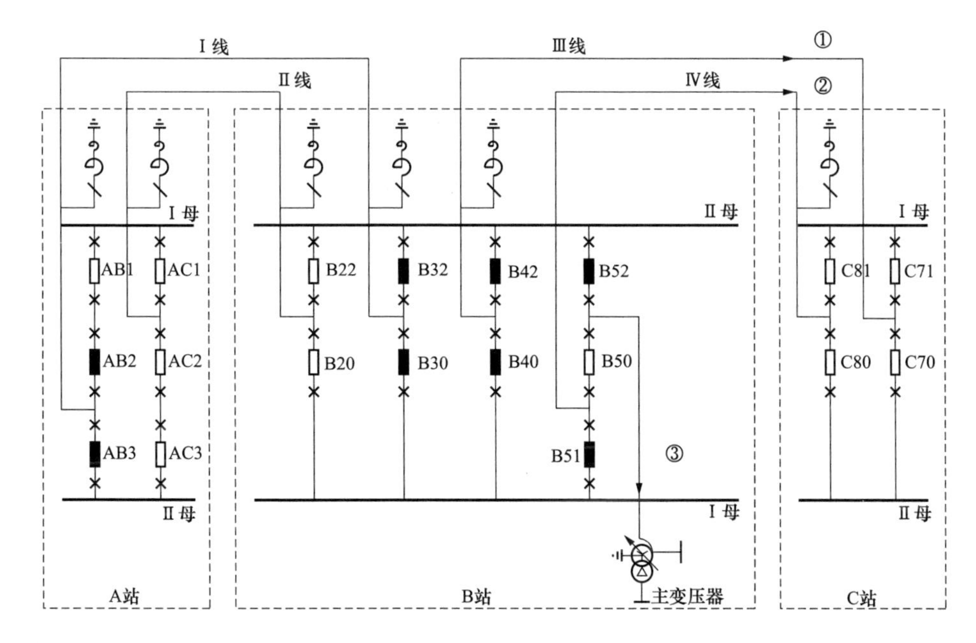


图 6-6　B 站投切 750kV 空载线路及 2 号主变压器试验操作示意图

试验中各操作过程中电压变化记录如表 6-25～表 6-27 所示，表中“/”表示未测到此项数据，“—”表示过电压小于 1.0（标幺值）。

**表 6-25　　　　　投切 750kV 空载线路操作过电压测试结果**

| 测试项目 | 750kV 线路操作过电压（标幺值） | | | 高抗中性点小电抗器过电压峰值（kV） |
|---|---|---|---|---|
| | A | B | C | |
| B 侧合空载Ⅲ线 | 1.02 | 1.08 | 1.03 | 108.3 |
| B 侧单相重合空载Ⅲ线 | 1.08 | 1.01 | 1.02 | 206.7 |
| B 侧合空载Ⅳ线 | / | / | / | / |
| B 侧单相重合空载Ⅳ线 | 1.08 | 1.01 | 1.01 | / |

**表 6-26　　　　　投切 750kV 空载线路稳态电压测试结果**

| 测试项目 | 首端母线电压（kV） | | 线路末端电压（kV） | 首端母线电压压升（kV） | 首末端电压压差（kV） |
|---|---|---|---|---|---|
| | 操作前 | 操作后 | | | |
| B 侧合空载Ⅲ线 | 782.8 | 790.8 | 797.0 | 8.0 | 6.2 |
| B 侧合 7 空载Ⅳ线 | 782.0 | 790.3 | 786.0 | 8.3 | –4.3 |

表 6-27　　　　B 站投切 2 号空载变压器操作过电压测试结果

| 测试项目 | 主变压器侧 | 操作过电压（标幺值） | | | 励磁涌流 | | | | | |
|---|---|---|---|---|---|---|---|---|---|---|
| | | | | | 电流幅值（A） | | | 与额定电流比值 | | |
| | | A | B | C | A | B | C | A | B | C |
| 750kV 合空载变压器 | 750kV 侧 | 1.02 | 1.22 | 1.01 | 590 | 305 | 1100 | 0.26 | 0.14 | 0.49 |
| | 330kV 侧 | 1.02 | 1.20 | 1.02 | / | / | / | / | / | / |
| 750kV 合空载变压器 | 750kV 侧 | 1.00 | 1.03 | 1.36 | 313 | 593 | 358 | 0.14 | 0.26 | 0.16 |
| | 330kV 侧 | 1.00 | 1.02 | 1.35 | 405 | 285 | 270 | / | / | / |
| 750kV 合空载变压器 | 750kV 侧 | 1.01 | 1.00 | — | 255 | 588 | 460 | 0.11 | 0.26 | 0.21 |
| | 330kV 侧 | 1.01 | 1.01 | 1.00 | / | / | / | / | / | / |
| 750kV 合空载变压器 | 750kV 侧 | — | 1.00 | 1.38 | 248 | 499 | 283 | 0.11 | 0.22 | 0.13 |
| | 330kV 侧 | — | 1.04 | 1.34 | / | / | / | / | / | / |

通过 B 站投切 750kV 空载线路及 2 号主变压器试验结果分析可知：B 站 750kV 断路器投切空载Ⅲ、Ⅳ线性能正常，投切空载变压器性能正常；B 站投切空载Ⅲ、Ⅳ线时，B 侧最大操作过电压为 1.08（标幺值），在正常范围内；B 站线路开关单相重合闸Ⅲ、Ⅳ线时，B 侧最大操作过电压为 1.08（标幺值），在正常范围内；B 站 750kV 侧投切空载变压器时，未发现谐振现象，投空载变压器时励磁涌流最大为 1100A。投空载变压器时 750kV 侧最大操作过电压为 1.38（标幺值），330kV 侧最大操作过电压为 1.35（标幺值）。

部分试验录波波形如图 6-7～图 6-10 所示。

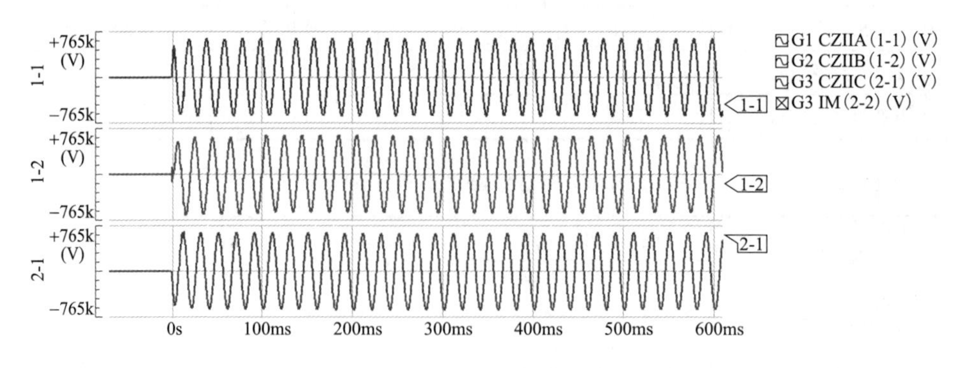


图 6-7　B 侧合闸 750kV 空载Ⅲ线电压波形

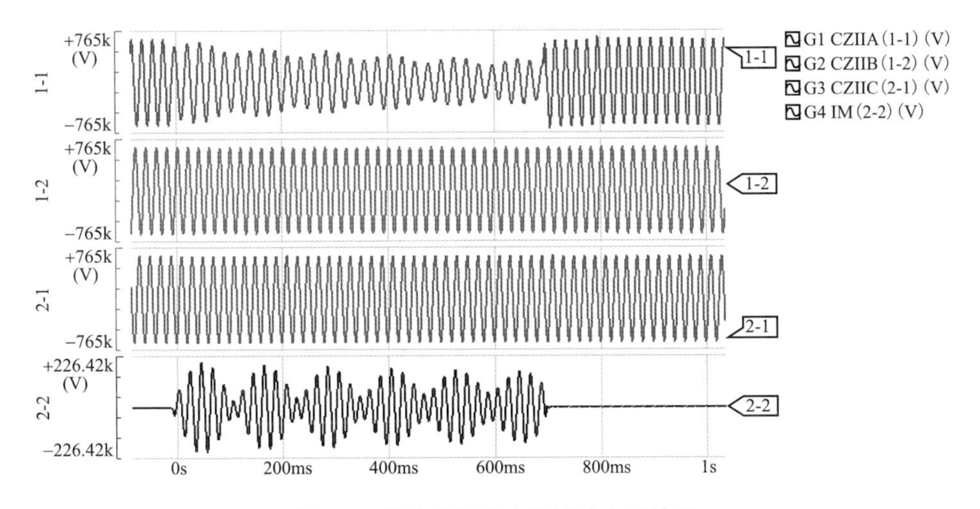


图 6-8　Ⅲ线单相重合闸试验电压波形

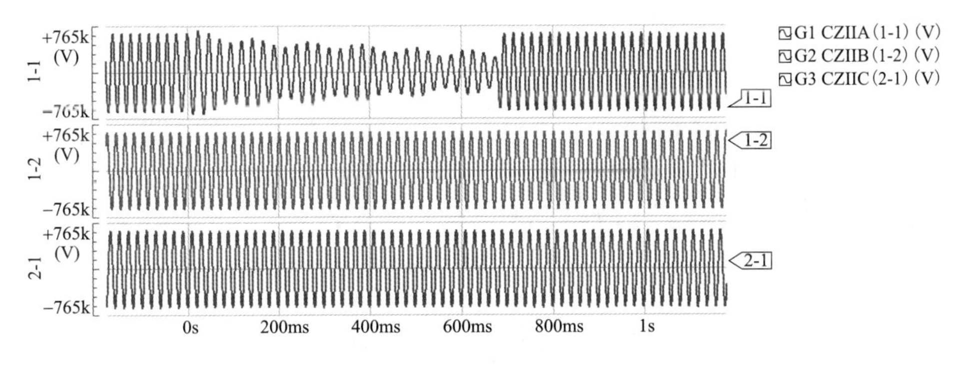


图 6-9　Ⅳ线单相重合闸试验电压波形

（4）C 站、B 站投切 750kV 空载线路及系统合环试验。本阶段试验的主要内容为：从 C 站侧对Ⅲ、Ⅳ线充电；从 C 站侧对Ⅲ线与Ⅰ线、Ⅲ线与Ⅱ线组成的长线路充电；从 C 站经Ⅳ线对 2 号主变压器充电一次以及系统合环。C 站、B 站投切 750kV 空载线路及系统合环试验操作示意图如图 6-11 所示。

试验的主要操作步骤为：首先分别通过 C70 开关和 C71 开关对Ⅲ线各充电一次，分别通过 C80 开关和 C81 开关对Ⅳ线各充电一次，记录数据后断开；接着分别通过 B30 开关和 B32 开关对Ⅰ线各充电一次，分别通过 B20 开关和 B22 开关对Ⅱ线各充电一次，记录数据后断开；然后通过Ⅳ线-B 站 B50 开关对 2 号主变压器充电，投 8 号电抗器一次，记录数据后依次将电抗器、变压器、

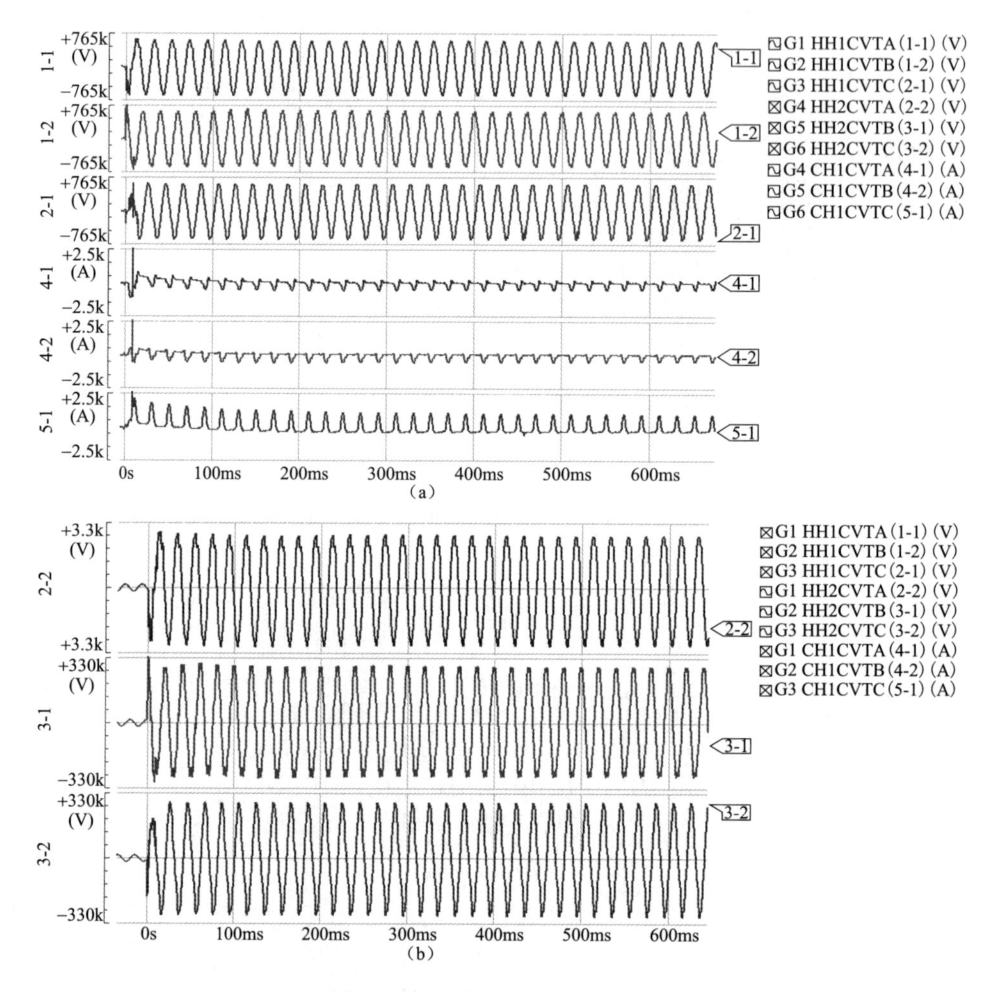


图 6-10　B 站 750kV 侧合闸空载 2 号主变压器过电压及励磁涌流波形

（a）750kV 侧电压及励磁涌流波形；（b）330kV 侧电压波形

Ⅳ线断开；之后从 C 侧对Ⅲ线充电，从 A 侧对Ⅰ线充电，闭合 B 站 B32、B42 开关，Ⅰ线与Ⅲ线合环运行，记录数据后将Ⅰ线与Ⅲ线断开；试验最后一步为整个系统的合环运行，先从 C 站侧对Ⅳ线充电，从 A 站侧对Ⅱ线充电，闭合 B 站 B22、B52 开关，Ⅱ线与Ⅳ线合环运行，接着按照相同的方法将Ⅰ线与Ⅲ线合环运行，最后闭合 B52 开关，对 2 号主变压器进行充电，闭合 3302 开关，B 站 750kV 与 330kV 系统合环运行。

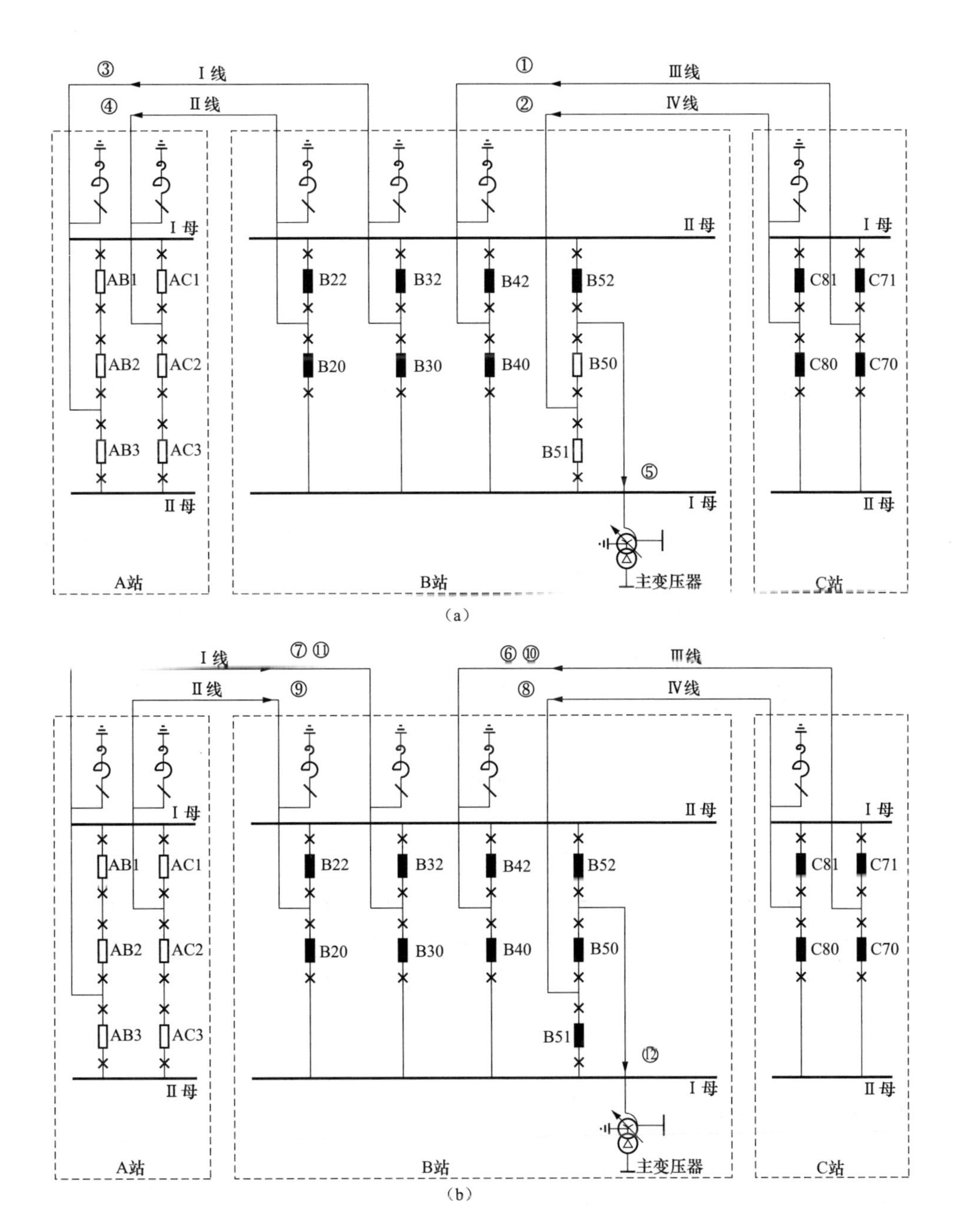


图 6-11　C 站、B 站投切 750kV 空载线路及系统合环试验操作示意图

试验各操作过程中过电压水平记录如表 6-28 和表 6-29 所示，表中“/”表示未记录此项数据，“—”表示过电压小于 1.0（标幺值）。

**表 6-28　　投切 750kV 空载线路操作过电压测试结果**

| 测试项目 | 750kV 线路操作过电压（标幺值） | | | 高抗中性点小电抗器过电压峰值（kV） |
|---|---|---|---|---|
| | A | B | C | |
| C 侧合空载Ⅲ线 | 1.05 | 1.02 | 1.02 | / |
| C 侧合空载Ⅳ线 | 1.00 | 1.06 | 1.02 | / |
| B 侧合空载Ⅰ线 | 1.00 | 1.08 | 1.04 | 107.9 |
| B 侧单相重合空载Ⅰ线 | 1.17 | 1.02 | 1.10 | 162.6 |
| B 侧合空载Ⅱ线 | 1.10 | 1.11 | 1.04 | / |
| B 侧单相重合空载Ⅱ线 | 1.15 | 1.05 | 1.01 | / |

**表 6-29　　投切 750kV 空载线路稳态电压测试结果**

| 测试项目 | 首端母线电压（kV） | | 线路末端电压（kV） | 首端母线电压压升（kV） | 首末端电压压差（kV） |
|---|---|---|---|---|---|
| | 操作前 | 操作后 | | | |
| C 侧合空载Ⅲ线 | 779.8 | 782.5 | 779.0 | 2.7 | −3.5 |
| C 侧合空载Ⅳ线 | 778.0 | 780.6 | 786.5 | 2.6 | 5.9 |
| B 侧合空载Ⅰ线 | 773.3 | 780.0 | 784.2 | 6.7 | 4.2 |
| B 侧合空载Ⅱ线 | 774.9 | 781.1 | 785.4 | 6.2 | 4.3 |

通过 C 站、B 站投切 750kV 空载线路及系统合环试验结果分析可知：C 站、B 站 750kV 断路器投切空载线路性能正常；C 站投切 750kV 空载Ⅲ、Ⅳ线时，B 侧最大操作过电压为 1.06（标幺值），在正常范围内；B 站投切 750kV 空载Ⅰ、Ⅱ线时，B 侧最大操作过电压为 1.11（标幺值），在正常范围内；B 站线路开关单相重合闸Ⅰ、Ⅱ线时，B 侧最大操作过电压为 1.17（标幺值），在正常范围内。

部分试验录波波形如图 6-12～图 6-17 所示。

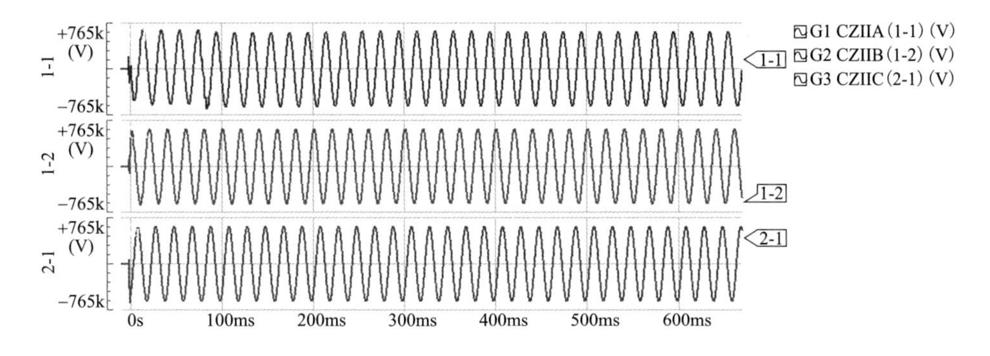


图 6-12　C 站侧合闸 750kV 空载Ⅲ线电压波形

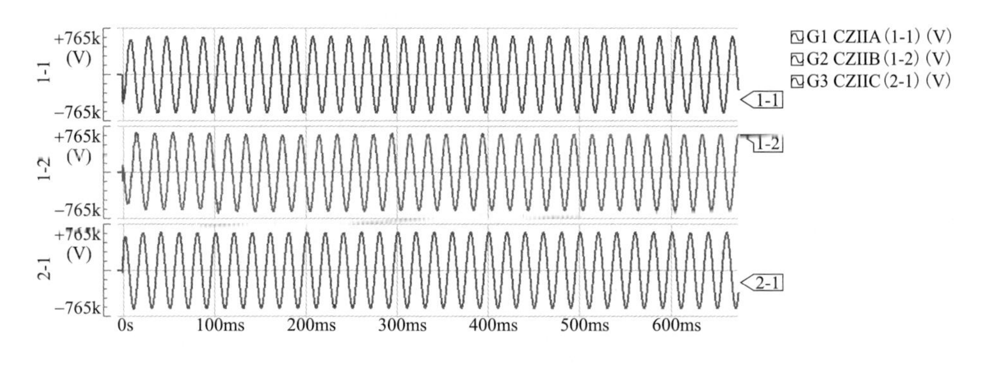


图 6-13　C 站侧合闸 750kV 空载Ⅳ线电压波形

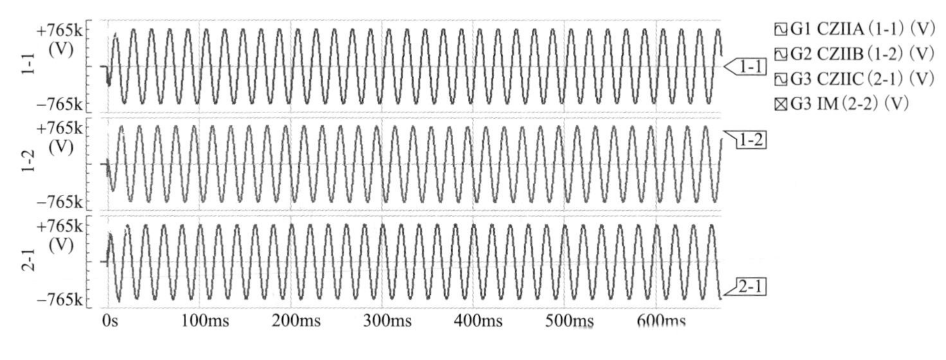


图 6-14　B 站侧合闸 750kV 空载Ⅰ线电压波形

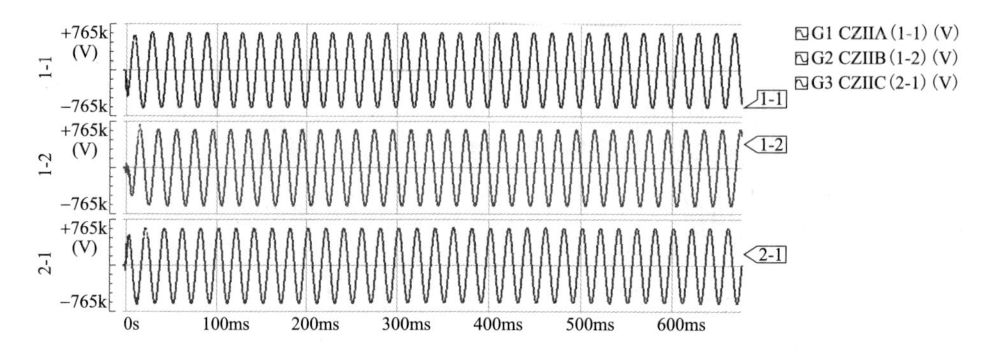


图 6-15　B 站侧合闸 750kV 空载Ⅱ线电压波形

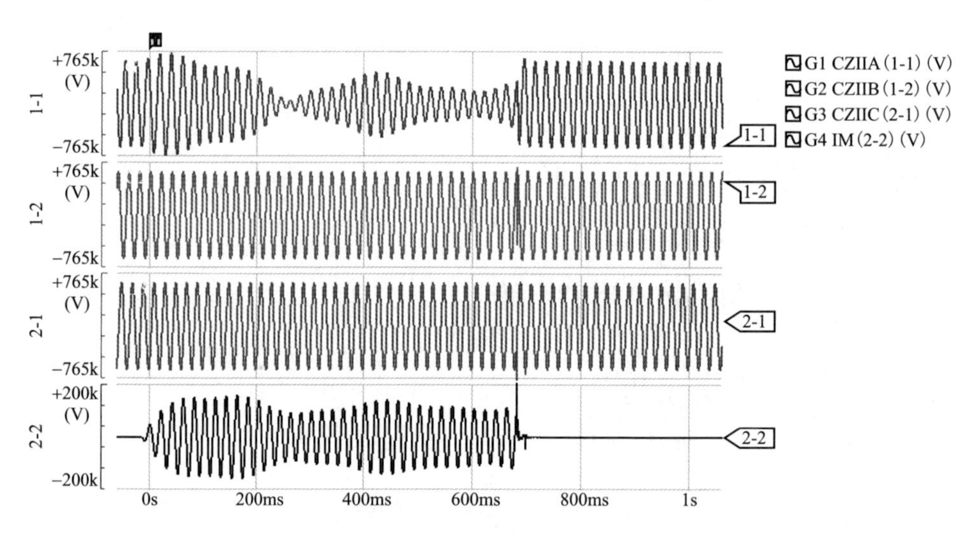


图 6-16　Ⅰ线单相重合闸试验电压波形

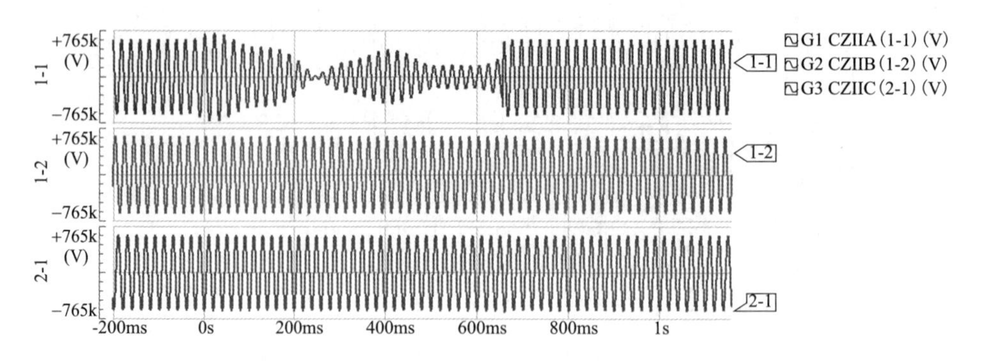


图 6-17　Ⅱ线单相重合闸试验电压波形

## 6.2 特高压直流换流站交流场启动调试案例

### 6.2.1 工程概况

特高压直流送端换流站 A 站交流场π入某省 750kV 电网 X 站、Y 站之间，其 750kV 输变电工程包括：A 换流站 750kV 新建工程、A 换流站站至 Y 站双回 750kV 线路、A 站至 X 站双回 750kV 线路。主要设备规模如下。

主变压器压器：1 组 2100MVA 765/345/63kV 主变压器（2 号）；

750kV 出线：本期 4 回，分别接至 X2 回、Y2 回；

750kV 高压并联电抗器：本期在 750kV 母线装设 2 组 210Mvar 固定高抗；

750kV 交流滤波器：4 大组 16 小组，每组容量均为 295Mvar；

低压无功补偿：2 号主变压器低压侧装设 5 主变压器低压侧装设为低压电抗器；

330kV 站用变压器：1 组 25MVA345/10kV 站用变压器；

短引线保护配置情况：至 6 回电源出线引流线、至 B2 回出线引流线、至极 1/极 2 高端换流变压器出线引流线、至母线高抗出线引流线共配有 11 组短引线保护。

根据工程投产时序，本次系统调试按三个阶段进行：

第一阶段包括 750kVXYⅠ线π接 A 站工程、750kV 母线 2 号主变压器、66kV 低压电抗器、750kV1/2 号交流滤波器组、330/66kV 站用变压器调试；第二阶段包括 750kVXYⅡ线π接 A 站工程调试；第三阶段包括 750kV 母线 1/2 号高压电抗器、750kV 3/4 号交流滤波器组调试。

图 6-18 为 A 站 750kV 交流系统接线示意图。

### 6.2.2 仿真研究

为保证投运输变电工程系统调试工作的顺利进行，本次采用电磁暂态仿真软件对该工程的电磁暂态问题进行计算和研究，计算结论如下。

（1）合闸前母线电压控制策略。工程调试第一阶段，Y 站 750kV 母线电压控制范围为 756～789kV，X 站 750kV 母线电压控制范围为 757～789kV。投切 1 号母线高压电抗器最低电压控制、合闸前后线路始末端及母线电压、投切交流滤波器（1 组）最高电压控制见表 6-30～表 6-32。

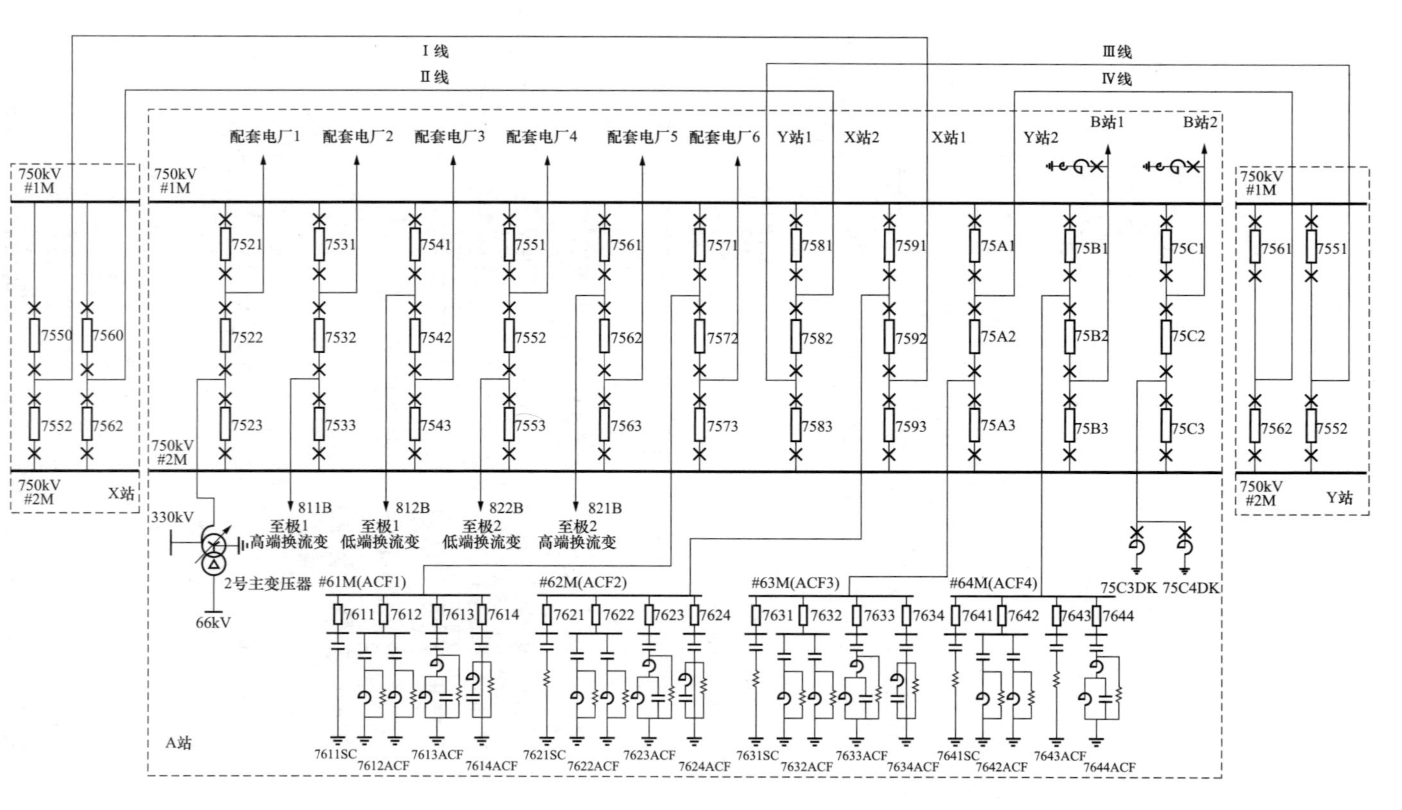


图 6-18 A站 750kV 交流系统接线示意图

表 6-30　　投切 1 号母线高抗最低电压控制　　（kV）

| 操作设备 | 操作点 | 带电线路 | 合闸前 | | | 合闸后 | | |
|---|---|---|---|---|---|---|---|---|
| | | | X 站 | Y 站 | A 站 | X 站 | Y 站 | A 站 |
| 1 号母线高抗 | A 站 | Ⅲ线 | / | 755.6 | 758.9 | / | 752.4 | 750.1 |
| | A 站 | Ⅲ线 | / | 796.0 | 799.5 | / | 792.4 | 790.2 |
| | A 站 | Ⅰ线 | 798.3 | / | 799.8 | 793.6 | / | 791.3 |
| | A 站 | Ⅰ线 | 756.8 | / | 758.3 | 752.3 | / | 750.1 |

表 6-31　　合闸前后线路始末端及母线电压

| 操作线路 | 操作点 | 带电线路 | 合闸前首端（kV） | 合闸后首端（kV） | 合闸后末端（kV） | 合闸后 A 站（kV） |
|---|---|---|---|---|---|---|
| Ⅰ线 | X 站 | / | 795.1 | 798.6 | 800 | / |
| | A 站 | Ⅲ线 | 792.6 | 795.6 | 799.6 | 798.1 |
| Ⅲ线 | Y 站 | / | 791.9 | 796.3 | 799.8 | / |
| | 1 站 | Ⅰ线 | 789.1 | 794.1 | 800 | 796.6 |

表 6-32　　投切交流滤波器（1 组）最高电压控制　　（kV）

| 操作设备 | 操作点 | 带电线路 | 合闸前 | | | 合闸后 | | |
|---|---|---|---|---|---|---|---|---|
| | | | Y 站 | A 站 | X 站 | Y 站 | A 站 | X 站 |
| BP11/13 | A 站 | Ⅲ线、Ⅰ线 1 号高抗 | 789.0 | 790.6 | 791.7 | 793.7 | 799.4 | 797.3 |
| HP24/36 | A 站 | Ⅲ线、Ⅰ线 1 号高抗 | 789.0 | 790.6 | 791.7 | 793.6 | 799.4 | 797 |
| HP3 | A 站 | Ⅲ线、Ⅰ线 1 号高抗 | 789.0 | 790.6 | 791.7 | 793.7 | 799.4 | 797.2 |
| SC | A 站 | Ⅲ线、Ⅰ线 1 号高抗 | 789.0 | 790.6 | 791.7 | 793.7 | 799.4 | 797.2 |

工程调试第二阶段，工程调试第二阶段，Y750kV 母线电压控制范围为 760～792kV，X750kV 母线电压控制范围为 759～794kV，A750kV 母线电压控制范围为 761～790kV。投切 2 号母线高抗最低电压控制、合闸前后线路始末端及母线电压见表 6-33 和表 6-34。

表 6-33　　投切 2 号母线高压电抗器最低电压控制　　（kV）

| 操作设备 | 操作点 | 带电线路 | 合闸前 | | | 合闸后 | | |
|---|---|---|---|---|---|---|---|---|
| | | | Y 站 | A 站 | X 站 | Y 站 | A 站 | X 站 |
| 2 号母线高压电抗器 | A 站 | Ⅲ线、Ⅰ线 | 754.8 | 756.2 | 753.5 | 752.3 | 751 | 750.2 |
| | A 站 | Ⅲ线、Ⅰ线 | 795.6 | 799.7 | 798.6 | 792.8 | 794.2 | 795.1 |
| 1 号、2 号母线高压电抗器 | A 站 | Ⅲ线、Ⅰ线 | 759.4 | 760.8 | 758.1 | 754.3 | 750.5 | 751.7 |
| | A 站 | Ⅲ线、Ⅰ线 | 797.3 | 799.5 | 797.2 | 791.7 | 788.6 | 790.2 |

表 6-34　　合闸前后线路始末端及母线电压

| 操作线路 | 操作点 | 带电线路 | 合闸前首端（kV） | 合闸后首端（kV） | 合闸后末端（kV） | 合闸后 A 站（kV） |
|---|---|---|---|---|---|---|
| Ⅱ线 | A 站 | Ⅲ、Ⅳ线Ⅰ线 1 号、2 号高压电抗器 | 794.7 | 798.0 | 799.6 | / |
| | B 站 | Ⅲ、Ⅳ线Ⅰ线 1 号、2 号高压电抗器 | 794.6 | 797.1 | 799.9 | 798.3 |
| Ⅳ线 | C 站 | Ⅲ线、Ⅰ线 1 号、2 号高压电抗器 | 792.2 | 796.5 | 799.6 | / |
| | B 站 | Ⅲ线、Ⅰ线 1 号、2 号高压电抗器 | 793.4 | 797.4 | 799.5 | 796.3 |

（2）合空线操作过电压。调试第一阶段，投切Ⅰ线、Ⅲ线母线侧最大操作过电压 1.25（标幺值），线路侧最大操作过电压为 1.26（标幺值）；投切母线高压电抗器最大操作过电压为 1.17（标幺值）；投切滤波器组最大操作过电压为 1.34（标幺值），合闸涌流最大峰值为 3236A，为额定值的 9.3 倍；合闸电阻吸收最大能耗为 0.67MJ；所有避雷器能耗均小于 1kJ，均在允许范围内。

调试第二阶段，投切Ⅱ线、Ⅳ线母线侧最大操作过电压 1.15（标幺值），线路侧最大操作过电压为 1.22（标幺值）；投切母线高压电抗器最大操作过电压为 1.16（标幺值）；合闸电阻吸收最大能耗为 0.36MJ；所有避雷器能耗均小于 1kJ，均在允许范围内。

投切 1 号母线高压电抗器 2%统计操作过电压计算结果、投切Ⅲ线 2%统计操作过电压计算结果、投切Ⅰ线 2%统计操作过电压计算结果、投切交流滤波器（1 组）2%统计操作过电压计算结果分别见表 6-35～表 6-38。

**表 6-35　　投切 1 号母线高抗 2%统计操作过电压计算结果**

| 操作设备 | 操作点 | 带电线路 | 2%统计过电压（标幺值） | 避雷器能耗（kJ） |
|---|---|---|---|---|
| 1 号母线高抗 | A | Ⅲ线 | 1.16 | <1 |
| | A | Ⅰ线 | 1.17 | <1 |
| 2 号母线高抗 | A | Ⅲ线、Ⅰ线 | 1.04 | <1 |
| 1 号、2 号母线高抗 | A | Ⅲ线、Ⅰ线 | 1.16 | <1 |

**表 6-36　　投切Ⅲ线 2%统计操作过电压计算结果**

| 操作线路 | 操作点 | 带电线路 | 2%统计过电压（标幺值） | | 避雷器能耗（kJ） |
|---|---|---|---|---|---|
| | | | 母线侧 | 线路侧 | |
| Ⅲ线 | Y | / | 1.09 | 1.25 | <1 |
| | A | Ⅰ线 1 号高抗 | 1.21 | 1.26 | <1 |
| Ⅳ线 | Y | Ⅲ线、Ⅰ线<br>1 号、2 号高抗 | 1.10 | 1.21 | <1 |
| | A | Ⅲ线、Ⅰ线<br>1 号、2 号高抗 | 1.15 | 1.22 | <1 |

**表 6-37　　投切Ⅰ线 2%统计操作过电压计算结果**

| 操作线路 | 操作点 | 带电线路 | 2%统计过电压（标幺值） | | 避雷器能耗（kJ） |
|---|---|---|---|---|---|
| | | | 母线侧 | 线路侧 | |
| Ⅰ线 | X | / | 1.13 | 1.17 | <1 |
| | A | Ⅲ线 1 号高抗 | 1.25 | 1.18 | <1 |
| Ⅱ线 | X | Ⅲ、Ⅳ线Ⅰ线<br>1 号、2 号高抗 | 1.07 | 1.18 | <1 |
| | A | Ⅲ、Ⅳ线Ⅰ线<br>1 号、2 号高抗 | 1.11 | 1.19 | <1 |

**表 6-38　　投切交流滤波器（1 组）2%统计操作过电压计算结果**

| 操作设备 | 操作点 | 带电线路 | 合闸过电压（标幺值） | 切除过电压（标幺值） | 合闸涌流（峰值，A） |
|---|---|---|---|---|---|
| BP11/13 | A | Ⅲ线、Ⅰ线<br>1 号高抗 | 1.32 | 1.05 | 940 |

续表

| 操作设备 | 操作点 | 带电线路 | 合闸过电压（标幺值） | 切除过电压（标幺值） | 合闸涌流（峰值，A） |
|---|---|---|---|---|---|
| HP24/36 | A | Ⅲ线、Ⅰ线1号高抗 | 1.29 | 1.01 | 2339 |
| HP3 | A | Ⅲ线、Ⅰ线1号高抗 | 1.10 | 1.13 | 697 |
| SC | A | Ⅲ线、Ⅰ线1号高抗 | 1.34 | 1.01 | 3236 |

（3）单相分合线路操作过电压。调试第一阶段，单相分合Ⅰ线、Ⅲ线母线侧最大操作过电压为 1.38（标幺值），线路侧最大操作过电压为 1.40（标幺值）；合闸电阻吸收最大能耗为 1.25MJ；所有避雷器能耗均小于 1kJ，均在允许范围内。

调试第二阶段，单相分合Ⅱ线、Ⅳ线母线侧最大操作过电压为 1.18（标幺值），线路侧最大操作过电压为 1.40（标幺值）；合闸电阻吸收最大能耗为 1.19MJ；所有避雷器能耗均小于 1kJ，均在允许范围内。

投切Ⅲ线 2%统计单相分合操作过电压计算结果、投切Ⅰ线 2%统计单相分合操作过电压计算结果分别见表 6-39 和表 6-40。

**表 6-39　　投切Ⅲ线 2%统计单相分合操作过电压计算结果**

| 操作线路 | 操作点 | 带电线路 | 2%统计过电压（标幺值） | | 避雷器能耗（kJ） |
|---|---|---|---|---|---|
| | | | 母线侧 | 线路侧 | |
| Ⅲ线 | Y 站 | / | 1.14 | 1.39 | <1 |
| | A 站 | Ⅰ线 1 号高抗 | 1.29 | 1.38 | <1 |
| Ⅳ线 | Y 站 | Ⅲ线、Ⅰ线 1 号、2 号高抗 | 1.16 | 1.40 | <1 |
| | A 站 | Ⅲ线、Ⅰ线 1 号、2 号高抗 | 1.17 | 1.38 | <1 |

**表 6-40　　投切Ⅰ线 2%统计单相分合操作过电压计算结果**

| 操作线路 | 操作点 | 带电线路 | 2%统计过电压（标幺值） | | 避雷器能耗（kJ） |
|---|---|---|---|---|---|
| | | | 母线侧 | 线路侧 | |
| Ⅰ线 | X 站 | / | 1.11 | 1.39 | <1 |
| | A 站 | Ⅲ线 1 号高抗 | 1.38 | 1.40 | <1 |

续表

| 操作线路 | 操作点 | 带电线路 | 2%统计过电压（标幺值） | | 避雷器能耗（kJ） |
| --- | --- | --- | --- | --- | --- |
| | | | 母线侧 | 线路侧 | |
| Ⅱ线 | X站 | Ⅲ、Ⅳ线Ⅰ线<br>1号、2号高压电抗器 | 1.13 | 1.38 | <1 |
| | A站 | Ⅲ、Ⅳ线Ⅰ线<br>1号、2号高压电抗器 | 1.18 | 1.38 | <1 |

（4）投切750kV空载主变压器及低压电抗器操作过电压。由750kV侧合闸空载主变压器时，A主变压器750kV侧及330kV侧最大操作过电压（0.1s以内）分别为1.29（标幺值）和1.25（标幺值）；合闸0.3s后750kV侧及330kV侧操作过电压分别降至1.15（标幺值）和1.12（标幺值），无谐振过电压现象。最大合闸涌流峰值为2503A（考虑剩磁）或983A（无剩磁）。可见，由750kV侧合闸主变压器时不会发生谐振。750kV侧合闸空载变压器结果如表6-41所示。

**表6-41　　750kV侧合闸空载变压器结果**

| 操作地点 | 操作前线电压（kV） | 低压电抗器容量（MVA） | 测量点 | 合空载变压器过电压倍数（标幺值） | | | 合闸涌流（峰值，A） | 合闸电阻能耗（MJ） |
| --- | --- | --- | --- | --- | --- | --- | --- | --- |
| | | | | 0.1s内 | 0.3s后 | 1.0s后 | | |
| 高压侧 | 798 | 0 | 高压侧 | 1.29 | 1.15 | 1.12 | 2392（有剩磁）<br>912（无剩磁） | 2.1 |
| | | | 中压侧 | 1.25 | 1.12 | 1.09 | | |
| 高压侧 | 800 | 0 | 高压侧 | 1.28 | 1.10 | 1.09 | 2503（有剩磁）<br>983（无剩磁） | 2.1 |
| | | | 中压侧 | 1.25 | 1.09 | 1.08 | | |

由330kV侧合闸空载主变压器时，A主变压器750kV侧及330kV侧最大操作过电压（0.1s以内）分别为1.31（标幺值）和1.30（标幺值）；合闸0.3s后750kV侧及330kV侧操作过电压分别降至1.12（标幺值）和1.11（标幺值），无谐振过电压现象。最大合闸涌流峰值为5470A（考虑剩磁）或3408A（无剩磁）。可见，由750kV侧合闸主变压器时不会发生谐振。330kV侧合闸空载变压器结果如表6-42所示。

表 6-42　　330kV 侧合闸空载变压器结果

| 操作地点 | 操作前线电压（kV） | 低压电抗器容量（MVA） | 测量点 | 合空载变压器过电压倍数（标幺值） | | | 合闸涌流（峰值，A） |
|---|---|---|---|---|---|---|---|
| | | | | 0.1s 内 | 0.3s 后 | 1.0s 后 | |
| 中压侧 | 363 | 0 | 高压侧 | 1.31 | 1.12 | 1.11 | 5470（有剩磁）3408（无剩磁） |
| | | | 中压侧 | 1.30 | 1.11 | 1.10 | |

投切电抗产生的过电压最大为 1.33（标幺值），在允许范围内，低于设备绝缘水平，不会造成危害。66kV 侧投切主变压器低压电抗器操作过电压结果如表 6-43 所示。

表 6-43　　66kV 侧投切主变压器低压电抗器操作过电压结果

| 带电线路 | 投切组数 | 主变压器高、中、低压侧过电压最高值（标幺值） | |
|---|---|---|---|
| | | 位置 | 过电压 |
| Ⅲ线 | 1 | 750kV | 1.08 |
| | | 330kV | 1.06 |
| | | 66kV | 1.31 |
| Ⅰ线 | 1 | 750kV | 1.09 |
| | | 330kV | 1.06 |
| | | 66kV | 1.33 |

投切空载变压器过程中，稳态电压方面计算结果如下。

1）Ⅲ线带电，由 750kV 侧合闸空载变压器稳态电压。Ⅲ线带电，由 750kV 侧合闸空载变压器，不考虑剩磁，A 站 750kV 母线电压由 798kV 最低降至 764kV，降低 34kV，降幅 4.3%；稳态电压在 2s 内恢复至 797kV，降低 1kV，降幅为 0.13%。

考虑剩磁，A 站 750kV 母线电压由 798kV 最低降至 737kV，降低 61kV，降幅 7.64%；稳态电压在 2s 内恢复至 797kV，降低 1kV，降幅为 0.13%。750kV 侧合闸空载变压器时稳态电压变化情况如表 6-44 所示。

表 6-44　　750kV 侧合闸空载变压器时稳态电压变化情况

| 操作地点 | 操作前线电压（kV） | 低压电抗器容量（MVA） | 是否考虑剩磁 | 工频电压（kV） | | | | |
|---|---|---|---|---|---|---|---|---|
| | | | | 0s | 0.2s | 0.5s | 1s | 2s |
| 高压侧 | 798 | 0 | 考虑 | 737 | 749 | 789 | 799 | 797 |
| | | | 不考虑 | 764 | 782 | 786 | 798 | 797 |

2）Ⅰ线带电，由750kV侧合闸空载变压器稳态电压。Ⅰ线带电，由750kV侧合闸空载变压器，不考虑剩磁，A站750kV母线电压由800kV最低降至775kV，降低25kV，降幅3.1%；稳态电压在2s内恢复至799kV，降低1kV，降幅为0.13%。

考虑剩磁，A站750kV母线电压由800kV最低降至747kV，降低53kV，降幅6.63%；稳态电压在2s内恢复至799kV，降低1kV，降幅为0.13%。750kV侧合闸空载变压器时合闸涌流结果如表6-45所示。

**表6-45　　750kV侧合闸空载变压器时合闸涌流结果**

| 操作地点 | 操作前线电压（kV） | 低压电抗器容量（MVA） | 单位 | 合闸涌流 | | | | |
|---|---|---|---|---|---|---|---|---|
| | | | | 0.1s内 | 0.1s后 | 0.2s后 | 0.4s后 | 0.6s后 |
| 高压侧 | 800 | 0 | 峰值，A | 2503 | 2415 | 2348 | 2236 | 2140 |
| | | | 标幺值 | 1.58 | 1.52 | 1.48 | 1.41 | 1.35 |

3）由330kV侧合闸空载变压器稳态电压。由330kV侧合闸空载变压器，不考虑剩磁，A站330kV母线电压由363kV最低降至355kV，降低8kV，降幅2.2%；稳态电压在2s内恢复至363kV，降低0kV，降幅为0%。

考虑剩磁，A站330kV母线电压由363kV最低降至326kV，降低37kV，降幅10.2%；稳态电压在2s内恢复至362kV，降低1kV，降幅为0.28%。330kV侧合闸空载变压器时合闸涌流结果如表6-46所示。

**表6-46　　330kV侧合闸空载变压器时合闸涌流结果**

| 操作地点 | 操作前线电压（kV） | 低压电器抗容量（MVA） | 单位 | 合闸涌流 | | | | |
|---|---|---|---|---|---|---|---|---|
| | | | | 0.1s内 | 0.1s后 | 0.2s后 | 0.4s后 | 0.6s后 |
| 中压侧 | 363 | 0 | 峰值，A | 5470 | 4729 | 4244 | 3530 | 3082 |
| | | | 标幺值 | 1.56 | 1.35 | 1.21 | 1.01 | 0.88 |

（5）潜供电流和恢复电压。工程调试第一阶段，X站、A站间线路最大潜供电流为18.7A，恢复电压为84.4kV。Y站、A站间线路最大潜供电流为27A，恢复电压为81.9kV。工程调试第二阶段，X站、A站间线路最大潜供电流为18.8A，恢复电压为85kV。Y站、A站间线路最大潜供电流为27.1A，恢复电压为82.2kV。调试第一阶段和第二阶段潜供电流和恢复电压分别如表

6-47 和表 6-48 所示。

表 6-47　（调试第一阶段）潜供电流和恢复电压

| 线路 | 潜供电流（A） | | 恢复电压（kV） | |
|---|---|---|---|---|
| | 首端 | A 站 | 首端 | A 站 |
| Ⅰ线 | 18.7 | 18.7 | 84.4 | 84.4 |
| Ⅲ线 | 26.9 | 27.0 | 81.6 | 81.9 |

表 6-48　（调试第二阶段）潜供电流和恢复电压

| 线路 | 潜供电流（A） | | 恢复电压（kV） | |
|---|---|---|---|---|
| | 首端 | A 站 | 首端 | A 站 |
| Ⅰ线 | 18.8 | 18.8 | 85.0 | 85.0 |
| Ⅱ线 | 18.5 | 18.5 | 84.7 | 84.7 |
| Ⅲ线 | 27.1 | 27.1 | 82.2 | 82.2 |
| Ⅳ线 | 25.6 | 25.6 | 81.9 | 82.0 |

绝缘子串长度按 6.5m 考虑，Ⅰ线、Ⅱ线恢复电压梯度最大为 13.1kV/m，根据潜供电弧自灭时限推荐值，推荐采用 0.9s 的单相重合闸。Ⅲ线、Ⅳ线恢复电压梯度最大为 12.6kV/m，根据潜供电弧自灭时限推荐值推荐采用 1.0s 的单相重合闸。

（6）工频过电压。工程调试第一阶段，X 站与 A 站间、Y 站与 A 站间线路发生无故障或单相接地甩负荷时母线侧和线路侧最高工频过电压分别为 1.11（标幺值）和 1.22（标幺值），在允许范围内。

工程调试第二阶段，X 站与 A 站间、Y 站与 A 站间线路发生无故障或单相接地甩负荷时母线侧和线路侧最高工频过电压分别为 1.02（标幺值）和 1.19（标幺值），在允许范围内。第一阶段和第二阶段工频过电压计算结果分别如表 6-49 和表 6-50 所示。

表 6-49　（第一阶段）工频过电压计算结果

| 线路 | 故障侧 | 故障相 | 工频过电压（标幺值） | |
|---|---|---|---|---|
| | | | 母线侧 | 线路侧 |
| Ⅰ线 | X | 无 | 0.97 | 0.97 |

续表

| 线路 | 故障侧 | 故障相 | 工频过电压（标幺值） | |
|---|---|---|---|---|
| | | | 母线侧 | 线路侧 |
| Ⅰ线 | X | 单相 | 1.11 | 1.22 |
| | A | 无 | 0.97 | 0.97 |
| | | 单相 | 0.97 | 1.13 |
| Ⅲ线 | Y | 无 | 0.97 | 0.98 |
| | | 单相 | 1.06 | 1.20 |
| | A | 无 | 0.97 | 0.97 |
| | | 单相 | 0.98 | 1.19 |

**表 6-50　（第二阶段）工频过电压计算结果**

| 线路 | 故障侧 | 故障相 | 工频过电压（标幺值） | |
|---|---|---|---|---|
| | | | 母线侧 | 线路侧 |
| Ⅰ线 | X | 无 | 0.97 | 0.97 |
| | | 单相 | 1.02 | 1.16 |
| | A | 无 | 0.97 | 0.97 |
| | | 单相 | 0.97 | 1.13 |
| Ⅱ线 | X | 无 | 0.97 | 0.97 |
| | | 单相 | 1.02 | 1.17 |
| | A | 无 | 0.97 | 0.97 |
| | | 单相 | 0.97 | 1.14 |
| Ⅲ线 | Y | 无 | 0.97 | 0.98 |
| | | 单相 | 1.0 | 1.17 |
| | A | 无 | 0.97 | 0.98 |
| | | 单相 | 0.99 | 1.19 |
| Ⅳ线 | Y | 无 | 0.97 | 0.98 |
| | | 单相 | 1.0 | 1.17 |
| | A | 无 | 0.97 | 0.98 |
| | | 单相 | 0.99 | 1.19 |

（7）感应电压和感应电流。X 站与 A 站间线路电磁耦合最大感应电流为 25.33A，最大感应电压为 0.53kV；静电耦合最大感应电流为 2.05A，最大感应电压 9.16kV。

Y 站与 A 站间线路电磁耦合最大感应电流为 14.31A，最大感应电压为 0.44kV；静电耦合最大感应电流为 2.05A，最大感应电压 6.40kV。

A 输变电工程线路各侧接地开关感应电压和感应电流最大稳态值如表 6-51 所示。

**表 6-51　　A 输变电工程线路各侧接地开关感应电压和感应电流最大稳态值**

| 开关位置 | 电磁耦合 | | 静电耦合 | |
|---|---|---|---|---|
| | 感应电流（有效值，A） | 感应电压（有效值，kV） | 感应电流（有效值，A） | 感应电压（有效值，kV） |
| XA 线 X 侧 | 25.11 | 0.53 | 2.05 | 9.16 |
| XA 线 A 侧 | 25.33 | 0.53 | 2.04 | 9.14 |
| YA 线 Y 侧 | 14.29 | 0.43 | 2.05 | 6.40 |
| YA 线 A 侧 | 14.31 | 0.44 | 2.03 | 6.37 |

### 6.2.3　方案编制

本案例中，±800kV 特高压直流换流站连接在 750kV 超高压电网的交流场中，站内的投运设备除了超高压变电站内的常规设备外，还有 2 组 210Mvar 母线高抗、4 大组 16 小组 750kV 交流滤波器、一台 25MVA 345/10kV 站用变压器，并有 6 回电源出线引流线、至 B 站 2 回出线引流线、至极 1/极 2 高端换流变出线引流线、至母线高抗出线引流线共配有 11 组短引线保护。对设备的具体技术要求见 6.1.3。

特高压直流换流站交流场启动调试的试验项目与 750kV 的试验项目基本相同，对于该站内特有的母线高抗、交流滤波器、站用变压器以及短引线，增加的试验项目为投切分支母线交流滤波器和并联电容器组试验、高压并联电抗器充电试验、750kV 交流场保护校验。

（1）投切分支母线交流滤波器和并联电容器组试验。本试验的主要目的有：检验新建设备绝缘是否完好；测试投并联电容器及滤波器的电压、电流；

测试投切 7611 并联电容器、7612、7613、7614 交流滤波器时的电能质量；监测避雷器在操作过程中的动作情况；A 站对相关设备进行红外测温。

（2）高压并联电抗器充电试验。本试验的主要目的有：考核断路器投切母线高压电抗器的能力；考核电抗器绝缘是否完好；

测量投切母线高压电抗器过电压；监测试验过程中相关避雷器的动作情况。

（3）750kV 交流场保护校验。本试验的主要目的有：校验 A 站 750kV 母线差动保护；极Ⅰ、极Ⅱ高端换流变压器间隔、电源出线间隔、母线高抗间隔短引线保护；61、62 分支母线差动保护；监测试验过程中相关避雷器的动作情况。

### 6.2.4 工程调试及测试

特高压直流换流站交流场启动调试的试验项目与750kV的试验项目基本相同，对于站内特有的母线高压电抗器、交流滤波器以及短引线，增加的试验项目为投切分支母线交流滤波器和并联电容器组试验，AC3DK、75C4DK 高压并联电抗器充电试验，750kVⅢ线充电和 A 站 750kV 交流场保护校验。

（1）投切分支母线交流滤波器和并联电容器组试验。A 站内共有 4 大组 16 小组交流滤波器，以投切 61 分支母线交流滤波器和并联电容器组试验为例。

投切并联电容器试验步骤为：A 站 7611 开关冷备转运行，投 7611SC 并联电容器，充电 30min；记录分析电流及电压情况；记录避雷器动作情况；然后对 7611SC 并联电容器及相关设备接头进行红外测温；之后用 7611 开关切、投 7611SC 并联电容器两次，每次间隔 10min；试验结束后，A 站 7611 开关运行转冷备，现场检查设备状况。

投切交流滤波器试验步骤为：A 站 7612 开关冷备转运行，投 7612ACF 交流滤波器；检查并记录避雷器动作情况；记录分析电压及电流波形；然后对 7612ACF 交流滤波器及相关设备接头进行红外测温；之后用 7612 开关切、投 7612ACF 交流滤波器两次，每次间隔 10 分钟；试验结束后，A 站 7612 开关运行转冷备，现场检查设备状况。

试验中过电压水平记录如表 6-52 所示，表中“/”表示未记录此项数据，“—”表示过电压小于 1.0（标幺值）。A 站投切 61 分支母线交流滤波器组和电容器组稳态电压测试结果如表 6-53 所示。

表 6-52　　A站投切61分支母线交流滤波器和并联电容器组测试结果

| 测试项目 | 操作过电压（标幺值） | | | 合闸涌流幅值（A） | | |
|---|---|---|---|---|---|---|
| | A | B | C | A | B | C |
| 7611SC 并联电容器 | 1.01 | 1.02 | 1.01 | 1633 | 2923 | 2655 |
| 7612ACF 交流滤波器 | 1.07 | 1.07 | 1.01 | 835 | 1550 | 590 |
| 7613ACF 交流滤波器 | 1.09 | 1.01 | 1.01 | 1390 | 1513 | 930 |
| 7614ACF 交流滤波器 | — | — | — | 680 | 520 | 528 |

表 6-53　　A站投切61分支母线交流滤波器组和电容器组稳态电压测试结果

| 测试项目 | A站750kV母线电压（kV） | | |
|---|---|---|---|
| | 操作前 | 操作后 | 电压变化 |
| 投 7611SC | 778.1 | 785.1 | 7.0 |
| 投 7612ACF | 779.3 | 786.0 | 6.7 |
| 投 7613ACF | 778.1 | 783.8 | 5.7 |
| 投 7614ACF | 777.2 | 784.0 | 6.8 |

通过A站投切61分支母线交流滤波器和并联电容器组试验结果分析可知：A站750kV断路器投切电容器组、滤波器组性能正常；投切并联电容器组操作过电压1.02（标幺值），合闸涌流2923A，在正常范围内；投切滤波器组最大操作过电压1.09（标幺值），合闸涌流1550A，在正常范围内；在投切电容器组、滤波器组时，均未发现避雷器动作；A站对相关设备进行红外测温结果正常。

试验的部分试验录波波形如图6-19和图6-20所示。

（2）AC3DK、75C4DK高压并联电抗器充电试验。试验的主要操作步骤为：

1）首先A站AC3DK并联电抗器由冷备转热备；首过A站AC3开关对AC3DK并联电抗器充电，记录数据后AC3开关断开；通过AC1、AC2开关对AC3DK并联电抗器进行第二次充电；记录数据后AC1、AC2开关断开，A站AC3DK并联电抗器由热备转冷备。

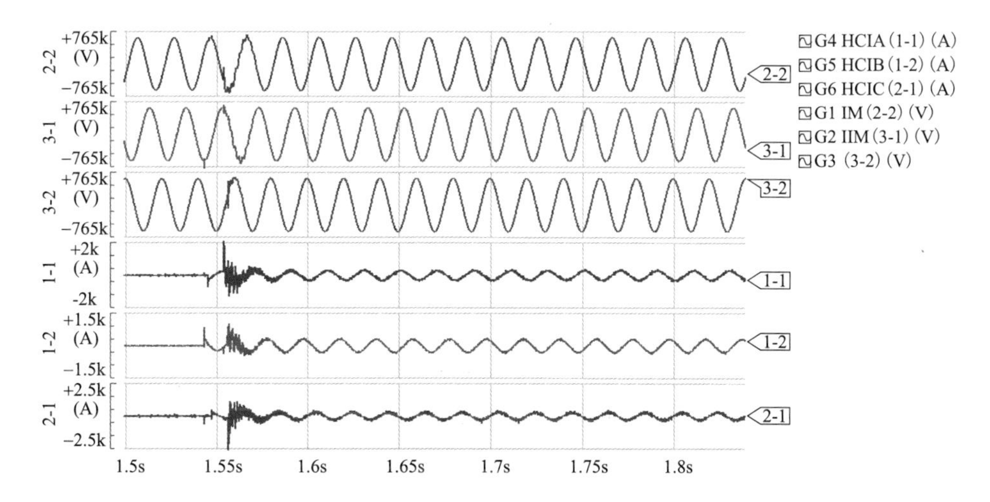


图 6-19　A 站合闸 7611SC 并联电容器组电压电流变化

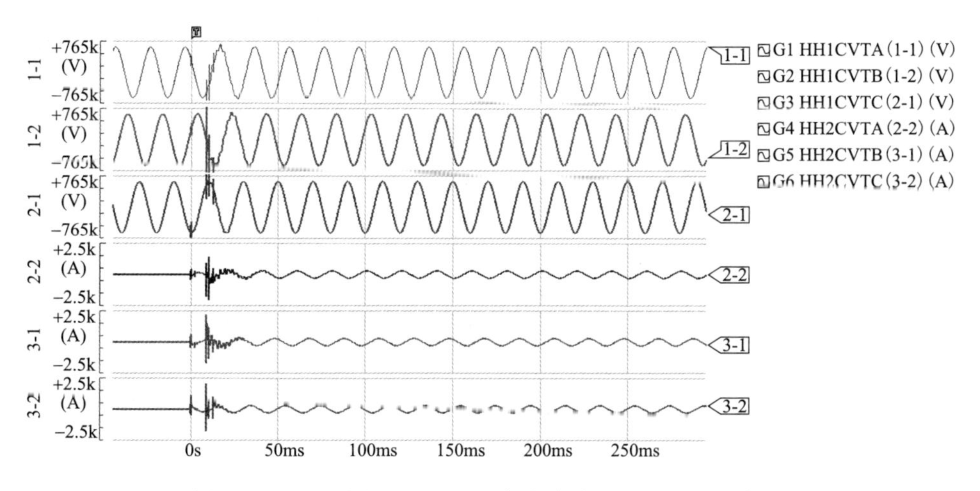


图 6-20　A 站合闸 7612ACF 交流滤波器组电压电流变化

2）然后 A 站 75C4DK 并联电抗器由冷备转热备；通过 A 站 AC3 开关对 75C4DK 并联电抗器充电，记录数据后 AC3 开关断开；通过 AC1、AC2 开关对 75C4DK 并联电抗器进行第二次充电；记录数据后 AC1、AC2 开关断开，A 站 AC3DK 并联电抗器由冷备转热备。

3）最后 A 站 AC3 开关闭合，对 AC3DK、75C4DK 并联电抗器进行第三次充电；A 站 AC1、AC2 开关由冷备转运行，试验结束。

试验各操作过程中过电压水平记录如表 6-54 和表 6-55 所示，表中“/”

表示未记录此项数据，“—”表示过电压小于 1.0（标幺值）。

**表 6-54　　投切母线高抗操作过电压测试结果**

| 测试项目 | 操作过电压（标幺值） | | |
|---|---|---|---|
| | A | B | C |
| 投切 AC3DK | 1.25 | 1.08 | 1.01 |
| 投切 75C4DK | 1.47 | 1.29 | 1.27 |
| 投切 AC3DK 和 75C4DK | 1.43 | 1.08 | 1.27 |

**表 6-55　　投切母线高抗稳态电压测试结果**

| 测试项目 | A 站 750kV 母线电压（kV） | | |
|---|---|---|---|
| | 操作前 | 操作后 | 电压变化 |
| 投 AC3DK | 779.9 | 776.7 | 3.2 |
| 投 75C4DK | 778.5 | 775.7 | 2.8 |
| 投 AC3DK 和 75C4DK | 779.3 | 772.8 | 6.5 |

通过投切 750kV 母线高压并联电抗器试验结果分析可知：A 站断路器投切 AC3DK、75C4DK 电抗器性能正常；A 站投切 AC3DK 电抗器时最大操作过电压为 1.25（标幺值）；A 站投切 75C4DK 电抗器时最大操作过电压为 1.47（标幺值）；A 站投切 2 组电抗器时最大操作过电压为 1.43（标幺值）；投切母线高压电抗器过程中，避雷器发生动作，避雷器动作后过电压被限制在正常范围内。

试验的部分试验录波波形如图 6-21～图 6-24 所示。

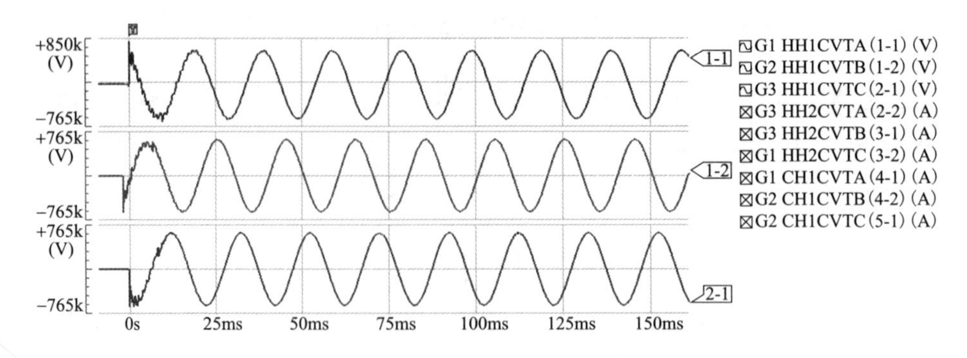


图 6-21　投 AC3DK 母线高抗电压波形

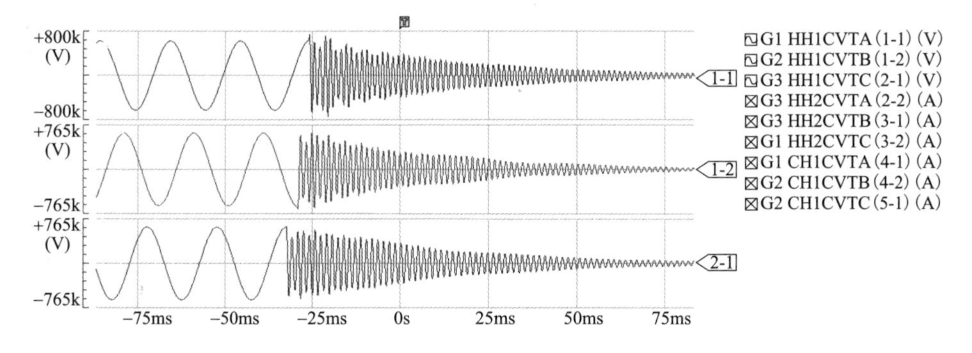


图 6-22　切 AC3DK 母线高抗电压波形

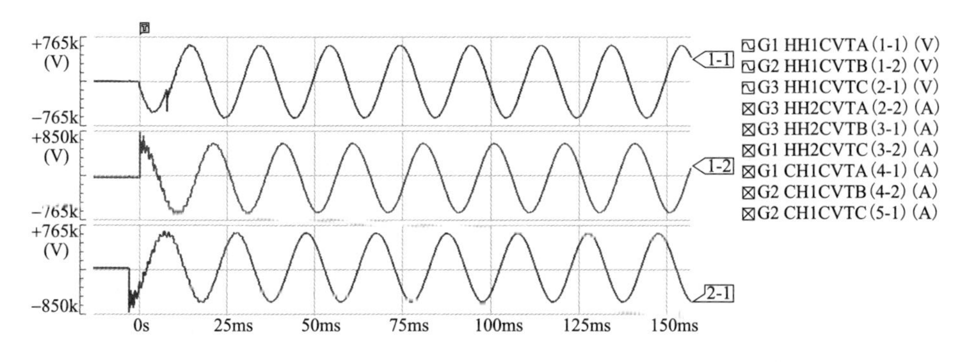


图 6-23　投 75C4DK 母线高抗电压波形

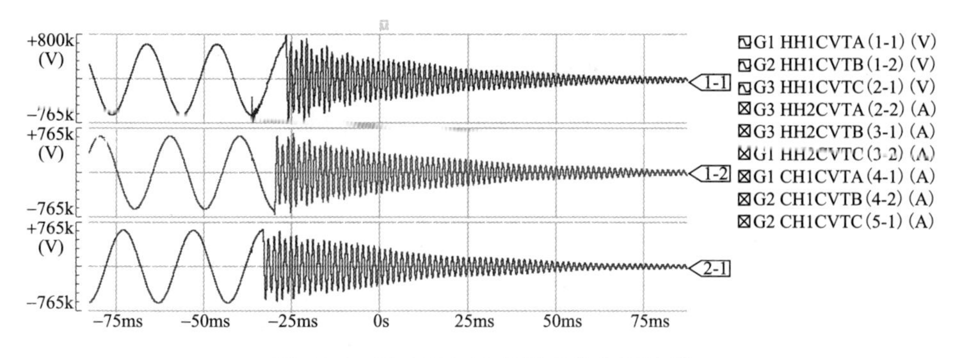


图 6-24　切 75C4DK 母线高抗电压波形

（3）750kVⅢ线充电和 A 站 750kV 交流场保护校验。

本项试验的主要操作步骤为：

1）首先经 X 站 7562 开关-750kVⅢ线-A 站 75A1 开关对 750kVⅠ母充电；7531、B32、7533 开关闭合，对 750kV Ⅱ母充电；A 站 7523 开关冷备转运

行，投 750kV2 号主变压器；A 站 6602A、6621、6622 开关闭合。投 AC3DK、75C4DK 母线高压电抗器电压波形、切 AC3DK、75C4DK 母线高压电抗器电压波形如图 6-25 和图 6-26 所示。

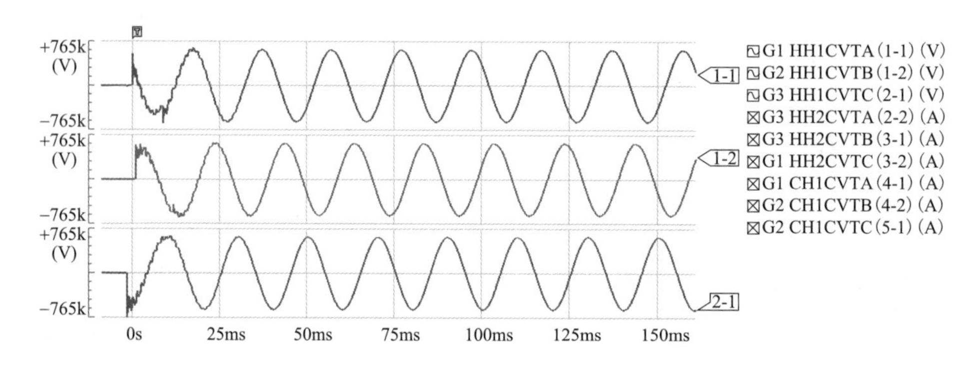


图 6-25　投 AC3DK、75C4DK 母线高压电抗器电压波形

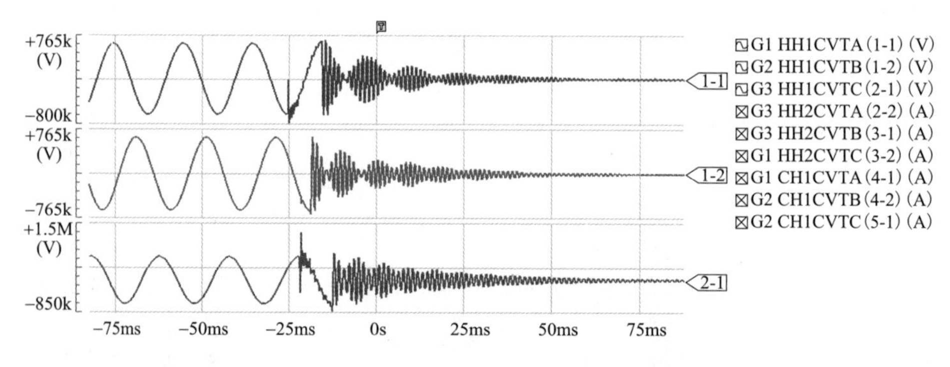


图 6-26　切 AC3DK、75C4DK 母线高压电抗器电压波形

2）A 站进行 7531、B32、7533 开关电流互感器极性测试及 750kV 母线差动保护、极 I 高端换流变压器间隔和配套电厂 2 线间隔短引线保护校验。

3）A 站依次将 7541、B42、7543 开关闭合，依次将 7533、B32、7531 开关断开，A 站进行 7541、B42、7543 开关电流互感器极性测试及 750kV 母线差动保护、配套电厂 3 线间隔短引线保护校验。

4）A 站依次将 B51、B52、7553 开关闭合，依次将 7543、B42、7541 开关断开，A 站进行 B51、B52、7553 开关电流互感器极性测试及 750kV 母线差动保护、配套电厂 4 线间隔短引线保护校验。

类似地，按照相同方法依次对 756n、757n、759n、75Cn 间隔进行母线差动保护以及短引线保护校验。

试验各操作过程中过电压水平记录如表 6-56 所示，表中“/”表示未记录此项数据，“—”表示过电压小于 1.0（标幺值）。

**表 6-56　　投切 750kV 空载线路操作过电压测试结果**

| 测试项目 | 开关 | 750kV 线路操作过电压（标幺值） | | |
|---|---|---|---|---|
| | | A | B | C |
| 合 750kV 空载Ⅲ线 | X7562 | 1.07 | 1.04 | 1.16 |

通过对 750kVⅢ线充电和 A 站 750kV 交流场保护校验试验结果进行分析可得：X 站 750kV 断路器投切空载线路性能正常；A、X 站各继电保护装置状态正常；X 站投切 750kV 空载线路时，A 侧最大操作过电压为 1.16（标幺值），在正常范围内；A 站 7572、7592、75A2 中开关联锁功能正常；在投切 750kV 空载线路时，未发现避雷器动作。

试验的部分试验录波波形如图 6-27 所示。

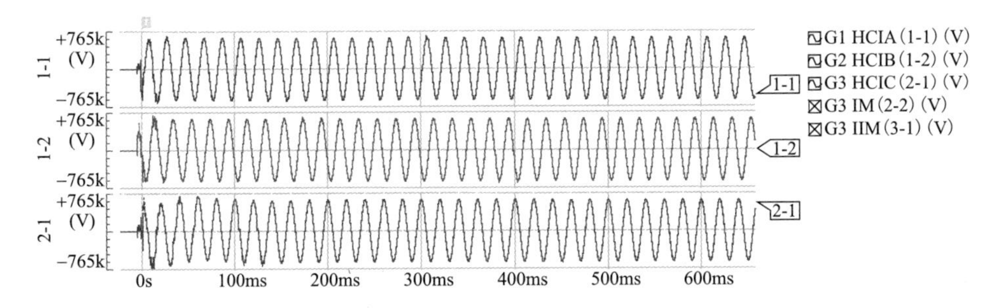


图 6-27　Y 侧合闸 750kV 空载Ⅲ线电压波形